深入实践
Kotlin元编程

霍丙乾 著

KOTLIN
METAPROGRAMMING
IN ACTION

机械工业出版社
CHINA MACHINE PRESS

图书在版编目（CIP）数据

深入实践 Kotlin 元编程 / 霍丙乾著 . —北京：机械工业出版社，2023.8
ISBN 978-7-111-73254-9

Ⅰ . ①深… Ⅱ . ①霍… Ⅲ . ① JAVA 语言 – 程序设计 Ⅳ . ①TP312.8

中国国家版本馆 CIP 数据核字（2023）第 098703 号

机械工业出版社（北京市百万庄大街 22 号 邮政编码 100037）
策划编辑：杨福川 责任编辑：杨福川
责任校对：张爱妮 卢志坚 责任印制：常天培
北京铭成印刷有限公司印刷
2023 年 8 月第 1 版第 1 次印刷
186mm×240mm · 21 印张 · 456 千字
标准书号：ISBN 978-7-111-73254-9
定价：109.00 元

电话服务 网络服务
客服电话：010-88361066 机 工 官 网：www.cmpbook.com
  010-88379833 机 工 官 博：weibo.com/cmp1952
  010-68326294 金 书 网：www.golden-book.com
封底无防伪标均为盗版 机工教育服务网：www.cmpedu.com

Preface 前　言

为何写作本书

2018 年，我受邀在"JetBrains 开发者日—2018 中国巡演"活动中做题为"如何优雅地使用 Kotlin 数据类"的分享。在准备这次分享时，我花了几天时间调研为 Kotlin 的数据类提供深复制能力的可行性，并给出了基于 Kotlin 反射和 Java 注解处理器（APT）的实现方案，也就是后来开源的 DeepCopy 项目。当时我尝试过编写一款编译器插件来实现这个需求，不过最终因为对 Kotlin 编译器的了解有限而未能如愿。

2021 年，我受邀在 Google 开发者社区主办的"社区说"活动中做题为"Kotlin 编译器插件：我们究竟在期待什么？"的分享。这一次，我花了两周时间初步基于 Kotlin 符号处理器（KSP）和编译器插件实现了数据类的深复制，整个过程充满了探索的乐趣。

为了加深对 Kotlin 编译器的认识，我基于 Kotlin 编译器插件完成了可以实现类似于 Android 的 @IntDef 功能的 ValueDef 编译器插件。事实上，ValueDef 的功能更强大，@IntDef 只会在代码编写时提供错误提示，而 ValueDef 除了会提供错误提示以外，还会在编译时报错。

与此同时，随着 Kotlin 符号处理器的开源和 Jetpack Compose 的发布，大家对 Kotlin 元编程的关注度也在逐步提升，但这方面的相关资料非常少。

于是，我向机械工业出版社的杨福川老师提出了把这些内容整理成书的想法，得到了他的肯定和支持。有了编写《深入理解 Kotlin 协程》[⊖]的经验，我很快就正式开始了这本书的写作。

本书主要特点

"元编程"是一个比较庞大的话题，本书主要介绍了生产实践中应用较为广泛的反射、

⊖　本书已由机械工业出版社出版，ISBN 为 978-7-111-65591-6。——编辑注

Java 注解处理器、Kotlin 符号处理器、Kotlin 编译器插件、Kotlin 语法分析等元编程相关的内容。

与一般的语法知识不同,元编程相关的内容通常较为抽象。为了更好地让读者理解元编程相关的各项技术,本书提供了丰富的应用案例。这些案例相对成熟和完善,可以作为元编程项目的范本。

本书基本上遵循了基础知识介绍和案例实践的结构。以第 3 章为例,3.1 节和 3.2 节系统地介绍了 Java 反射和 Kotlin 反射的概念和使用方法,是基础知识介绍部分;3.3~3.5 节通过案例进一步介绍反射的适用场景,是案例实践部分。

本书的实践案例通常包括案例背景、需求分析和案例实现这几方面。

- ❏ 案例背景:介绍案例的需求背景。本书的案例大多源自真实的生产实践,因此案例背景的介绍有非常重要的价值。
- ❏ 需求分析:明确需求的细节,拆解需求并转换成技术方案。
- ❏ 案例实现:提供详细的问题解决思路以及案例实现步骤。

在系统介绍了常见的 Kotlin 元编程技术之后,本书还对 Jetpack Compose 的编译器插件和 IntelliJ 插件、AtomicFU 的字节码 JavaScript 代码逻辑做了详细的剖析。

与绝大多数技术书类似,本书包含了大量代码。为了提升阅读体验,我在编写本书时对代码做了以下优化:

- ❏ 省略不必要的部分,避免代码冗长而浪费篇幅。
- ❏ 代码缩进为 2 个空格,以降低缩进对阅读体验的影响。
- ❏ 核心代码注释覆盖率不低于 30%,方便读者快速理解代码的含义。
- ❏ 核心代码单行长度不超过 80 个字符,避免排版后出现折行的问题。
- ❏ 在部分代码清单的开始处标注其所在的模块、文件或者函数等信息,方便读者自行查找相关源代码。
- ❏ 代码字体采用 JetBrains Mono,该字体由 Kotlin 项目团队所属公司 JetBrains 为开发者专门打造,更适合代码的阅读。

本书阅读对象

本书探讨的内容有一定的复杂度。在阅读本书之前,读者需要对 Kotlin 语言的语法有较为深入的理解,也需要具备一定的编译原理的基础知识。

本书适用于有一定基础的 Kotlin 开发者,包括但不限于正在使用和希望使用 Kotlin 开发 Android、Web 服务、iOS、前端等应用的开发者。

本书非常适用于希望在 Kotlin 相关开发领域实现进阶的读者。本书介绍的内容对读者提升自身编程水平以及团队提升研发效率都有非常大的参考价值。

本书不会介绍 Kotlin 的基础语法,因此建议 Kotlin 初学者先阅读相关基础书。

如何阅读本书

本书基于 Kotlin 1.8.0 系统地介绍了 Kotlin 元编程的基本概念、技术方案、应用场景和实践技巧。

本书主要分为三部分，分别介绍如下。

第一部分为元编程的基础知识（第 1 章和第 2 章），为后续的元编程实践提供知识储备。如果读者有一定的 Kotlin 元编程基础，可以直接阅读第二部分内容。在阅读过程中，如果遇到概念相关的问题，也可以随时翻阅这部分内容。

第二部分为元编程的技术实践（第 3～8 章），涉及运行时的反射、源代码生成、编译时的符号处理、程序静态分析、编译器插件、元程序的开发和调试等内容。这部分的章节安排相对独立，读者可以根据自己的实际需求选择阅读相应的章节。需要说明的是，DeepCopy 项目是贯穿这部分内容的综合案例，在介绍每一种元编程技术方案时，我们都会给出 DeepCopy 项目中对应的技术方案的实现，希望能够帮助读者加深对不同的元编程技术方案的认识。在了解了元编程的常见技术之后，本书在第 8 章重点介绍了元编程项目实践中编写单元测试和集成测试的常见方法与技巧，以提升读者开发元编程项目的效率。

第三部分为综合案例（第 9 章和第 10 章）。第 9 章对 Jetpack Compose 的编译器插件和 IntelliJ 插件做了详细的剖析，这一章内容实际上是对第 7 章的延伸。通过阅读这一章，读者可以进一步加深对 Jetpack Compose 的设计思路的认识，同时也能充分领略编译器插件的魅力。第 10 章对 AtomicFU 的编译产物处理进行了详细的剖析，包括对 Kotlin JVM 的编译产物 JVM 字节码和 Kotlin JS 的编译产物 JavaScript 代码的处理，这一章内容是对 Kotlin 元编程的拓展和延伸。

本书的约定

本书正文中涉及的外部依赖版本均使用 $version 来占位，以便我在本书的配套源代码中统一维护。

本书正文中出现的类、函数或者属性，通常采用"类名 # 函数名"或者"类名 # 属性名"的书写格式，这种格式可以有效地区分出类名的包名部分，也可以使读者直接在 IntelliJ IDEA 中通过该格式快速定位到对应的函数或者属性。例如 Resolver#getClassDeclaration-ByName(String) 是指 Resolver 类的 getClassDeclarationByName 函数，参数类型为 String。如果函数的参数列表不存在歧义，我也会省略其参数列表，例如 DeclarationChecker#check(...)。

本书的代码清单以 Kotlin 代码为主，涉及其他编程语言的代码清单会在第一行给出标识。例如：

代码清单 10-57　移除对 value 属性的访问之后的结果

```
[JavaScript]
var value = state;
```

本书为部分代码清单提供了位置说明，以便读者查找，例如：

代码清单 3-14　公共标准库中 KClass 的定义

```
//模块: kotlin-stdlib-common；文件: KClass.kt
public expect interface KClass<T : Any> : KClassifier {
  public val simpleName: String?
  public val qualifiedName: String?
  public fun isInstance(value: Any?): Boolean
}
```

这段代码给出了公共标准库中 KClass 的定义，它定义在 kotlin-stdlib-common 模块的 KClass.kt 文件中。基于这些位置信息，读者可以方便地在 Kotlin 官方源代码中找到对应的代码来了解更多信息。

为了避免影响阅读体验，本书还对不必要的代码做了省略，例如：

代码清单 5-17　获取符号的修饰符

```
val element: Element = ...
// getModifiers在Kotlin中被当作只读属性modifiers
val modifiers = element.modifiers
```

这段代码的目的是介绍如何获取 Element 的修饰符，因此省略了 Element 实例的获取过程。

本书在展示编译器错误提示信息时，统一采用了以下格式：

```
目标代码
    ^^
    -------
    错误信息
    -------
```

下面是一个具体的例子。

代码清单 9-33　f1 在内联过程中与 DisallowComposableCalls 产生冲突

```
@Composable inline
fun F1(f1: () -> Unit) {
      ^^^^^^^^^^^^^^
      --------------------------------------------------------------
      [MISSING_DISALLOW_COMPOSABLE_CALLS_ANNOTATION]
      Parameter f1 cannot be inlined inside of lambda argument block of F2
      without also being annotated with @DisallowComposableCalls
      --------------------------------------------------------------
  F2 { f1() }
}
```

编译器给这段代码中的函数 F1 的参数部分提供了内容为" Parameter f1 cannot be inlined inside of lambda argument block of F2 without also being annotated with @DisallowComposableCalls"的错误信息，这段错误信息在 Kotlin 编译器（或者编译器插件）中对应名为" MISSING_DISALLOW_COMPOSABLE_CALLS_ANNOTATION"的错误。

勘误和支持

由于水平有限，编写时间仓促，以及技术不断更新，书中难免会出现一些错误或者不准确的地方，恳请读者批评指正。

读者可以通过以下方式提供反馈：

1）关注微信公众号"霍丙乾 bennyhuo"，回复" Kotlin 元编程"，在收到的消息页面评论留言。

2）在本书主页 https://www.bennyhuo.com/project/kotlin-metaprogramming.html 评论留言。

本书主页上提供勘误表，我会在收到反馈后及时将问题整理并补充到勘误表中，对于一些比较重要的问题也会专门通过微信公众号和我的个人网站提供补充材料。

书中的全部源文件可以从 https://github.com/bennyhuo/KotlinMetaProgrammingInAction-Sources 下载。如果你有更多的宝贵意见，也欢迎发送邮件至 bennyhuo@kotliner.cn，期待得到你们的真挚反馈。

致谢

感谢我的家人，是他们一如既往地支持才让我在成长过程中敢于尝试和坚持，也是他们的陪伴才让我有时间和精力去完成这样一本书。

感谢小猿口算团队的同事们。得益于猿辅导公司内部良好的技术氛围，我和团队的同事们有机会在提升研发效率、优化程序架构上深入探索 Kotlin 的各种元编程能力，这为本书的写作提供了素材。

感谢 Kotlin 中文社区和 Google 开发者社区的朋友们，本书的许多内容都曾在社区组织的一次次活动中得以锤炼和提升。

感谢参与审稿的朋友们，他们是李涛、孙国栋、陈轲、孟祥钊、2BAB、程序员江同学、鹿瑞朋、贾彦伟、乔禹昂和叶楠。特别感谢李涛，他也是为《深入理解 Kotlin 协程》贡献了最多勘误的读者。

谨以此书献给所有 Kotlin 开发者！

霍丙乾

2023 年 4 月 2 日

目 录 *Contents*

前言

第一部分 元编程的基础知识

第1章 元编程概述 …………………… 2
1.1 元编程的需求背景 ………………… 2
1.2 元编程的基本概念 ………………… 4
　1.2.1 元编程的定义 ……………… 5
　1.2.2 元编程的分类 ……………… 5
1.3 元编程的学习方法 ………………… 6
　1.3.1 培养兴趣 …………………… 6
　1.3.2 付诸行动 …………………… 6
　1.3.3 善用工具 …………………… 7
　1.3.4 多读源代码 ………………… 8
1.4 常用项目的调试环境配置 ……… 8
　1.4.1 Java 编译器 ………………… 8
　1.4.2 Kotlin 编译器 …………… 11
　1.4.3 IntelliJ 社区版 …………… 13
　1.4.4 Jetpack Compose 编译器插件 … 19
1.5 本章小结 …………………………… 21

第2章 元数据概述 ………………… 22
2.1 基本概念 …………………………… 22
　2.1.1 语法结构 …………………… 23

2.1.2 编译产物 …………………… 23
2.2 注释 ………………………………… 23
　2.2.1 注释的结构化 ……………… 23
　2.2.2 文档生成 …………………… 24
2.3 注解 ………………………………… 25
　2.3.1 注解的概念 ………………… 25
　2.3.2 源代码可见的注解 ………… 26
　2.3.3 二进制可见的注解 ………… 27
　2.3.4 运行时可见的注解 ………… 30
2.4 Kotlin 的元数据 ………………… 31
　2.4.1 Kotlin JVM 中的 @Metadata
　　　　注解 …………………………… 31
　2.4.2 Kotlin JVM 模块中的元数据 … 35
　2.4.3 klib 中的元数据 …………… 37
2.5 Kotlin 的语法树 ………………… 39
　2.5.1 Kotlin 的语法定义 ………… 40
　2.5.2 基于 IntelliJ 平台接口的抽象语
　　　　法树 ………………………… 41
　2.5.3 新一代语法树 FIR ………… 42
　2.5.4 连接前后端编译器的 IR …… 43
　2.5.5 Java 和 Kotlin 的符号树 … 45
2.6 Kotlin 的编译产物 ……………… 47
　2.6.1 JVM ………………………… 47
　2.6.2 JavaScript ………………… 48

2.6.3　Native ················ 48

2.7　本章小结 ··············· 49

第二部分　元编程的技术实践

第3章　运行时的反射 ········· 52

3.1　Java 反射 ·············· 52

3.1.1　基本功能 ············ 52

3.1.2　解除访问限制 ········ 53

3.1.3　动态代理 ············ 54

3.1.4　对注解的支持 ········ 55

3.1.5　对方法参数名的支持 ·· 56

3.1.6　访问 Kotlin 代码 ····· 57

3.2　Kotlin 反射 ············ 58

3.2.1　基本功能 ············ 59

3.2.2　类引用的获取 ········ 61

3.2.3　属性引用和函数引用 ·· 65

3.2.4　typeOf ·············· 67

3.2.5　dynamic 类型 ········ 69

3.2.6　属性委托 ············ 70

3.3　案例：Retrofit 的接口实现 ·· 72

3.3.1　Retrofit 基本用法 ···· 72

3.3.2　GitHubService 实例的创建 ····· 73

3.3.3　函数参数与请求参数的
　　　　对应关系 ··········· 74

3.3.4　泛型类型的反序列化 ·· 74

3.3.5　案例小结 ············ 75

3.4　案例：使用反射实现 DeepCopy ·· 75

3.4.1　案例背景 ············ 75

3.4.2　需求分析 ············ 76

3.4.3　案例实现 ············ 78

3.4.4　小试牛刀 ············ 79

3.4.5　案例小结 ············ 79

3.5　案例：使用 dynamic 类型为
　　　Kotlin JS 实现 DeepCopy ····· 80

3.5.1　案例背景 ············ 80

3.5.2　需求分析 ············ 80

3.5.3　案例实现 ············ 83

3.5.4　案例小结 ············ 83

3.6　本章小结 ··············· 84

第4章　源代码生成 ·········· 85

4.1　直接输出目标代码 ········ 85

4.1.1　一个简单的例子 ······ 85

4.1.2　标准库的代码生成 ···· 87

4.2　案例：为 Kotlin 添加 Tuple 类型 ·· 88

4.2.1　案例背景 ············ 88

4.2.2　需求分析 ············ 90

4.2.3　案例实现 ············ 91

4.3　使用模板引擎生成目标代码 ·· 93

4.3.1　Anko 中的代码生成 ··· 93

4.3.2　使用模板引擎渲染目标代码 ··· 95

4.4　案例：为 Java 静态方法生成
　　　Kotlin 扩展函数（模板引擎）··· 96

4.4.1　案例背景 ············ 96

4.4.2　需求分析 ············ 96

4.4.3　案例实现 ············ 98

4.4.4　代码优化 ············ 101

4.5　使用代码生成框架生成目标代码··· 104

4.5.1　JavaPoet ············ 104

4.5.2　KotlinPoet ·········· 109

4.6　案例：为 Java 静态方法生成
　　　Kotlin 扩展函数（KotlinPoet）··· 114

4.6.1　类型的映射 ·········· 114

4.6.2　实现代码生成 ········ 116

4.6.3　泛型参数的支持 ······ 118

4.7　本章小结 ·············· 121

第5章 编译时的符号处理 ·········· 122

5.1 符号的基本概念 ··············· 122

  5.1.1 Java 的符号 ··············· 122

  5.1.2 Kotlin 的符号 ··············· 124

  5.1.3 符号与语法树节点的关系和
区别 ··············· 125

5.2 处理器的基本结构 ··············· 125

  5.2.1 APT 的基本结构 ··············· 125

  5.2.2 KSP 的基本结构 ··············· 130

  5.2.3 APT 与 KSP 的结构差异 ······· 131

  5.2.4 处理器的配置文件 ··············· 132

5.3 深入理解符号和类型 ··············· 132

  5.3.1 获取修饰符 ··············· 133

  5.3.2 通过名称获取符号 ··············· 133

  5.3.3 获取符号的类型 ··············· 134

  5.3.4 通过类型获取符号 ··············· 138

  5.3.5 判断类型之间的关系 ··············· 139

  5.3.6 获取注解及其参数值 ··············· 141

5.4 案例：基于源代码生成模块的
符号文件 ··············· 144

  5.4.1 案例背景 ··············· 144

  5.4.2 案例实现：APT 版本 ··············· 145

  5.4.3 案例实现：KSP 版本 ··············· 147

5.5 深入理解符号处理器 ··············· 148

  5.5.1 如何使用 APT 处理 Kotlin
符号 ··············· 148

  5.5.2 符号的有效性验证 ··············· 150

  5.5.3 处理器的轮次和符号的延迟
处理 ··············· 150

  5.5.4 处理器对增量编译的支持 ······· 151

  5.5.5 多模块的符号处理 ··············· 154

5.6 案例：使用符号处理器实现
DeepCopy ··············· 156

  5.6.1 案例背景 ··············· 156

  5.6.2 需求分析 ··············· 156

  5.6.3 案例实现：APT 版本 ··············· 157

  5.6.4 案例实现：KSP 版本 ··············· 160

  5.6.5 案例小结 ··············· 163

5.7 本章小结 ··············· 163

第6章 程序静态分析 ··············· 164

6.1 案例：检查项目中的数据类 ······· 164

  6.1.1 案例背景 ··············· 164

  6.1.2 需求分析 ··············· 166

  6.1.3 案例实现：使用正则表达式
匹配 ··············· 167

  6.1.4 案例小结 ··············· 169

6.2 Kotlin 程序的语法分析 ··············· 169

  6.2.1 需求扩展 ··············· 169

  6.2.2 案例实现：使用 Antlr 实现
语法树解析 ··············· 170

  6.2.3 案例小结 ··············· 173

6.3 Kotlin 程序的语义分析 ··············· 173

  6.3.1 需求扩展 ··············· 173

  6.3.2 案例实现：使用 Kotlin 编译器
进行语义分析 ··············· 174

  6.3.3 案例小结 ··············· 176

6.4 使用 detekt 进行静态扫描 ··············· 176

  6.4.1 基于 detekt 实现数据类扫描 ···· 177

  6.4.2 使用 detekt 的 IntelliJ 插件 ···· 178

6.5 基于 IntelliJ IDEA 进行语法检查 ··· 180

  6.5.1 IntelliJ IDEA 中的代码检查 ···· 180

  6.5.2 实现对数据类的检查 ··············· 181

  6.5.3 实现快捷修复操作 ··············· 182

6.6 本章小结 ··············· 184

第7章　编译器插件 ·············· 185

7.1　编译器插件概述 ··············· 185

 7.1.1　什么是编译器插件 ········· 185

 7.1.2　编译器插件能做什么 ······· 186

7.2　编译器插件项目的基本结构 ······· 187

 7.2.1　编译器插件模块 ··········· 187

 7.2.2　编译工具链插件模块 ······· 190

 7.2.3　集成开发环境插件模块 ····· 191

7.3　案例：trimIndent 函数的编译时

  实现 ·························· 195

 7.3.1　案例背景 ················· 195

 7.3.2　需求分析 ················· 196

 7.3.3　案例实现 ················· 197

 7.3.4　插件的发布 ··············· 202

 7.3.5　案例小结 ················· 205

7.4　案例：使用编译器插件实现

  DeepCopy ···················· 205

 7.4.1　案例背景 ················· 205

 7.4.2　需求分析 ················· 205

 7.4.3　案例实现 ················· 206

 7.4.4　案例小结 ················· 212

7.5　符号处理器的实现原理 ··········· 212

 7.5.1　Java 存根的生成 ·········· 212

 7.5.2　Java 编译器的调用 ········· 213

 7.5.3　增量编译的支持 ··········· 214

 7.5.4　多轮次符号处理 ··········· 215

 7.5.5　注解实例的构造 ··········· 216

 7.5.6　延伸：依赖关系分析 ······· 217

7.6　本章小结 ····················· 217

第8章　元程序的开发和调试 ········ 218

8.1　使用 kotlin-compile-testing 编写

  单元测试 ····················· 218

 8.1.1　编译器的调用和调试 ······· 218

 8.1.2　检查 KAPT 的输出 ········· 221

 8.1.3　添加对 KSP 的支持 ········ 222

 8.1.4　运行编译后的程序 ········· 223

 8.1.5　打印变换之后的 IR ········· 225

 8.1.6　多模块编译 ··············· 227

8.2　使用 kotlin-compile-testing-extensions

  简化单元测试 ················· 228

 8.2.1　测试数据的组织形式 ······· 228

 8.2.2　测试数据的加载 ··········· 230

 8.2.3　编译运行并检查结果 ······· 231

 8.2.4　检查 IR 和运行时输出 ······ 232

8.3　在实际项目中集成 ·············· 233

 8.3.1　工程的组织形式 ··········· 234

 8.3.2　单步调试 Kotlin 编译器 ····· 235

 8.3.3　Kotlin 编译器的日志输出 ···· 237

8.4　本章小结 ····················· 238

第三部分　综合案例

第9章　Jetpack Compose 的编译

  时处理 ······················ 240

9.1　Jetpack Compose 简介 ·········· 240

9.2　静态检查 ····················· 243

 9.2.1　错误信息 ················· 243

 9.2.2　声明检查 ················· 245

 9.2.3　调用检查 ················· 251

 9.2.4　目标检查 ················· 260

9.3　案例：为 DeepCopy 添加代码检查 ··· 261

 9.3.1　案例背景 ················· 261

 9.3.2　需求分析 ················· 261

 9.3.3　案例实现 ················· 262

 9.3.4　案例效果 ················· 265

9.4　代码提示 ····················· 266

 9.4.1　Composable 函数的命名 ···· 266

9.4.2 Composable 函数调用的颜色 ···270

9.5 Composable 函数的变换 ···············272

9.5.1 $composer 参数 ·················272

9.5.2 参数默认值 ·····················277

9.5.3 参数的变化状态与重组的

跳过机制 ·····················284

9.6 本章小结 ·····························299

第 10 章 AtomicFU 的编译产物

处理 ····························300

10.1 AtomicFU 的由来 ·················300

10.2 Kotlin JVM 平台的编译产物

处理 ····························304

10.2.1 需求背景分析 ·············304

10.2.2 技术选型分析 ·············305

10.2.3 方案实现分析 ·············305

10.3 Kotlin JS 平台的编译产物处理 ···315

10.3.1 需求背景分析 ·············316

10.3.2 技术选型分析 ·············317

10.3.3 方案实现分析 ·············317

10.4 本章小结 ·····························324

元编程的基础知识

■ 第 1 章　元编程概述
■ 第 2 章　元数据概述

Chapter 1

第 1 章

元编程概述

本章主要介绍元编程的需求背景、基本概念和学习方法，这是本书后续内容的重要基础。同时，由于元编程与 Java 及 Kotlin 的编译器、IntelliJ 平台的关系非常紧密，因此本章也会介绍相关项目的环境配置，这将对读者深入理解并掌握元编程的方法和技巧有非常大的帮助。

1.1　元编程的需求背景

我们在编写程序时经常会遇到一个问题——重复，而工程师最不能忍受的就是重复。重复意味着低效，也意味着低级。我们造的每一个"轮子"在某种意义上都是为了解决重复的问题。业内也有一句名言："不要重复你自己（Don't repeat yourself）。"

然而在实际的业务场景中，我们经常会见到大量重复或者相似的模板代码，这些代码很多时候难以使用编程语言的基本特性进行抽象，因此我们不得不忍受它们的存在。

Java 的 Getter 方法和 Setter 方法就是很典型的例子，如代码清单 1-1 所示。

代码清单 1-1　Java 的 Getter 方法和 Setter 方法

```
[Java]
public class User {
  private long id;
  ...
  public long getId() {
    return id;
  }
  public void setId(long id) {
    this.id = id;
```

```
    }
      ...
  }
```

幸运的是，Kotlin 把属性作为正式的特性提供给开发者，使得开发者终于不用忍受充斥着 Getter 和 Setter 的模板代码了，如代码清单 1-2 所示。

代码清单 1-2　Kotlin 的属性

```kotlin
class User(var id: Long, var name: String, var age: Int)
```

不过，不是所有模板代码问题都能通过添加语法特性解决。

业务代码中最常见的网络请求就是高度模板化的代码。不同的业务接口虽然各不相同，但网络请求本身的代码极为相似。以 OkHttp 为例，如代码清单 1-3 所示。

代码清单 1-3　使用 OkHttp 发送网络请求

```kotlin
class GitHubApi {
  val endPoint = "https://api.github.com"
  val client = OkHttpClient()
  val moshi = Moshi.Builder().addLast(KotlinJsonAdapterFactory()).build()

  fun getUser(login: String): GitUser? {
    val request: Request = Request.Builder()
      .url("$endPoint/users/$login").get().build()
    return client.newCall(request).execute().use { response ->
      response.body?.string()?.let {
        moshi.adapter(GitUser::class.java).fromJson(it)
      }
    }
  }

  fun getRepository(userLogin: String, repoName: String): GitRepo? {
    val request: Request = Request.Builder()
      .url("$endPoint/repos/$userLogin/$repoName").get().build()
    return client.newCall(request).execute().use { response ->
      response.body?.string()?.let {
        moshi.adapter(GitRepo::class.java).fromJson(it)
      }
    }
  }
}
```

我们定义了两个函数 getUser 和 getRepository，分别用于请求 GitHub 的 API 以获取用户和仓库的相关信息。这两个函数除了参数、返回值和请求的 URL 不同以外，剩下的代码完全相同，而这部分相同的代码才是这两个函数的主体内容。如果调用者希望接口同时提供异步回调和协程的版本，情况只会更糟糕。异步回调和协程版本的接口函数如代码清单 1-4 所示。

代码清单 1-4 异步回调和协程版本的接口函数

```kotlin
fun getUser(
  login: String,
  onSuccess: (GitUser?) -> Unit,
  onFailure: (Throwable) -> Unit
) {
  val request: Request = Request.Builder()
    .url("$endPoint/users/$login").get().build()
  client.newCall(request).enqueue(object : Callback {
    override fun onFailure(call: Call, e: IOException) { ... }
    override fun onResponse(call: Call, response: Response) { ... }
  })
}

suspend fun getUserAsync(login: String): GitUser? =
  suspendCoroutine { continuation ->
    getUser(login, onSuccess = { ... }, onFailure = { ... })
  }
```

在实际的业务场景中，请求几十甚至上百个接口是非常常见的事情。可以想象，重复的接口代码实现将会给项目带来巨大的维护成本。

解决此类问题最常用的手段就是元编程。Kotlin 提供了非常丰富的元编程手段，包括运行时反射（Kotlin JVM）、编译时符号处理等。

Retrofit 就是一个充分运用运行时反射能力来简化 HTTP 接口代码的框架。它可以以非常优雅的方式解决代码清单 1-3 和代码清单 1-4 中存在的问题，如代码清单 1-5 所示。

代码清单 1-5 使用 Retrofit 定义 HTTP 接口函数

```kotlin
interface GitHubApi {
  //支持同步和异步的调用方式
  @GET("/users/{login}")
  fun getUser(@Path("login") login: String): Call<GitUser>

  @GET("/users/{login}")
  suspend fun getUserAsync(@Path("login") login: String): GitUser
}
```

3.3 节将对 Retrofit 的工作机制进行剖析。

1.2 元编程的基本概念

元编程这个词看上去有些晦涩。元字的意思较多，包含开端、根源等诸多含义。本节将简单介绍元编程的定义和分类。

1.2.1　元编程的定义

元编程（Meta Programming）就是以程序为数据的编程。这意味着元编程往往是以访问和修改程序本身为目的的。其中，编写元程序的语言被称为**元语言**，被操作的语言则被称为**目标语言**。

元编程与普通编程的区别在于处理的对象不同。大家可能已经有过很多元编程的实践，例如 Java/Kotlin 的反射、APT（Annotation Processing Tool，注解处理器）、代码规范检查工具等。

元编程的概念不吓人，但也不是没有门槛。不管是什么类型的程序，程序设计者都需要在充分了解其业务需求背景和数据结构之后才能够将程序逐步落地。元编程也是如此，我们需要对目标语言的元数据有一定的认识，才能够设计出符合预期的元程序。

Kotlin 是一门支持多平台的编程语言，因而相关的元数据种类也较为丰富。本书将在第 2 章专门对 Kotlin 的元数据进行介绍，这将是我们后续实践 Kotlin 元编程的重要基础。

1.2.2　元编程的分类

Kotlin 支持两种不同阶段的元编程，即运行时元编程和编译时元编程。

运行时元编程通常是指运行时反射。我们可以使用反射在目标程序运行时修改其程序结构的信息，控制函数的调用，实现一定程度上的动态能力。在 Kotlin 中，我们既可以使用 Java 反射，也可以使用 Kotlin 反射，反射相关的内容将在第 3 章详细介绍。

编译时元编程涵盖了程序从编写到编译的所有阶段。按照目标程序的形式，又可以将编译时元编程分为源代码处理、编译中间产物处理和编译产物处理。

Kotlin 元编程的分类如图 1-1 所示。

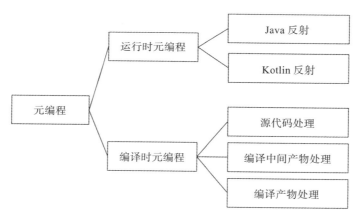

图 1-1　Kotlin 元编程的分类

绝大多数情况下我们编写元程序是为了生成源代码。本书第 4 章会详细介绍源代码生成相关的内容，第 5 章介绍的符号处理器通常也是以生成源代码为目的的。

除了生成源代码以外，我们还可以通过编写元程序来实现对源代码的分析。有关程序静态分析的内容将在第 6 章展开讨论。

Kotlin 编译器在编译过程中会产生一些中间代码，想要实现对中间代码的处理就需要借助编译器提供的扩展能力。我们将在第 7 章详细介绍 Kotlin 编译器插件（Kotlin Compiler Plugin），并在第 9 章对 Jetpack Compose 的编译器插件实现进行详细的剖析。

Kotlin 对于符号处理的支持包括 KAPT（Kotlin Annotation Processing Tool）和 KSP（Kotlin Symbol Processing），二者均是基于 Kotlin 编译器提供的扩展能力实现的。我们将在第 5 章详细介绍 Kotlin 中与符号处理相关的内容，并在 7.5 节介绍符号处理器的实现原理。

编译产物的处理与对应平台的相关性很大，因此本书不打算对其展开重点讨论。不过，我们还是会在第 10 章中以 AtomicFU 框架为例，介绍如何对 Kotlin JVM 和 Kotlin JS 的编译产物进行处理。

1.3　元编程的学习方法

学习从来就不是一件轻松的事情，元编程的学习尤其如此。本节将介绍一些元编程技术的学习心得和方法，帮助读者做好学习元编程技术的准备。

1.3.1　培养兴趣

相比编程语言的基本语法，元编程相关的技术往往更有难度。为什么呢？一方面，元编程需要开发者对目标语言本身以及编译原理有一定的了解；另一方面，元编程需要开发者有一定的开发经验积累，能够从复杂的业务场景中抽象出需要解决的问题。

不过，换个角度来看，元编程又很简单。正如前面提到的，元编程在多数情况下就是处理程序中的模板代码，目的是提升研发效率，因而元编程的需求往往来自研发团队自身。相比多变的产品需求，元编程的需求往往更简单、更纯粹。

不仅如此，元程序的编写过程中往往富有挑战，解决问题的过程中又充满乐趣。元编程还可以实现四两拨千斤的效果，给开发者带来很大的成就感和价值感。

因此，要学习元编程技术首先要做的就是充分调动自己的技术热情，不要有畏难情绪。

1.3.2　付诸行动

"纸上得来终觉浅，绝知此事要躬行。"我们学习编程技术，最忌讳的就是"看了就是会了"，学习元编程技术尤其如此。元数据通常都比较抽象，不容易凭直觉想象，如果不动手试验，有些情况是很难直接想到的。

例如我在准备 9.5.3 节的内容时，需要研究 $changed 的计算方法（参见代码清单 9-87），其中涉及的条件非常烦琐、复杂，为了搞清楚各个分支的关系，就必须要构造各种用例来反复尝试。

1.3.3　善用工具

由于元数据比较抽象，因此合理地利用一些工具来帮助我们快速找到问题的本质也是非常重要的。

在众多工具中，对 Kotlin 元编程最有帮助的莫过于 PsiViewer 了。PsiViewer 是一款可以将 IntelliJ 平台的 PSI（Program Structure Interface，程序结构接口）可视化的 IntelliJ 插件。

接下来看一个具体的例子，如代码清单 1-6 所示。

代码清单 1-6　GitUser 类

```
data class GitUser(
  val id: Int,
  val login: String,
  val url: String
)
```

比如，我们希望搞清楚 id 的类型 Int 是什么类型的节点，就可以通过 PsiViewer 非常方便地看到，如图 1-2 所示。

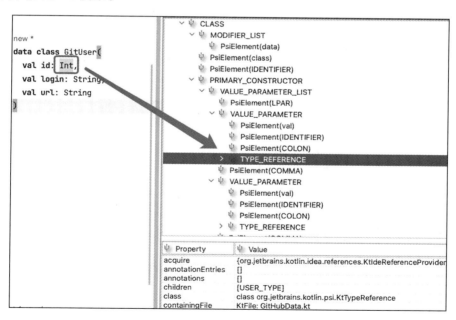

图 1-2　使用 PsiViewer 查看 Int 节点

PsiViewer 可以用来查看所有 IntelliJ 平台支持的编程语言，它最常用的应用场景实际上是 IntelliJ 插件的开发。Kotlin 编译器使用了 PSI 作为 Kotlin 的抽象语法树，因此 PsiViewer 同样可以用于 Kotlin 编译器插件的开发。

> 说明 尚未正式发布的 K2 编译器（K2Compiler，Kotlin 的新一代编译器）已经不再使用 PSI，而是自研了一套专用的 FIR（Front-end Intermediate Representation，前端中间表示）作为新的抽象语法树。

1.3.4 多读源代码

元编程技术的参考资料远不及入门教程多，甚至连官方文档也对此讳莫如深。其实原因说来也简单，元编程技术相对于其他技术而言还是太小众了。

资料的缺乏，特别是成体系的资料的缺乏，自然是我希望本书能够解决的问题之一。不过，纵然我能把我知道的内容完全呈现到纸面上，也还会受到个人技术水平和内容篇幅的限制，不能解决的问题仍然是大多数。

怎么办呢？

很简单，经常翻阅编译器甚至 IntelliJ 社区版的源代码，所有问题的答案基本上都可以在编译器源代码中找到。如果你想要成为元编程技术的高手，那一定要养成有问题翻阅源代码的习惯。我们将在 1.4 节介绍如何配置编译器以及 IntelliJ 社区版的源代码调试环境，强烈建议读者将环境配置好并时常翻阅源代码。

1.4 常用项目的调试环境配置

由于本书涉及非常多 Java 编译器、Kotlin 编译器甚至 IntelliJ IDEA 相关的概念，配置好相关源代码的编译和调试环境会非常有帮助。当然，这不是必需的，本书绝大多数内容并不直接依赖这些环境。

1.4.1 Java 编译器

在开始之前，请大家准备好一台硬盘剩余容量不小于 10 GB、内存不小于 16 GB 的计算机。操作系统选择 Linux、macOS、Windows 均可，推荐使用 Linux。下面我们以 Ubuntu 20.04 为例，介绍如何配置 Java 编译器的编译和调试环境。配置完成之后的 JDK 所在的目录如图 1-3 所示。

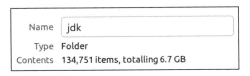

图 1-3 配置完成之后的 JDK 所在的目录

首先从 GitHub 下载 JDK 源代码，如代码清单 1-7 所示。为了叙述方便，我们使用 $ws 表示工作目录。工作目录应尽量避免层级过深，目录名称应避免出现空格、非 ASCII 字符以及特殊字符，以免遇到部分工具出错的问题。

代码清单 1-7　下载 OpenJDK 源代码

```
$ cd $ws
$ git clone https://github.com/openjdk/jdk.git
```

源代码比较大，下载可能需要几分钟时间。下载完成之后切换到我们需要阅读的代码版本，例如 JDK 17，如代码清单 1-8 所示。

代码清单 1-8　切换到 JDK 17 对应的分支

```
$ cd $ws/jdk
$ git checkout jdk-17+35
```

接下来需要检查一下当前环境是否已经满足编译 JDK 的要求，如代码清单 1-9 所示。

代码清单 1-9　检查当前编译环境

```
$ bash configure
```

如果当前环境中缺少某些依赖，configure 会运行失败，并给出错误信息。读者可以按照错误信息结合自己的实际环境安装相应的依赖，并重新运行 configure 命令直到成功为止，如图 1-4 所示。

```
====================================================
The existing configuration has been successfully updated in
/home/benny/WorkSpace/dragon/jdk/build/linux-x86_64-server-release
using default settings.

Configuration summary:
* Name:           linux-x86_64-server-release
* Debug level:    release
* HS debug level: product
* JVM variants:   server
* JVM features:   server: 'cds compiler1 compiler2 epsilongc g1gc jfr jni-check jvmci jvm
ti management nmt parallelgc serialgc services shenandoahgc vm-structs zgc'
* OpenJDK target: OS: linux, CPU architecture: x86, address length: 64
* Version string: 17-internal+0-adhoc.benny.jdk (17-internal)

Tools summary:
* Boot JDK:       openjdk version "17.0.5" 2022-10-18 OpenJDK Runtime Environment (build
17.0.5+8-Ubuntu-2ubuntu122.04) OpenJDK 64-Bit Server VM (build 17.0.5+8-Ubuntu-2ubuntu122
.04, mixed mode, sharing) (at /usr/lib/jvm/java-17-openjdk-amd64)
* Toolchain:      gcc (GNU Compiler Collection)
* C Compiler:     Version 11.3.0 (at /usr/bin/gcc)
* C++ Compiler:   Version 11.3.0 (at /usr/bin/g++)

Build performance summary:
* Cores to use:   16
* Memory limit:   32071 MB

WARNING: The result of this configuration has overridden an older
configuration. You *should* run 'make clean' to make sure you get a
proper build. Failure to do so might result in strange build problems.
```

图 1-4　bash configure 运行成功之后的输出

接下来我们就可以编译自己的 Java 编译器和 Java 虚拟机了，如代码清单 1-10 所示。

代码清单 1-10　编译 JDK

```
$ make images
```

编译后可以根据提示找到对应的 Java 可执行程序，读者可以试着用它编译并运行一段 Java 源代码。

Java 编译器的源代码可以使用 IntelliJ IDEA 来阅读。为了方便配置工程，JDK 源代码中提供了创建相应工程的配置文件的脚本。

代码清单 1-11　创建 IntelliJ IDEA 工程的配置文件

```
$ bash bin/idea.sh
```

这个脚本会依赖 Apache Ant，如果运行时提示需要设置 ANT_HOME，那么请先安装 Ant。可以从 https://ant.apache.org/bindownload.cgi 直接下载 Ant 的压缩包，解压之后将环境变量 ANT_HOME 的值设置为 Ant 的根目录，再次运行 idea.sh 脚本即可。

工程文件生成之后，使用 IntelliJ IDEA 打开 $ws/jdk 目录，就可以阅读 JDK 的 Java 部分源代码了，如图 1-5 所示。

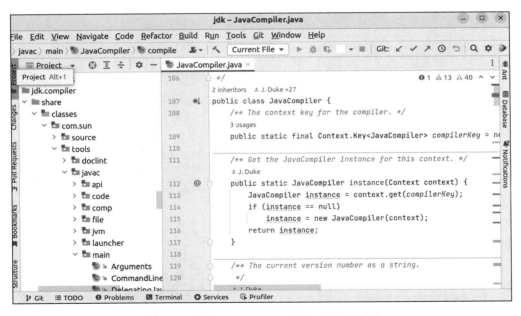

图 1-5　使用 IntelliJ IDEA 阅读 JDK 源代码

Java 编译器也是一个普通的 Java 程序，我们可以直接在 IntelliJ IDEA 中运行并调试它，如图 1-6 所示。

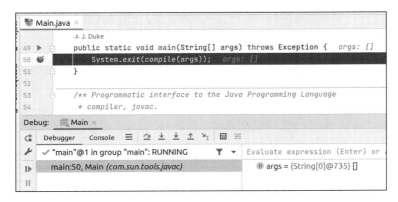

图 1-6　单步调试 Java 编译器

> 提示　配置环境时，最容易出问题的就是 C/C++ 编译器。为了避免麻烦，建议读者严格按照官方的要求安装相应的编译工具链，更多细节参见 https://openjdk.org/groups/build/doc/building.html。

1.4.2　Kotlin 编译器

本节我们将为大家介绍如何下载和配置 Kotlin 源代码的编译和阅读环境，其中包括 Kotlin 编译器、标准库、官方编译器插件、官方 Gradle 插件等。时常翻阅 Kotlin 源代码，对于理解本书的内容将会有非常大的帮助。

在下载和编译 Kotlin 源代码之前，请大家准备好一台硬盘剩余容量不小于 20 GB、内存不小于 16 GB 的计算机。Kotlin 源代码的编译对操作系统没有明确要求，不过实测搭载 Apple Silicon 芯片的 macOS 在编译 Kotlin 源代码时会遇到一些依赖问题，例如找不到对应的 JDK 版本等，因此建议使用搭载了 X86 芯片的计算机，以避免出现不必要的麻烦。

首先下载源代码。从 https://github.com/JetBrains/kotlin 下载 Kotlin 源代码到本地目录 $ws/kotlin 中，默认分支为 master，如代码清单 1-12 所示。

代码清单 1-12　下载 Kotlin 源代码

```
$ cd $ws
$ git clone https://github.com/JetBrains/kotlin.git
```

代码下载完以后，Windows 用户需要添加如代码清单 1-13 所示的配置，以支持长路径。

代码清单 1-13　配置 git 以支持长路径

```
$ git config core.longpaths true
```

由于我们只是希望阅读源代码，因此不需要考虑不同 JDK 版本兼容的问题。在 local.properties 中添加如代码清单 1-14 所示的配置，以使用 JDK 1.8.0 及以上版本完成编译。

代码清单 1-14　使用 JDK 1.8.0 及以上版本完成编译

```
kotlin.build.isObsoleteJdkOverrideEnabled=true
```

这样 Kotlin 源代码调试环境就配置完成了。读者可以使用 IntelliJ IDEA 打开 Kotlin 源代码的目录，导入相应的 Gradle 工程，并开始阅读源代码。

编译 Kotlin 源代码比较容易，直接运行对应的 Gradle 任务即可，如代码清单 1-15 所示。

代码清单 1-15　将 Kotlin 编译器编译到 dist/kotlinc 中

```
$ ./gradlew dist
```

编译之后，我们就可以在 $ws/kotlin/dist/kotlinc 目录下找到 Kotlin 编译器的可执行程序，如图 1-7 所示。

我们可以直接在命令行运行这些程序，也可以通过 cli-runner 模块来运行它们。cli-runner 模块的入口如图 1-8 所示。

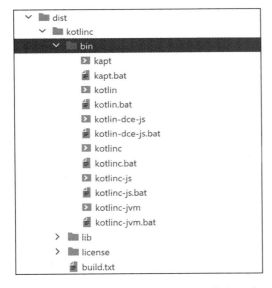

图 1-7　编译后的 Kotlin 编译器的可执行程序

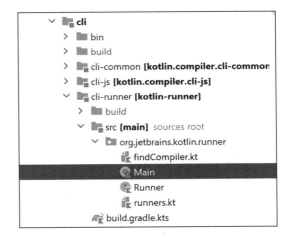

图 1-8　cli-runner 模块的入口

找到 cli-runner 模块中的 Main 类，直接运行它的 main 函数，我们会得到如图 1-9 所示的错误信息。

这是因为 cli-runner 只是一个简单的程序入口，并没有包含 Kotlin 编译器的具体实现。我们可以通过设置虚拟机参数 kotlin.home 来明确需要运行的 Kotlin 编译器的路径，如图 1-10 所示。

图 1-9　直接运行 cli-runner 的 main 函数时输出的错误信息

Configuration	Code Coverage	Logs		
Main class:		org.jetbrains.kotlin.runner.Main		...
VM options:		-Dkotlin.home=dist/kotlinc		+ ⤢

图 1-10　添加参数 kotlin.home 指向编译好的 Kotlin 编译器

这样我们就可以轻松实现单步调试 Kotlin 编译器了。如图 1-11 所示，直接运行 Kotlin 编译器相当于在命令行运行 kotlinc，会进入交互式命令行，我们在其中输入一行 Kotlin 代码，然后交互式命令行会读取该输入并且调用 eval 函数对其进行求值。

```
93        }
94
95  val lineResult = eval(line)   line: "val bilibili = "bennyhuo不是算命的""
96  return if (lineResult is ReplEvalResult.Incomplete) {
97        WhatNextAfterOneLine.INCOMPLETE
98  } else {
99        WhatNextAfterOneLine.READ_LINE
```

```
Debug:    Main
Debugger   Console
"C:\Program Files\BellSoft\LibericaJDK-11-Full\bin\java.exe" ...
Connected to the target VM, address: '127.0.0.1:64465', transport: 'socket'
Welcome to Kotlin version 1.8.255 (JRE 11.0.11+9-LTS)
Type :help for help, :quit for quit
>>> val bilibili = "bennyhuo不是算命的"
```

图 1-11　单步调试 Kotlin 编译器

顺带提一句，这里指向的 Kotlin 编译器目录也可以是从官方下载的版本，但需要本地源代码版本与下载的二进制版本相对应。

1.4.3　IntelliJ 社区版

本节我们将为大家简单介绍如何编译和调试 IntelliJ 社区版的源代码。

在此之前，请大家准备好一台硬盘剩余容量不小于 30 GB、内存不小于 16 GB 的计算机。IntelliJ 社区版的源代码只涉及 Java 程序，本书撰写时使用的 JDK 版本为 17，对操作系统没有明确要求。

首先从 https://github.com/JetBrains/intellij-community 下载 IntelliJ 社区版源代码到 $ws/intellij-community 目录中，切换到希望调试的分支，例如 222.4345，这是 IntelliJ IDEA 2022.2 的一个稳定版本的分支，如代码清单 1-16 所示。

代码清单 1-16　下载 IntelliJ 社区版源代码并切换到 222.4345 分支

```
$ cd $ws
$ git clone https://github.com/JetBrains/intellij-community.git
$ git checkout 222.4345
```

如果需要阅读 Android 插件相关的源代码，可以接着通过如代码清单 1-17 所示的命令将其下载到 $ws/intellij-community/android 目录中，选择与 IntelliJ 社区版源代码相同的分支。这实际上也是 Android Studio 的核心源代码。

代码清单 1-17　下载 Android 插件的源代码

```
$ cd $ws/intellij-community
$ git clone git://git.jetbrains.org/idea/android.git android
$ cd android
$ git checkout 222.4345
```

下载完成之后，使用 IntelliJ IDEA 打开 $ws/intellij-community 目录时会同时加载 android 目录下的模块。

顺带提一句，Jetpack Compose 的 IntelliJ 插件在 $ws/intellij-community/android/compose-ide-plugin 目录中。

至此，IntelliJ 社区版源代码就下载完成了。

读者此时可以使用 IntelliJ IDEA 打开 $ws/intellij-community 目录，尝试阅读 IntelliJ 社区版源代码了。其中，Kotlin 的 IntelliJ 插件的源代码在 $ws/intellij-community/plugins/kotlin 目录下。

源代码打开之后需要配置 JDK 才可以编译，对于 222.4345 版本的源代码，建议选择 JDK 11。接下来在如图 1-12 所示的运行选项下拉列表中选择 IDEA 开始运行，经过一段时间的编译之后就会启动一个调试用的 IntelliJ IDEA 实例。

如果想要运行安装了 Android 插件的 IntelliJ IDEA，需要选择 IDEA with Android。不过在运行之前，需要先单击下拉菜单中的 Edit Configurations 选项，对 IDEA with Android 的配置进行修改，如图 1-13 所示，删除框中的 Run Gradle task 'dependencies: setupAndroidPluginRuntimeForIdea'，并单击 OK 按钮保存修改。

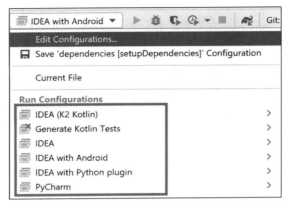

图 1-12　IntelliJ 源代码的运行配置

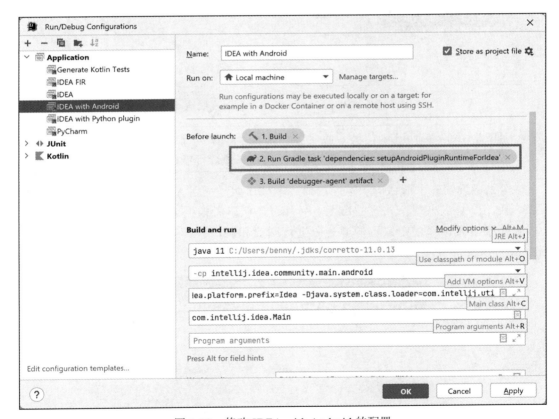

图 1-13　修改 IDEA with Android 的配置

保存之后再运行 IDEA with Android，就会看到一个启用了 Android 插件的 IntelliJ IDEA 运行起来了，如图 1-14 所示。我们甚至可以单步调试这个程序，以了解 IntelliJ IDEA 内部的运行细节。

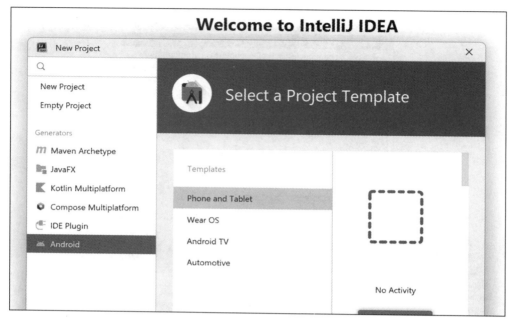

图 1-14　运行 IDEA with Android 会同时安装 Android 插件

提示　IDEA with Android 运行配置的问题已经在 master 分支上修复了，如果读者拉取的是比较新的代码版本，就不需要额外对运行配置进行修改了。

　　这里稍微说明一下源代码版本的选择。IntelliJ 社区版和 Android 插件的源代码版必须保持一致，以避免出现不兼容的情况。另外，建议读者根据 JetBrains 官方发布的 IntelliJ 社区版的版本号选择稳定版本的源代码进行阅读和调试，最近的稳定版的版本号可以在 JetBrains ToolBox 中看到，如图 1-15 所示。

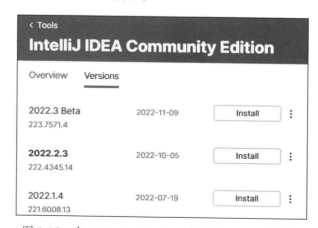

图 1-15　在 JetBrains ToolBox 中查看 IntelliJ 的版本

如果直接使用开发中的版本，运行调试时难免会遇到问题。我在撰写本书时，曾直接拉取了 master 分支的最新代码，运行 IDEA with Android 之后发现 Android 插件没有被正常启用。通过分析日志发现，Android 插件的配置文件引用了 android-navigator 模块的配置文件，却没有把 android-navigator 模块添加到 Android 插件的依赖中。Android 插件加载失败的异常日志如代码清单 1-18 所示。

代码清单 1-18　Android 插件加载失败的异常日志

```
Cannot load file:intellij.android.plugin/META-INF/plugin.xml
java.lang.RuntimeException: Cannot resolve /META-INF/android-navigator.xml
(dataLoader=intellij.android.plugin)
  at com.intellij.ide.plugins.XmlReader.readInclude(XmlReader.kt:845)
  ...
```

当然这个问题还是比较容易解决的，在 Android 插件模块的依赖中添加 android-navigator 模块即可。不过，为了避免不必要的麻烦，我们在阅读和调试开源项目源代码时，应当尽量选用稳定版本。

另外，本书第 9 章中会有阅读和调试 Jetpack Compose 的 IntelliJ 插件的需求，默认情况下运行 IDEA with Android 时不会安装 Jetpack Compose 插件，因此我们需要将 Compose 的 IntelliJ 插件添加到程序的依赖中。

首先单击菜单 File 中的 Project Structure，单击弹出的对话框左侧边栏中的 Modules，找到 intellij.idea.community.main.android 的依赖，单击 +，选择 3 Module Dependency，如图 1-16 所示。

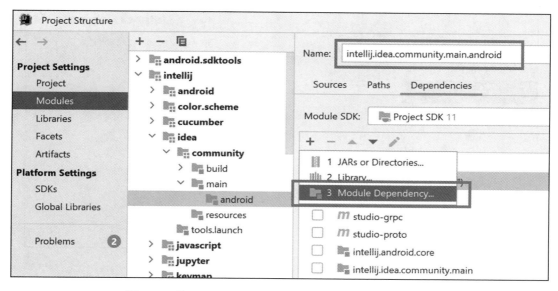

图 1-16　为 intellij.idea.community.main.android 添加依赖

在选择模块对话框中直接输入 compose 搜索 compose-ide-plugin 模块，如图 1-17 所示，选中并单击 OK 按钮进行确认。

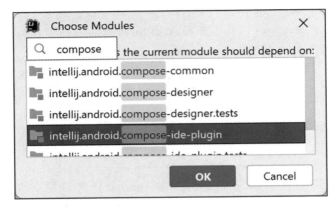

图 1-17 搜索 compose-ide-plugin 模块

再在 Project Structure 对话框中单击 OK 按钮，使得新增加的依赖生效。重新运行 IDEA with Android，启动调试用的 IntelliJ IDEA 实例之后，我们就可以在其中找到 Jetpack Compose 插件了，如图 1-18 所示。

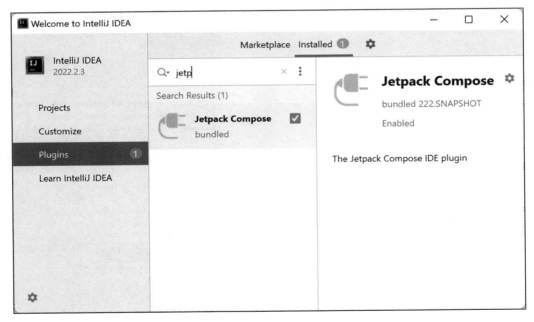

图 1-18 成功添加 Jetpack Compose 插件的 IntelliJ IDEA

1.4.4　Jetpack Compose 编译器插件

Jetpack Compose 属于 AOSP(Android Open Source Project, Android 开源项目) 的一部分, 其源代码的下载和配置方式与 Android 的系统源代码、Android Studio 的源代码非常类似。

在开始之前, 请大家准备好一台硬盘剩余容量不小于 50 GB、内存不小于 16 GB 的计算机。操作系统推荐使用 Linux、macOS。下面我们以 Ubuntu 20.04 为例, 介绍 Jetpack Compose 的编译和调试环境的配置。

下载 AOSP 的源代码时需要使用 repo 命令, 因此我们需要先将 repo 命令下载下来, 放到系统路径中。repo 命令的安装方法如代码清单 1-19 所示。

代码清单 1-19　安装 repo 命令

```
$ test -d ~/bin || mkdir ~/bin
$ curl https://storage.googleapis.com/git-repo-downloads/repo \
  > ~/bin/repo && chmod 700 ~/bin/repo
```

这里我们将 repo 命令下载到用户目录下的 bin 目录中, 接着将 bin 目录添加到系统路径中, 如代码清单 1-20 所示。

代码清单 1-20　将 bin 目录添加到系统路径中

```
export PATH=~/bin:$PATH
```

repo 命令本质上就是一个 Python 脚本, 目前 repo 命令支持的最低 Python 版本为 3.6, 因此需要强制使用 Python 3 来运行 repo 命令, 如代码清单 1-21 所示。

代码清单 1-21　强制使用 Python 3 运行 repo 命令

```
function repo() {
  command python3 ~/bin/repo $@
}
```

我们也可以把代码清单 1-20 和代码清单 1-21 中的两条命令写入 ~/.bash_profile 中 (如果使用 zsh, 则写入 ~/.zshrc 中), 方便后续使用。

重启命令行, 或者执行 source ~/.bash_profile (如果使用 zsh, 则执行 source ~/.zshrc) 以使新增的配置生效。

接下来就是枯燥的源代码下载工作了, 如代码清单 1-22 所示。

代码清单 1-22　下载 androidx-main 分支的代码

```
$ cd $ws
$ mkdir androidx-main && cd androidx-main
#初始化仓库
$ repo init -u https://android.googlesource.com/platform/manifest \
  -b androidx-main --partial-clone --clone-filter=blob:limit=10M
#下载源代码
$ repo sync -c -j8
```

为了确保 git 能够识别大量的文件更改情况，还需要添加如代码清单 1-23 所示的配置。

代码清单 1-23　提高 git 识别文件更改的数量限制

```
git config --global merge.renameLimit 999999
git config --global diff.renameLimit 999999
```

接下来就可以运行如代码清单 1-24 所示的命令，使用 Android Studio 打开 Jetpack Compose 的源代码了。

代码清单 1-24　运行 Gradle 任务启动 Android Studio

```
$ cd $ws/androidx-main/frameworks/support
$ ANDROIDX_PROJECTS=COMPOSE ./gradlew studio
```

任务初次运行时会下载相关依赖和 Android Studio 的可执行程序，稍等片刻就可以看到如图 1-19 所示的效果。

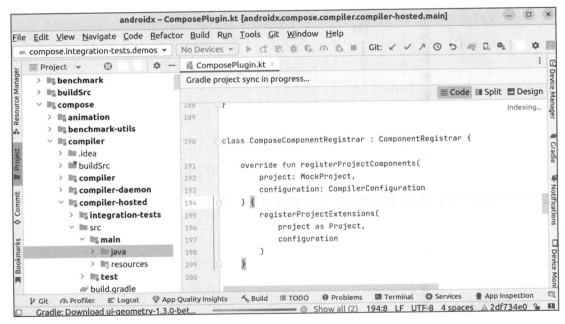

图 1-19　使用 Android Studio 打开 Jetpack Compose 工程

我们也可以找到 Compose 编译器插件的单元测试进行调试，如图 1-20 所示。

 提示　Jetpack Compose 源代码的编译和调试的详细说明请参考官方文档：https://android. googlesource.com/platform/frameworks/support/+/refs/heads/androidx-main/compose/ README.md。

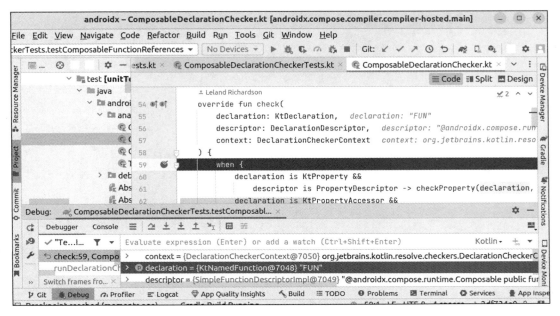

图 1-20　单步调试 Compose 的编译器插件

1.5　本章小结

　　本章介绍了元编程的需求背景、基本概念，也简单分享了一些元编程的学习方法。元编程在不同的编程语言中都有不同的实现，虽然风格迥异，但需求背景和实现效果殊途同归。

　　元编程相关的技术通常是编程语言学习进阶的关键一环，本书即将陪同大家一起踏上这充满挑战和乐趣的旅途。

Chapter 2

第 2 章

元数据概述

本章将探讨 Kotlin 代码和编译产物中存在的元数据（Metadata）。元数据是元编程的基础，所有的元编程逻辑都是基于对元数据的分析而展开的。

2.1 基本概念

元数据是指描述其他数据的信息的数据，不包含被描述的数据的内容。例如一个字符串一共有 10 个字符，这里的 10 个字符的长度就是这个字符串的元数据。再如，一本书的书名、作者、出版社等信息也是元数据，如图 2-1 所示。

书名

作者

出版社

图 2-1　一本书的元数据

具体到我们讨论的 Kotlin 元编程的范畴，元数据可以理解为描述目标程序本身的信息，例如代码的行数、语法树，甚至编译后的产物等。按照元数据的产生途径，我们可以简单将其分为两种类型，即语法结构和编译产物。

2.1.1　语法结构

元编程是对程序进行处理的编程行为，程序本身就是元数据，那么语法结构自然是最直接的元数据形式了。

语言的设计者甚至会专门设计一些语法来作为元数据，例如 Kotlin 中颇为常见的注解（Annotation）。这个设计早在 2004 年发布的 Java 5 中提出，也被称作元数据注解（Metadata Annotation）。提供元数据是目的，注解则是实现目的的形式。

2.1.2　编译产物

Kotlin 编译器在编译时会构造一系列数据结构，包括 PSI、FIR、IR 等，我们可以将这些数据结构看作 Kotlin 编译过程的中间产物。不同目标平台的后端编译器（Back-end Compiler）会基于 IR 进一步编译，生成目标平台对应的产物，例如 Kotlin JVM 的最终编译产物是 JVM 字节码，Kotlin JS 的最终编译产物是 JavaScript，等等，如图 2-2 所示。

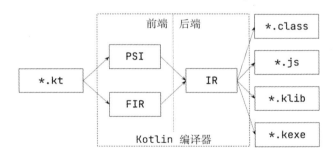

图 2-2　Kotlin 的编译产物

2.2　注释

注释（Comment）是源代码当中提供说明信息的语法结构。在元编程实践中，注释不是常见的处理目标。不过，由于注释不会对程序本身的逻辑产生影响，因此在一些特殊场景下，注释是为程序添加信息的非常有效的途径。

2.2.1　注释的结构化

编写注释是为了便于其他开发人员理解相应的代码逻辑，因此注释的语法较为简单，内容格式通常也不受限制。一条简单的单行注释如代码清单 2-1 所示。

代码清单 2-1　一条简单的单行注释

```
//这是一个函数
fun greetings() {
  println("Hello there!!")
}
```

注释算得上是最简单、直接的元数据了。由于注释内容不受限制，我们也可以通过自定义注释格式，为源代码添加结构化信息。

如代码清单 2-2 所示，-- debug_start -- 和 -- debug_end -- 中间的部分是调试用的代码，我们可以在构建 release 版本的可执行程序时将其删除。

代码清单 2-2　自定义注释格式

```
fun greetings() {
  /* -- debug_start -- */
  println("[Debug] Hello!!")
  /* -- debug_end -- */
  println("[Release] Hello!!")
}
```

由此可见，尽管注释更多是面向程序开发人员，但只要我们将其结构化，就可以应用到元编程当中。

2.2.2　文档生成

文档（Doc）属于注释的一种，通常用于生成接口说明手册。Kotlin 的文档通常也被称为 KDoc，它有着与 JavaDoc 类似的文档组织形式，如代码清单 2-3 所示。

代码清单 2-3　KDoc 的基本格式

```
/**
 * This is a class.
 */
class Hello {
  ...
}
```

我们也可以在文档中添加一些结构化的标签信息以便文档生成工具解析，如代码清单 2-4 所示。

代码清单 2-4　为 KDoc 添加标签

```
/**
 * This is a class.
 * @since 1.0
 * @sample sayHello
 * @author bennyhuo
 */
```

```
@Deprecated("Do not use this.")
class Hello {
  fun greetings() {
    println("Hello there!!")
  }
}

fun sayHello() {
  val hello = Hello()
  hello.greetings()
}
```

使用 Kotlin 的文档生成工具 Dokka 生成的文档如图 2-3 所示。

图 2-3 使用 Dokka 基于 KDoc 生成的文档

Dokka 实际上也是一个非常典型的元编程案例。它在生成文档时需要先对目标程序进行处理，除了对 KDoc 进行解析以外，还需要通过语义分析来定位像 sayHello 这样的符号。

2.3 注解

注解（Annotation）是一种可以在源代码当中添加元数据的语法。注解在 Kotlin 元编程中扮演了非常重要的角色，本书会从不同的角度、以不同的方式介绍如何处理注解。

2.3.1 注解的概念

注解和注释是两个措辞和功能都比较接近的概念，不同之处在于注解是一种有着严格的语法定义和使用约束的结构化信息，是专门为元编程设计的语法结构。

在 Kotlin 当中，源文件、类、函数、属性甚至属性的 Getter 和 Setter 都可以被注解标注。

如代码清单 2-5 所示，通过使用 @Deprecated 注解，开发者可以清楚地了解到 Hello 这个类型已经被废弃，应当尽量避免使用它。

代码清单 2-5　使用注解标注类

```
@Deprecated("Do not use this.")
class Hello {
    ...
}
```

不仅如此，由于注解是一种结构化语法，因此 IDE 能基于注解给出相应的提示，如图 2-4 所示。

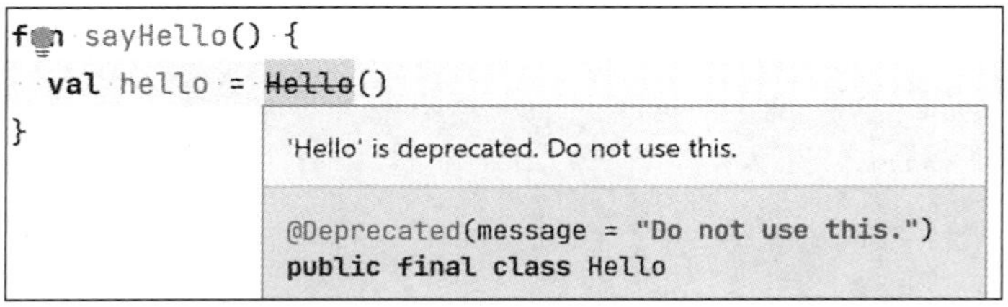

```
fn sayHello() {
    val hello = Hello()
}
```

```
'Hello' is deprecated. Do not use this.

@Deprecated(message = "Do not use this.")
public final class Hello
```

图 2-4　IDE 基于注解给出提示：Hello 已经被废弃

根据注解在程序不同阶段的可见性，我们可以将其分为三类，分别是源代码可见的注解、二进制可见的注解、运行时可见的注解。

2.3.2　源代码可见的注解

在定义源代码可见的注解时，我们需要将 @Retention 的参数设置为 AnnotationRetention.SOURCE。此类注解不会存在于编译产物当中，可以用来做代码提示、编译配置，也可以在编译时使用 KAPT、KSP 或者编译器插件实现代码生成、代码检查等功能。

@RequireKotlin 注解是标准库中一个内部源代码可见的注解，它通常被用来标注标准库的内部 API，用以说明该 API 需要的最低 Kotlin 版本。RequireKotlin 的定义如代码清单 2-6 所示。

代码清单 2-6　RequireKotlin 的定义

```
@Target(...)
@Retention(AnnotationRetention.SOURCE)
@Repeatable
@SinceKotlin("1.2")
internal annotation class RequireKotlin(...)
```

@RequireKotlin 的用例如代码清单 2-7 所示。这是 @OptIn 的定义，它要求我们使用的

Kotlin 的最低版本为 1.3.70。

代码清单 2-7 @RequireKotlin 的用例

```
@Retention(SOURCE)
@SinceKotlin("1.3")
@RequireKotlin("1.3.70", versionKind = ...)
public annotation class OptIn(...)
```

如果错误地使用了不兼容的编译器,编译时也会有相应的错误提示。我们可以写个简单的例子来测试这项功能。

首先创建一个模块 library,定义函数 newApi,并限定 Kotlin 的最低版本为 2.0.0,如代码清单 2-8 所示。

代码清单 2-8 使用 @RequireKotlin 定义 newApi

```
// 由于RequireKotlin是内部可见的,因此我们无法直接访问
// 通过Suppress来忽略内部可见的限制
@file:Suppress("INVISIBLE_REFERENCE", "INVISIBLE_MEMBER")

@RequireKotlin("2.0.0")
fun newApi() {
  ...
}
```

接着我们创建一个模块 app,依赖 library 模块,在其中调用 newApi 函数,如代码清单 2-9 所示。

代码清单 2-9 在 app 当中调用 newApi

```
fun main() {
  newApi()
}
```

使用 Kotlin 1.8.10 版本的编译器编译运行这两个模块,就会得到下面的错误信息:

```
e:'newApi(): Unit+'is only available since Kotlin 2.0 and cannot be used in Kotlin
   1.8.10
```

读到这里读者可能会疑惑,因为标准库在提供给开发者使用时,已经是二进制的产物了,理论上此时是无法读取到 @RequireKotlin 注解的信息的,那么编译器是如何识别其中的最低版本信息的呢?这是因为在最初编译标准库的源代码时,编译器会把 @RequireKotlin 的信息读取出来,存入被标注类型的 @Metadata 当中,而这个 @Metadata 是一个运行时可见的注解。

2.3.3 二进制可见的注解

在定义二进制可见的注解时,需要将 @Retention 的值设置为 AnnotationRetention.

BINARY。此类注解会存在于编译产物当中，但对运行时不可见，除适用于源代码可见的注解的所有使用场景以外，也适用于对编译产物进行处理的场景。

源代码可见的注解受限于其生命周期，只能在模块内部代码编写、编译时发挥作用。而二进制可见的注解则更适用于模块产物发布之后供其他模块依赖的场景。模块的依赖者可在代码编写、编译时访问到被依赖者产物中的注解信息。

下面我们给出一个非常常见的二进制可见的注解的例子。

Kotlin 号称"100% 兼容 Java"。实际上想要做到这一点绝非易事，这其中差异最大的莫过于对空类型安全的支持。例如我们在 Kotlin 中调用 JDK 的 File 的 API 来遍历某个目录当中的文件名时使用到了 File#list() 方法，如代码清单 2-10 所示。

代码清单 2-10　调用 File#list() 方法

```
File(path).list().forEach {
  println(it)
}
```

这段代码可以通过编译，因为 Kotlin 编译器无法确定 list 的返回值是否可能为 null，所以为了确保与 Java 代码兼容，Kotlin 编译器此时需要依靠研发人员自行判断是否需要做判空处理。

如果 path 确实对应一个目录，那么这段代码在运行时自然没有问题，但如果它是一个非法路径，我们就会得到一个空指针：

java.lang.NullPointerException: File("illegal path").list() must not be null

由此可见，list 的返回值类型是可能为 null 的。正确的写法如代码清单 2-11 所示。

代码清单 2-11　把 list 的返回结果当作可空类型

```
File(path).list()?.forEach {
  println(it)
}
```

我们可以通过在 Java 代码当中添加 @Nullable 注解来提示 Kotlin 编译器对应的类型可能为空。Kotlin 编译器默认支持的注解有很多，每个注解都有自己的检查级别，这些检查级别分为 strict、warn、ignore 三种。表 2-1 列出了几个比较有代表性的注解。

表 2-1　Kotlin 编译器支持的部分表示类型可空的注解

注解	级别
org.jetbrains.annotations.Nullable	strict
androidx.annotation.Nullable	strict
androidx.annotation.RecentlyNullable	warn

> 说明　关于 Kotlin 编译器支持的所有空安全相关的注解以及其级别，读者可参见 Kotlin 编译器源代码当中的 JavaNullabilityAnnotationSettings.kt 和 JvmAnnotationNames.kt 这两个文件。

我们可以通过编译器参数 -Xnullability-annotations 添加自定义的注解，也可以修改指定注解的检查级别。-Xnullability-annotations 参数的格式如代码清单 2-12 所示。

代码清单 2-12　-Xnullability-annotations 参数的格式

```
-Xnullability-annotations=@<fqname>:{ignore/strict/warn}
```

从源代码来看，Android SDK 当中的 File#list() 方法与标准的 JDK（例如 OpenJDK）没有任何差异，但 Android SDK 在提供给我们编译用的 android.jar 当中添加了一个注解 @RecentlyNullable 来表示 File#list() 会返回可空的结果，如代码清单 2-13 所示。

代码清单 2-13　android.jar 当中的 File#list() 方法

```
[Java]
@RecentlyNullable
public String[] list() {
    ...
}
```

由前面的分析可知，如果被 @RecentlyNullable 标注的类型在使用时不做判空处理，那么 Kotlin 编译器默认只会发出警告，不过我们可以为编译器添加如代码清单 2-14 所示的参数将其检查级别修改为 strict。

代码清单 2-14　将 @RecentlyNullable 的检查级别改为 strict

```
-Xnullability-annotations=@androidx.annotation.RecentlyNullable:strict
```

在 Android 工程中修改 @RecentlyNullable 的检查级别的代码如代码清单 2-15 所示。

代码清单 2-15　在 Android 工程中修改 @RecentlyNullable 的检查级别

```
android {
  ...
  kotlinOptions {
    freeCompilerArgs +=
      "-Xnullability-annotations=@androidx.annotation.RecentlyNullable:strict"
  }
}
```

这样编译器就会给出如下错误提示：

e: Only safe (?.) or non-null asserted (!!.) calls are allowed on a nullable receiver of type Array<(out) String!>?

显然，@androidx.annotation.RecentlyNullable 必须定义为二进制可见的注解，这样才

可以存在于 android.jar 当中。@org.jetbrains.annotations.Nullable 和 @androidx.annotation. Nullable 也是如此。

> 延伸 @Nullable 家族中有个被限制为内部使用的 @android.annotation.Nullable，它在 Android 源代码当中看上去是被定义成源代码可见的注解，不过它在 android.jar 当中却是二进制可见的。

2.3.4 运行时可见的注解

在定义运行时可见的注解时，需要将 @Retention 的值设置为 AnnotationRetention. RUNTIME。此类注解会存在于编译产物当中，并对运行时可见，除适用于二进制可见的注解的全部使用场景以外，也可以在运行时通过反射访问。

运行时使用反射访问注解以动态执行一些特定逻辑，是一种应用非常广泛的元编程实践。需要说明的是，Kotlin 目前只在 JVM 平台上支持功能完善的反射能力，因此运行时可见的注解的应用场景主要在 JVM 平台上。

例如著名的 JSON（JavaScript Object Notation，JavaScript 对象表示法）序列化框架 Gson 在序列化对象时，可以通过运行时可见的注解 @SerializedName 来指定字段在 JSON 字符串当中对应的 key，如代码清单 2-16 所示。

代码清单 2-16　使用 @SerializedName 指定字段的 key

```kotlin
data class Location(
  @SerializedName("lat")
  val latitude: Double,
  @SerializedName("lng")
  val longitude: Double
)

fun main() {
  //这是天安门的经纬度坐标
  val location = Location(39.9091, 116.3975)
  //输出{"lat":39.9091,"lng":116.3975}
  println(Gson().toJson(location))
}
```

Gson 在序列化时使用 Java 反射读取注解获取 JSON 的 key 的处理逻辑，如代码清单 2-17 所示。

代码清单 2-17　Gson 使用 Java 反射读取注解 @SerializedName 的参数

```java
[Java]
//类: ReflectiveTypeAdapterFactory
private List<String> getFieldNames(Field f) {
  //获取SerializedName的实例
  SerializedName annotation = f.getAnnotation(SerializedName.class);
```

```
    if (annotation == null) { ... }

    //读取注解当中配置的序列化名称，即JSON的key
    String serializedName = annotation.value();
    ...
}
```

2.4　Kotlin 的元数据

Kotlin 有自己专属的元数据设计，主要用于为编译产物提供完善的 Kotlin 语法信息。

2.4.1　Kotlin JVM 中的 @Metadata 注解

Kotlin 提供了很多 Java 不支持的特性，这些特性很难直接使用 JVM 字节码进行等价描述。为了确保发布的二进制产物当中包含完整的语法信息，Kotlin 编译器会为每一个类生成一个 @Metadata 注解，也会为模块内所有的顶级声明（Top-Level Declaration）生成一个模块专属的元数据文件，这些文件通常以 kotlin_module 为后缀。

本节主要介绍 @Metadata 的内部结构和应用场景。

1. @Metadata 注解的定义

Kotlin 编译器会为每一个类文件生成一个 @Metadata 注解，用来存储 Kotlin 的语法信息，方便 Kotlin 编译器在编译时和 Kotlin 反射库在运行时读取。

毫无疑问，@Metadata 是一个运行时可见的注解，它的核心定义如代码清单 2-18 所示。

代码清单 2-18　@Metadata 的核心定义

```
public annotation class Metadata(
    //Metadata的类型，共5种
    @get:JvmName("k")
    val kind: Int = 1,

    //Metadata的版本
    @get:JvmName("mv")
    val metadataVersion: IntArray = [],

    //Metadata的自定义格式数据，格式取决于kind
    @get:JvmName("d1")
    val data1: Array<String> = [],

    //data1的补充，内容是字符串常量，可以直接存入常量池以便复用
    @get:JvmName("d2")
    val data2: Array<String> = [],

    ... //省略部分字段
)
```

其中最为核心的字段是 data1 和 data2。

我们先来看 data1。它的类型是 Array<String>，但其存储的不是人类可读的内容，原因主要有两点：

❑ JVM 注解的值不支持直接存储二进制字面量，因此只能使用 String 类型。

❑ String 字面量受字节码的限制，长度不能超过 65535，因此只能使用 Array<String> 类型。在一个字符串字面量无法满足存储需求时，可以使用多个字符串来存储。

data2 则是为了配合 data1 而定义的。data2 也是 Array<String> 类型，其存储的信息是 data1 当中所使用到的类名、函数名等字符串字面量信息，data1 通过索引来使用这些值。这样设计主要是为了方便 JVM 将这些字面量加载到常量池当中，方便内存复用。

2. data1 的存储格式

@Metadata 最核心的数据是存在于 data1 当中的。接下来我们通过分析代码清单 2-19 的 @Metadata 来对 data1 的值一探究竟。

代码清单 2-19　分析 @Metadata 的示例代码

```kotlin
interface Service {
  companion object {
    val sharedService: Service = ServiceImpl()
  }
  val id: Long
  fun getName(): String
}

class ServiceImpl : Service {
  override val id = 0L
  override fun getName() = "benny"
}
```

我们可以使用 Kotlin 官方发布的 kotlinx-metadata-jvm 库来读取这几个类的 @Metadata 信息，如代码清单 2-20 所示。

代码清单 2-20　在 Gradle 当中添加 kotlinx-metadata-jvm 依赖

```
implementation("org.jetbrains.kotlinx:kotlinx-metadata-jvm:$version")
```

接着，在运行时获取到 @Metadata 注解的值，并使用 kotlinx-metadata-jvm 进行解析，如代码清单 2-21 所示。

代码清单 2-21　解析并打印 @Metadata 注解的内容

```kotlin
// 必须使用Java反射获取@Metadata注解，Kotlin反射会将其过滤掉
Service::class.java.annotations.filterIsInstance<Metadata>()
  .single()
  .let { metadata ->
    val header = KotlinClassHeader(
      metadata.kind,
```

```
      metadata.metadataVersion,
      metadata.data1,
      ...
  )

  //KotlinClassMetadata.read会根据kind构造相应的元数据类型
  when (val classMetadata = KotlinClassMetadata.read(header)) {
      //用户定义的Class对应的元数据就是KotlinClassMetadata.Class类型
      is KotlinClassMetadata.Class -> {
        //ClassPrinter是kotlinp当中用于输出Class的信息的工具类
        ClassPrinter(settings).print(classMetadata)
      }
      ...
  }
}.let {
  println(it)
}
```

　　Service 是用户定义的类型，其元数据的类型对应于 KotlinClassMetadata.Class。为了方便查看输出，这里用到了 kotlinp 当中的 ClassPrinter 工具类，如代码清单 2-22 所示。为了方便使用，我已经把 kotlinp 发布到 Maven，读者可直接使用。

代码清单 2-22　在 Gradle 当中添加 kotlinp 依赖

```
implementation("com.bennyhuo.kotlin:kotlinp:$version")
```

　　程序输出如代码清单 2-23 所示。

代码清单 2-23　Service 的 @Metadata 的内容

```
public abstract interface com/bennyhuo/lib/Service : kotlin/Any {

  //signature: getName()Ljava/lang/String;
  public abstract fun getName(): kotlin/String

  //getter: getId()J
  public abstract val id: kotlin/Long
    public abstract get

  //companion object: Companion

  //nested class: Companion

  //module name: library
}
```

　　不难看到，@Metadata 当中包含了 Service 所有成员的原始定义信息，也明确了它的伴生对象类型，这些信息都是无法在 JVM 字节码中直接体现的。

　　那么，这些信息在 @Metadata 注解当中是如何存储的呢？我们不妨看一下 KotlinClassMetadata.

Class 的定义，如代码清单 2-24 所示。

代码清单 2-24　KotlinClassMetadata.Class 的定义

```
class Class internal constructor(header: KotlinClassHeader)
  : KotlinClassMetadata(header) {

  //懒加载，使用时再执行解析
  private val classData by lazy(PUBLICATION) {
    val data1 = (header.data1.takeIf(Array<*>::isNotEmpty)
      ?: throw InconsistentKotlinMetadataException("data1 must not be empty"))
    //使用Proto Buffer对data1进行反序列化
    JvmProtoBufUtil.readClassDataFrom(data1, header.data2)
  }
  ...
}
```

接着我们只需要进一步探查 JvmProtoBufUtil#readClassDataFrom 的实现，就可以确定
data1 的协议格式，如代码清单 2-25 所示。

代码清单 2-25　data1 的 Proto Buffer 定义

```
message Class {
  enum Kind {
    //3 bits
    CLASS = 0;
    INTERFACE = 1;
    ...
  }

  optional int32 flags = 1 [default = 6];
  required int32 fq_name = 3 [(fq_name_id_in_table) = true];
  optional int32 companion_object_name = 4 [(name_id_in_table) = true];
  repeated TypeParameter type_parameter = 5;
  repeated Type supertype = 6;
  ...
}
```

关于这些协议文件，读者可以在 Kotlin 源代码的 metadata 模块当中找到。

3. Kotlin 反射与 @Metadata

Kotlin 反射之所以可以在运行时获取到 Kotlin 特有的各种语法信息，也正是得益于其
对 @Metadata 注解所包含的信息的读取。

例如我们可以直接使用 Kotlin 反射获取 Service 的伴生对象实例，如代码清单 2-26
所示。

代码清单 2-26　使用 Kotlin 反射获取伴生对象实例

```
// 与Service.Companion相同
Service::class.companionObjectInstance
```

这些信息无法被 Java 反射直接获取，这也是 Kotlin 反射的价值所在。不过，Kotlin 反射也存在一些明显的劣势。

由于需要处理 @Metadata 注解的反序列化，Kotlin 反射相比 Java 反射在初始化对应类型时会稍慢一些，在后续的使用当中二者的性能则差异不大。

此外，在使用 Proguard 早期版本处理代码混淆时，我们也需要对 Kotlin 反射格外小心。这主要是因为 @Metadata 的 data2 字段当中存储了对应类型所需要的类名、函数名等，如果使用 Kotlin 反射访问某些特定类型的成员，那么我们不仅需要对该类型及其成员禁用混淆，而且需要对其父类和接口、外部类等禁用混淆，以确保其 @Metadata 的 data2 字段当中的字面量可用。

我们不妨给出 Service 的伴生对象的 @Metadata，如代码清单 2-27 所示。

代码清单 2-27　Service 的伴生对象的 @Metadata

```
@Metadata;(
  mv={1, 8, 0}, k=1, d1={"..."},
  d2={
    "Lcom/bennyhuo/kotlin/meta/lib/Service$Companion;",
    "",
    "()V",
    "sharedService",
    "Lcom/bennyhuo/kotlin/meta/lib/Service;",
    "getSharedService",
    "()Lcom/bennyhuo/kotlin/meta/lib/Service;",
    "library.main"
  }
)
```

这里的 d2 对应于 data2。如果需要使用 Kotlin 反射访问这个伴生对象，那么我们需要data2 所包含的类名、函数名、属性名禁用混淆。

当然，Proguard 从 7.0（2020 年 6 月）开始对 Kotlin 的 @Metadata 提供支持，对于使用了 Kotlin 反射访问的类型，我们禁用其混淆时只需要再添加以下配置：

-keepkotlinmetadata

Proguard 会保留这些类型的 @Metadata，在混淆时也会对 data2 字段的值做一致性修改。

顺带提一句，Android 从 Android Gradle Plugin 4.1.0（2020 年 8 月）开始也增加了对@Metadata 的混淆支持。因此 @Metadata 对代码混淆的影响越来越小了。

综上，使用 Kotlin 反射时应当注意其对性能的影响，同时也要在代码混淆时确认混淆工具是否提供了对 @Metadata 的支持。

2.4.2　Kotlin JVM 模块中的元数据

在 Kotlin JVM 模块中，后缀为 kotlin_module 的文件存储了模块内 JVM 字节码不支持的顶级声明的信息，包括函数、属性、类型别名等。如果我们在打包发布自己的模块时没有携带＜模块名＞.kotlin_module 文件，就会导致这些顶级声明无法正常被其他调用者使用。

例如，我们在 library 模块当中定义了几个包含上述顶级声明的文件，如代码清单 2-28 所示。

代码清单 2-28 library 模块当中定义了上述顶级声明的文件

```
//模块: library；文件: Collections.kt
fun <E> Collection<E>?.isNotNullAndNotEmpty(): Boolean {
  contract {
    returns(true) implies (this@isNotNullAndNotEmpty != null)
  }
  return !this.isNullOrEmpty()
}

//模块: library；文件: Executors.kt
val ioExecutor = Executors.newFixedThreadPool(...)
val defaultExecutor = Executors.newCachedThreadPool()
val scheduledExecutor = Executors.newScheduledThreadPool(...)

//模块: library；文件: Task.kt
typealias Task = () -> Unit
```

编译之后生成 library.kotlin_module 文件，文件名与模块名相对应。我们同样可以通过 kotlinx-metadata-jvm 库和 kotlinp 的工具类来反序列化并输出其中的信息，如代码清单 2-29 所示。

代码清单 2-29 解析并打印 .kotlin_module 文件的内容

```
KotlinModuleMetadata.read(
  File("library.kotlin_module").readBytes()
)?.let {
  //ModuleFilePrinter是kotlinp当中的工具类
  println(ModuleFilePrinter(settings).print(it))
}
```

library.kotlin_module 文件的内容经过解析之后，打印输出的结果如代码清单 2-30 所示。

代码清单 2-30 library.kotlin_module 的内容

```
module {
  package com.bennyhuo.lib {
    com/bennyhuo/lib/CollectionsKt
    com/bennyhuo/lib/ExecutorsKt
    com/bennyhuo/lib/TaskKt
  }
}
```

再配合这几个顶级声明的容器类型的 @Metadata 注解的信息，Kotlin 编译器就可以还原出 library 模块当中的所有顶级声明了。

为了证明这一点，我们也可以在打包时去掉 library.kotlin_module。以 Gradle 工程为例，我们可以添加如代码清单 2-31 所示的配置，在编译产物当中去除 kotlin_module 文件。

代码清单 2-31　在 Gradle 工程中过滤 .kotlin_module 文件

```
tasks.withType<Jar> {
  exclude("**/*.kotlin_module")
}
```

外部使用 library 模块当中的上述顶级声明时，会出现编译错误。例如 app 模块依赖于 library，其包含如代码清单 2-32 所示的片段。

代码清单 2-32　调用 library 的顶级声明

```
val list: List<Int>? = ...
//调用library模块当中的扩展函数
if (list.isNotNullAndNotEmpty()) {
  list.forEach(::println)
}
```

在编译 app 模块时，Kotlin 编译器会出现以下错误：

```
Unresolved reference: isNotNullAndNotEmpty
```

不过，kotlin_module 只会影响 Kotlin 语法信息的还原，不会影响 Java 代码，如代码清单 2-33 所示是可以正常编译运行的。

代码清单 2-33　在 Java 当中调用 library 模块的顶级函数

```
[Java]
ArrayList<String> list = new ArrayList<>();
list.add("Hello");
list.add("World");
if(CollectionsKt.isNotNullAndNotEmpty(list)) {
  list.forEach(System.out::println);
}
```

由此可见，我们在使用 Kotlin 开发公共依赖库时，需要清楚地认识到 .kotlin_module 文件的作用，避免在优化产物体积时误将其移除而引发使用上的问题。

2.4.3　klib 中的元数据

Kotlin 作为一门支持多平台的语言，除了支持 JVM 以外，还支持 JavaScript 和 Native 等目标平台。

Kotlin JS 的 IR 编译器已经随着 Kotlin 1.8.0 的发布而进入稳定阶段，它的二进制库的产物采用了与 Kotlin Native 相同的 klib 文件格式。klib 是 Kotlin 专属的二进制库的发布格式, 与 Java 的 Jar 文件类似, 它本质上也是一个 Zip 文件。

如图 2-5 所示, 这是一个非常简单的 klib 文件的内部结构, linkdata 目录当中存储的是该模块的元数据, ir 目录当中存储的则是源代码编译之后生成的 Kotlin IR。

图 2-5   klib 的内部结构

我们可以使用 kotlin-native 当中的 klib 命令来读取其中的元数据信息, 如代码清单 2-34 所示。

代码清单 2-34   使用 klib 命令读取元数据信息

```
$ klib content mpp-library-jsir-1.0-SNAPSHOT.klib
package com.bennyhuo.kotlin.lib {
  data class User constructor(id: Long, name: String, age: Int) {
    val age: Int
    val id: Long
    val name: String
    operator fun component1(): Long
    operator fun component2(): String
    operator fun component3(): Int
    fun copy(id: Long = ..., name: String = ..., age: Int = ...): User
    override fun equals(other: Any?): Boolean
    override fun hashCode(): Int
    override fun toString(): String
  }
}
```

不难看出, mpp-library 只定义了一个数据类 User。通过读取 klib 当中的元数据信息, 我们就可以还原出 Kotlin 源代码的所有声明信息。

当然, 这些元数据信息只存在于 klib 中, 供其他 Kotlin 项目在依赖这些 klib 时使用。

最终的 Kotlin JS 和 Kotlin Native 的编译产物通常不会包含完整的元数据信息，因此它们并不能像 Kotlin JVM 那样支持功能完整的运行时反射。

以 Kotlin JS 为例，前面提到的数据类 User 的编译产物只包含运行所需的必要信息，如代码清单 2-35 所示。

代码清单 2-35　Kotlin JS 中 User 类的编译产物

```
[JavaScript]
function User(id, name, age) { ... }
... // 省略其他像Getter、componentN等编译器生成的函数

User.$metadata$ = {
  simpleName: 'User',
  kind: 'class',
  interfaces: []
};
```

其中，$metadata$ 是编译器自动生成的对象，主要用于运行时的类名获取和类型转换等场景，功能极其有限。

 说明　Kotlin 团队目前没有在除 JVM 之外的其他平台提供完整的运行时反射的计划。运行时反射会增加产物的体积，也会影响运行时的性能，使用反射编写的代码往往也较难维护，所以在绝大多数情况下在编译时解决问题将会是更好的选择。

2.5　Kotlin 的语法树

Kotlin 源代码在编译时，经过词法分析、语法分析之后，会生成相应的语法树。

第一代 Kotlin 编译器基于 IntelliJ 平台的 PSI 实现了自己的语法树；第二代 Kotlin 编译器（即 K2 Compiler，下文称 K2 编译器）则设计实现了一套全新的语法结构，称为 FIR（Front-end IR，前端中间代码表示）。

顺便提一句，在 KAPT 中，我们无法直接访问到 Kotlin 语法树，所有的 Kotlin 代码都将被转换为 Java 存根，以 Java 符号树的形式呈现。而在 KSP 中，KSP 框架基于 Kotlin 语法树做了一层抽象，实现了 Kotlin 的符号树，以此来屏蔽编译器版本之间的差异。

 说明　在撰写本书时 Kotlin 编译器的最新版本（1.8.0）的前端部分仍然属于第一代（Front-end 1.0，简称 FE1.0），后端部分已经逐步启用了新的 IR 编译器，这也是 K2 编译器的一部分。K2 编译器预计将在 Kotlin 1.9 进入 BETA 阶段，在 Kotlin 2.0 发布时进入稳定阶段。K2 实际上也表示世界第二高峰乔戈里峰。K 是 Karakoram（喀喇昆仑）的首字母，K2 就是喀喇昆仑 2 号峰。第二代前端编译器之所以取名 K2，也有攀登高峰挑战极限的意思。

2.5.1 Kotlin 的语法定义

Kotlin 语法树本质上就是对 Kotlin 语法的描述。Kotlin 的语法定义可以参见官方文档（https://kotlinlang.org/docs/reference/grammar.html）。该文档基于 ANTLR 4 格式编写。

我们以数据类语法定义为例，简单介绍一下如何阅读这份文档。

首先需要找到类的语法定义 classDeclaration，如代码清单 2-36 所示。

代码清单 2-36　类的语法定义

```
[ANTLR]
classDeclaration
  : modifiers? ('class' | ('fun'? 'interface'))
    simpleIdentifier typeParameters?
    primaryConstructor?
    (':' delegationSpecifiers)?
    typeConstraints?
    (classBody | enumClassBody)?
  ;
```

Kotlin 代码中的所有 class 和 interface 都依照这个语法定义给出。可以看到，classDeclaration 包括：

❑ 修饰符 modifiers。可选，例如 data、final 等。注解也属于修饰符。

❑ class 或者 interface（interface 前面可以加 fun）。

❑ 类名 simpleIdentifier。

❑ 泛型参数列表 typeParameters。

以数据类 User 为例，它的定义和语法结构如图 2-6 所示。

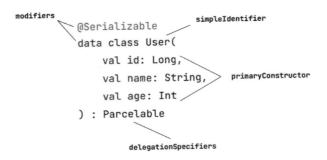

图 2-6　数据类 User 的定义和语法结构

接着，想要确定一个类型是不是数据类，只需要读取它的修饰符即可。类的修饰符的定义如代码清单 2-37 所示。

代码清单 2-37　类的修饰符的定义

```
[ANTLR]
modifiers
```

```
  : annotation
  | modifier+
  ;

modifier
  : classModifier
  | ...
  ;

classModifier
  : 'enum'
  | 'sealed'
  | 'annotation'
  | 'data'
  | 'inner'
  | 'value'
  ;
```

显然，data 是定义在 classModifier 中的，而 classModifier 正是用来修饰 classDeclaration 的。

读者也可以采用类似的方法来了解其他的语法定义。官方文档中还附了非常详细的链接，读者也可以轻松地在各个定义之间跳转，来了解 Kotlin 的具体语法设计以及各个语法之间的关系。

2.5.2　基于 IntelliJ 平台接口的抽象语法树

在 FE1.0 当中，Kotlin 的语法树是基于 IntelliJ 平台的 PSI 实现的。我们可以使用 1.3.3 节提到的 PsiViewer 插件来直观地查看 Kotlin 源代码的 PSI 结构。

我们在 IntelliJ IDEA 中打开 PsiViewer 窗口，会看到当前选中的编辑器窗口当中的代码对应的 PSI 结构，如图 2-7 所示。

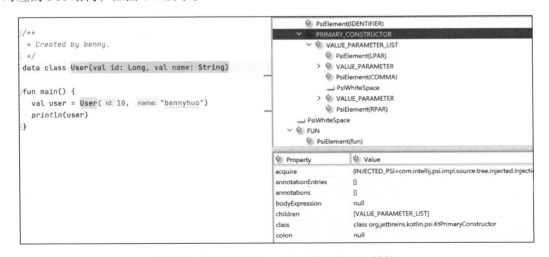

图 2-7　使用 PsiViewer 查看代码的 PSI 结构

图 2-7 的左边是编辑器当中的 Kotlin 源代码，右上边是 PSI 树，右下边是当前选中的 PSI 元素的信息。不难发现，图中高亮选中的正是数据类 User 的主构造函数，它对应的 PSI 元素类型为 org.jetbrains.kotlin.psi.KtPrimaryConstructor。

使用 PsiViewer 对 Kotlin 源代码进行分析之后，读者也会很容易地了解到 KtFile 表示的是 Kotlin 源代码文件，KtClass 表示的是 Kotlin 类，KtNamedFunction 则是 Kotlin 的函数，等等，如图 2-8 所示。

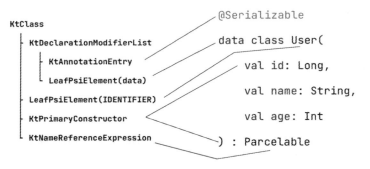

图 2-8　Kotlin 语法对应的 PSI 类型

Kotlin 的 PSI 类型基本上都实现了 KtElement 接口，而 KtElement 又是 PsiElement 的子接口，如图 2-9 所示。

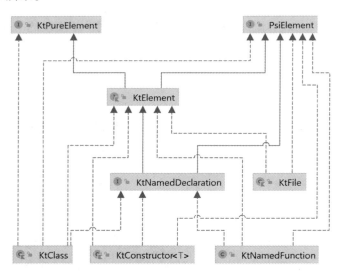

图 2-9　部分 PSI 节点类型的类图

2.5.3　新一代语法树 FIR

FE1.0 的语法树之所以选择基于 IntelliJ 平台的 PSI 实现，好处自然是可以尽可能地复用 IntelliJ 平台已有的技术积累，在早期快速实现需求。但长久来看，这也使得 Kotlin 编译器严重依赖于 IntelliJ 平台自身的迭代而难以实现针对性的优化。为了解决这个问题，Kotlin 团队从 1.6 版本开始就在持续研发一款新的前端编译器，也就是 K2 编译器的 FIR 前端。

在 FE1.0 中，前端编译器的输出包含 PSI 树和 BindingContext 两部分，其中 BindingContext 实际上就是语义分析结果的映射表，包含了 PSI 节点到对应的语义信息的映射关系。相比之下，FIR 的节点包含了完整的语义分析结果，因此在获取语义分析时无须反复查表，无论从代码的可读性上还是从执行效率上都有很大的提升。

与 PSI 节点类型类似，所有 FIR 节点类型都实现了 FirElement 接口，FirFile 表示的是 Kotlin 源代码文件，FirClass 表示的是 Kotlin 类，FirFunction 则是 Kotlin 的函数，等等，如图 2-10 所示。

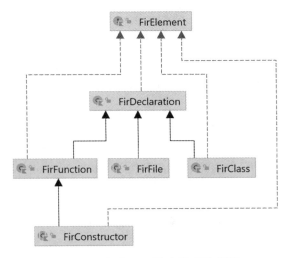

图 2-10　部分 FIR 节点类型的类图

从目前掌握的信息来看，K2 编译器可能会随着 Kotlin 2.0 在 2024 年正式发布，Kotlin 编译器插件的 API 也将随之稳定下来。现阶段编译器插件的开发在涉及编译器前端时仍然以 PSI 为主，因此本书第 7 章在介绍编译器插件时不会专门涉及 FIR 相关的内容。不过读者也不必担心，有了本书介绍的内容作为基础，FIR 相关的插件开发将会很容易上手。

2.5.4　连接前后端编译器的 IR

Kotlin IR（Intermediate Representation，中间表示）最早在 Kotlin Native 的编译器中设计实现。IR 对 Kotlin 编译器的实现来说非常重要，可以使得 Kotlin 的前后端编译器分离，各自优化和迭代。同时，不同目标平台的后端编译器均可以使用 Kotlin IR 作为统一的输入，这也为后续扩展新平台提供了非常便利的条件。

自 Kotlin 1.5 以来，Kotlin JVM 和 JS 的后端编译器也已经陆续迁移至 IR 编译器，WASM 的后端编译器也基于 Kotlin IR 做了重新实现。

如图 2-11 所示，IR 最初由 PSI 或者 FIR 转换而来，接着经过编译器插件的处理，之后再经过一系列降级（Lowering），最终交由目标程序生成器生成最终的目标程序。这里降级操作非常多，每一个降级操作都只是一个独立且细节的优化步骤。

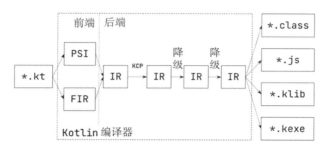

图 2-11　IR 的变换流程

我们可以使用 Kotlin Native 的编译器命令 konanc 来编译一段 Kotlin Native 的代码，并打印输出各个阶段的 IR，如代码清单 2-38 所示。

代码清单 2-38　使用 konanc 打印编译过程中各阶段的 IR

```
$ konanc -Xprint-ir <文件名>
```

为了让读者有更直观的认识，我们写一段非常简单的代码来了解一下 IR 的处理过程，如代码清单 2-39 所示。

代码清单 2-39　一段简单的示例代码

```
typealias State = Int
var state: State = 0
```

这段代码当中有个类型别名（typealias），编译成 IR 后，在最开始的阶段中该类型别名是存在的，如代码清单 2-40 所示。

代码清单 2-40　类型别名移除之前的 IR

```
//typealias State = Int
TYPEALIAS name:State visibility:public expandedType:kotlin.Int

//var state: State = 0
PROPERTY name:state visibility:public modality:FINAL [var]
  FIELD PROPERTY_BACKING_FIELD name:state type:kotlin.Int ...
    EXPRESSION_BODY
      CONST Int type=kotlin.Int value=0

  ...
```

不过，由于类型别名只是一个别名，因此在编译时属性 state 的类型就直接编译成了 kotlin.Int。由于这个类型别名在后续的编译过程当中已经没有任何意义，因此 Kotlin 编译器提供了一个名叫 StripTypeAliasDeclarationsLowering 的降级变换，可以将类型别名的声明直接移除。它的实现也非常简单，如代码清单 2-41 所示。

代码清单 2-41　移除类型别名

```
class StripTypeAliasDeclarationsLowering : DeclarationTransformer {
  override fun transformFlat(declaration: IrDeclaration): List<IrDeclaration>? {
    //如果是类型别名，就返回空列表表示移除；否则返回null，表示不做任何处理
    return if (declaration is IrTypeAlias) listOf() else null
  }
}
```

经过变换之后得到的 IR 就只剩下属性 state 的声明了，如代码清单 2-42 所示。

代码清单 2-42　类型别名移除之后的 IR

```
//var state: State = 0
PROPERTY name:state visibility:public modality:FINAL [var]
  FIELD PROPERTY_BACKING_FIELD name:state type:kotlin.Int ...
    EXPRESSION_BODY
      CONST Int type=kotlin.Int value=0

  ...
```

我们也可以通过编译器插件的 API 来添加自己的 IR 变换逻辑，更多内容请参见第 7 章。

2.5.5　Java 和 Kotlin 的符号树

APT 是 Java 最重要的元编程技术之一，它本质上是 Java 编译器提供的元编程 API。我们可以使用 Java 编译器的符号接口来访问 Java 符号树，符号的类型定义在 javax.lang.model 包中。

如图 2-12 所示，Java 符号树的节点类型是 Element，我们可以通过它以及它的子接口访问 Java 编译器中的各种符号，包括类符号 TypeElement、方法符号 ExecutableElement 等。

我们也可以通过符号获取它对应的类型信息，该类型信息对应的类型是定义在 javax.lang.type 包下面的 TypeMirror 和它的子接口，如图 2-13 所示。

通过这些接口，我们可以实现 Java 符号分析、符号检查和源代码生成等功能。

Kotlin 从 1.0 开始逐步实现了对 APT 的支持，即 KAPT。KAPT 实际上是一个编译器插件，它先将 Kotlin 代码转成 Java 存根（Java Stubs），作为 Java 编译器的输入进而支持 APT，如图 2-14 所示。

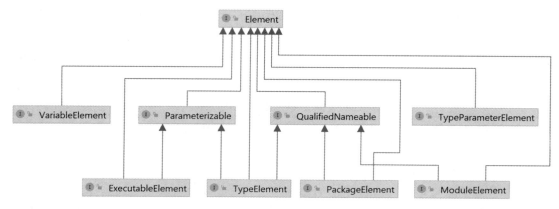

图 2-12 Java 编译器中的符号类型

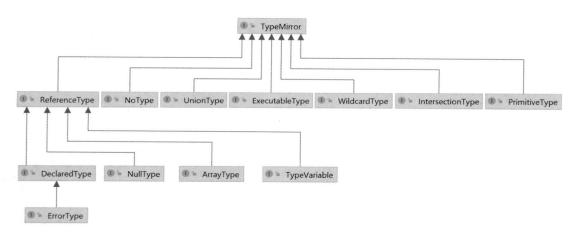

图 2-13 Java 编译器的符号的类型信息对应的类型

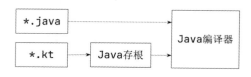

图 2-14 KAPT 的执行流程

因此，使用 KAPT 处理 Kotlin 源代码时，我们能够访问到的实际上是 Java 符号树，即使源代码是使用 Kotlin 编写的。

随着 Kotlin 的日益普及，KAPT 这个"曲线救国"方案的弊端也逐渐显现。一方面 Java 符号很难反映真实的 Kotlin 源码中的符号信息，因而我们不得不经常借助 @Metadata 注解来还原真实的 Kotlin 符号；另一方面，KAPT 总是需要先生成 Java 存根，这对于有一定规模的项目来说简直就是灾难。

为了解决这个问题，Google 开源了 KSP（Kotlin Symbol Processing，Kotlin 符号处理器），基于 Kotlin 编译器插件将 Kotlin 的语法树抽象成符号树，完美地解决了 KAPT 存在的问题。

KSP 当中的 Kotlin 符号均是 KSNode 的子类型，包括 Kotlin 类对应的 KSClassDeclaration，Kotlin 源文件对应的 KSFile，等等，如图 2-15 所示。

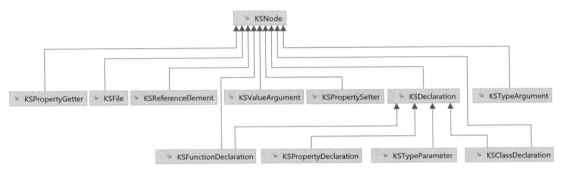

图 2-15　KSP 当中的符号类型

KSP 除了支持 Kotlin 之外，也会把 Java 符号抽象成 Kotlin 符号，因此我们完全可以使用 KSP 来替代 KAPT。只要开发者有 KAPT 的开发经验，迁移到 KSP 的难度并不是很大。本书第 5 章将会基于案例对二者做详细介绍。

2.6　Kotlin 的编译产物

Kotlin 在不同的平台上对于编译产物的处理通常服务于特定平台的需求。本节将简单介绍 Kotlin 在 JVM、JS 和 Native 平台上的编译产物。

2.6.1　JVM

从严格意义上来讲，对于 Kotlin 编译器的编译产物的处理不属于典型的 Kotlin 元编程的范畴。不过，由于 Kotlin 广泛应用于 JVM 环境，因此 JVM 字节码分析和编辑技术也是 Kotlin 开发者经常需要面对的元编程场景。

常用的 JVM 字节码编辑工具有 ASM、Javasist 等。多数情况下我们的元程序都会运行在编译阶段，为了降低对编译速度的影响，大多数 JVM 字节码编辑场景都会选用性能更有优势的 ASM。

通过编辑 JVM 字节码我们可以应对的需求场景有很多，举例如下：

❑ 去除 @Metadata 注解。Kotlin 标准库和反射库会在编译时使用 ASM 来去除自身无用的 @Metadata 注解，以减少产物体积。

❑ 拦截或者替换方法调用。我们经常希望应用内部对某些特定 API 的访问是可控的，对于第三方 SDK，我们就可以使用字节码编辑技术来实现"偷梁换柱"。

JVM 字节码编辑技术也能同时处理由 Kotlin 和 Java 源代码编译生成的产物，目前已经被广泛应用于 Java 相关的开发领域。

2.6.2 JavaScript

Kotlin JS 的最终编译产物是 JavaScript，在运行时由所在环境的 JavaScript 解释器解释执行。

通常在发布 JavaScript 代码之前，我们也会考虑将其进行混淆、压缩，这样不仅可以增加源代码的逆向难度，也可以最大程度地减小包体积。此外，为了兼容适用于不同 JavaScript 版本的运行时（例如浏览器），我们通常也会把较新的 JavaScript 代码通过类似于 Babel.js 这样的工具来进行转译。当然，Kotlin JS 当前的目标 JavaScript 版本为 ES5，通常无须使用 Babel.js 做进一步转译。

稍微提一句，Kotlin 编译器提供了 DCE（Dead Code Elimination，死代码删除）的功能，在构建最终生产环境的产物时会自动移除没有用到的代码声明，以确保最终输出的产物更小、更紧凑。这看上去与 JavaScript 本身的压缩、混淆很像，不过 Kotlin JS 的 DCE 功能是基于 Kotlin IR 做出的优化，而不是对 JavaScript 产物解析之后再做死代码删除操作，这一点请各位读者不要混淆。当然，考虑到 JavaScript 本身的动态弱类型特性，解析 JavaScript 做死代码分析也不是一件容易的事情。

2.6.3 Native

Kotlin Native 的后端编译器是基于 LLVM 实现的。在编译时，Kotlin Native 的编译器会先将 Kotlin IR 转换成 LLVM IR，再由 LLVM 编译器生成对应平台的可执行程序或者库。例如在 Windows 系统上，可执行程序对应的产物是基于 PE（Portable Executable，可移植可执行）格式的 exe 文件。

我们可以使用 Kotlin Native 编译器的 konanc 命令打印输出 LLVM IR，如代码清单 2-43 所示。

代码清单 2-43 使用 konanc 打印输出 LLVM IR

```
$ konanc -Xprint-bitcode <源代码文件名>
```

理论上我们也可以尝试为生成的 LLVM IR 设计元程序。不过，由于 Kotlin Native 编译器的最终产物不是 LLVM IR，因此我们很难找到机会对 LLVM IR 做分析处理。实际上，通常情况下直接对 Kotlin IR 进行处理是更好的选择。

此外，Kotlin 也可以编译输出 WebAssembly（缩写为 Wasm）指令格式的二进制产物。Kotlin 最早对 Wasm 的支持也是基于 LLVM IR 实现的，因此 Kotlin Wasm 编译器实际上也是 Kotlin Native 编译器。现在 Kotlin Wasm 编译器已经基于 Kotlin IR 重新实现，预期可以提供更好的编译性能和针对性的优化。不过目前 Kotlin Wasm 仍在较为早期的阶段，因此本书不会对此展开讨论。

2.7　本章小结

本章介绍了 Kotlin 程序在各个阶段存在的元数据形式，包括注释、注解、语法树等。元编程的本质就是处理元数据，了解并掌握各种形式的元数据对于学习元编程技术有非常大的帮助。本书后续内容也都是在分别介绍如何处理这些元数据。

第二部分 *Part 2*

元编程的技术实践

- 第 3 章　运行时的反射
- 第 4 章　源代码生成
- 第 5 章　编译时的符号处理
- 第 6 章　程序静态分析
- 第 7 章　编译器插件
- 第 8 章　元程序的开发和调试

Chapter 3 第 3 章

运行时的反射

反射是指程序可以分析、修改自身数据结构的能力。

反射为静态语言补充了动态能力，使得我们可以通过类名、函数名、字段名获得操作类、函数、字段的对象，进而实现对这些程序结构的访问和修改。反射广泛应用于数据序列化、软件测试等场景中。

反射是 Kotlin 开发者最容易想到的元编程方案。究其原因，一是反射程序本身就是目标程序的一部分，编写难度相对较低；二是反射的 API 相对固定，开发者也更加熟悉。

本章我们将结合案例介绍反射在 Kotlin 元编程中的实践运用。

3.1 Java 反射

Java 反射是专门设计用来支持 Java 运行时元编程的特性的。本节将详细介绍 Java 反射的演进历史及适用场景。

3.1.1 基本功能

Java 1.1 引入反射，提供了绝大多数我们现在可以用到的反射 API，包括 Class、Method、Field 等核心类型及其成员，使得我们可以实现几乎所有通过编码实现的程序功能。

接下来我们看个例子，User 类的定义如图 3-1 所示。

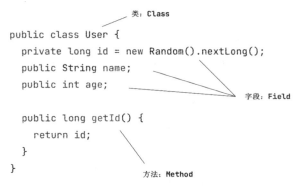

图 3-1　User 类的定义

如果我们希望在程序中遍历它的字段，就需要用到反射，如代码清单 3-1 所示。

代码清单 3-1　使用 Java 反射遍历字段

```Java
//id, name, age,
for (Field field : User.class.getDeclaredFields()) {
  System.out.print(field.getName() + ", ");
}
```

我们也可以使用反射获取或者修改某个字段的值，如代码清单 3-2 所示。

代码清单 3-2　使用 Java 反射获取或者修改字段

```Java
User user = new User();
Field nameField = User.class.getDeclaredField("name");
nameField.set(user, "bennyhuo");
//输出: bennyhuo
System.out.println(nameField.get(user));
```

此外，我们还可以根据名字和参数类型来获取指定类的方法，并在后续调用这个方法。使用反射调用 User 的 getId 方法来获取 id 的值，如代码清单 3-3 所示。

代码清单 3-3　使用 Java 反射调用 getId 方法

```Java
User user = new User();
Method getIdMethod = User.class.getDeclaredMethod("getId");
long id = (long) getIdMethod.invoke(user);
```

3.1.2　解除访问限制

Java 1.2 中引入了 AccessibleObject 作为 Method 和 Field 等类型的父类（这些类在 Java 1.2 之前直接继承自 Object 类）。如此一来，我们就可以通过 setAccessible 来解除 Java 类的

私有成员的访问限制。这次更新使得反射的能力得到了"史诗级"增强，也使得开发者可以在任意位置访问几乎任意类型的私有成员，如代码清单 3-4 所示。

代码清单 3-4 使用 Java 反射访问私有成员

```Java
User user = new User();
Field idField = User.class.getDeclaredField("id");
idField.setAccessible(true);
idField.set(user, 1000);

//1000
System.out.println(idField.get(user));
```

3.1.3 动态代理

Java 1.3 引入了 Proxy 类型，支持运行时动态代理。通过将动态代理与反射配合使用，我们可以在运行时动态实现 Java 接口，进而大大提升程序的灵活性。动态代理可以用于实现 AOP（面向切面编程）、模拟接口、拦截方法调用等。

例如，用户执行命令时需要用到 CmdLine 接口，它的定义如代码清单 3-5 所示。

代码清单 3-5 CmdLine 接口的定义

```Java
public interface CmdLine {
  void run(String cmd);
  void runAsAdmin(String cmd);
  void runAsRoot(String cmd);
}
```

现在我们希望动态控制 CmdLine 实例的访问权限，从外部加载权限列表。权限等级由高到低依次为 root(3) -> admin(2) -> normal(1)，默认为 normal(1)。为了方便程序设计，在运行时使用对应的数字表示权限级别。用户权限配置表如表 3-1 所示。

CmdLine 中的方法也有对应的最低运行权限限制，如表 3-2 所示。

表 3-1 用户权限配置表

用户	用户权限
bennyhuo	1
admin	2
root	3

表 3-2 方法权限表

方法	最低权限
run	1
runAsAdmin	2
runAsRoot	3

这意味着 bennyhuo 只能运行 run 方法，而 root 可以运行所有的方法。

通常来说，我们需要分别在调用的方法内部插入权限检查的逻辑以实现权限控制，但如果使用动态代理，情况会简单很多，如代码清单 3-6 所示。

代码清单 3-6　使用动态代理实现权限检查

```Java
[Java]
public class CmdLineProxy {

  public static CmdLine newProxy(CmdLine delegate) {
    //创建动态代理对象
    return (CmdLine) Proxy.newProxyInstance(
      CmdLine.class.getClassLoader(),
      new Class[]{CmdLine.class},
      new InvocationHandler() {
        @Override
        public Object invoke(Object proxy, Method method, Object[] args)
          throws Throwable {
          //检查权限，不合法则抛出异常
          checkPrivilege(method.getName());
          //权限合法，调用真实的方法
          return method.invoke(delegate, args);
        }
      });
  }

  private static void checkPrivilege(String methodName)
    throws IllegalAccessException {
    int userPrivilege = getCurrentUserPrivilege();
    int methodPrivilege = getMethodPrivilege(methodName);
    ...
  }
}
```

可见，使用动态代理实现权限检查，既可以实现对所有方法的统一检查，又可以实现与实际的方法分离，可谓一举两得。

3.1.4　对注解的支持

Java 5 引入了注解，同时在反射中增加了处理注解的 API。注解可以为源代码提供元信息，使得我们既可以在编译时解析注解（参见第 5 章），也可以在运行时使用反射访问注解。

如代码清单 3-7 所示，我们通过 @Service 注解为 API 添加了 url 信息。在运行时，使用反射获取注解中 url 的值的方法如代码清单 3-8 所示。

代码清单 3-7　运行时注解的使用示例

```Java
[Java]
//文件：Service.java
@Retention(RetentionPolicy.RUNTIME)
public @interface Service {
  String url();
}

//文件：Api.java
```

```
@Service(url = "https://www.bennyhuo.com/api")
public interface Api {
  ...
}
```

代码清单 3-8   使用反射获取注解中 url 的值

```
[Java]
// 得到url的值
Api.class.getAnnotation(Service.class).url()
```

使用注解为程序添加配置信息，既可以使代码的可读性得到增强，也可以使框架的设计变得更加灵活。

3.1.5   对方法参数名的支持

在 Java 8 以前，Java 编译器不会将 Java 方法的参数名编译到 JVM 字节码中，因而我们也无法使用反射访问参数的名字。面对这样的问题，广大框架设计者常用的解决办法就是使用注解将参数名添加到方法参数上，在运行时读取注解的值来获取参数名，如代码清单 3-9 所示。

代码清单 3-9   使用注解标注方法的参数

```
[Java]
// 文件: Param.java
@Retention(RetentionPolicy.RUNTIME)
public @interface Param {
  String value();
}

// 文件: Api.java
public interface Api {
  User getUser(
    @Param("id") long id,
    @Param("clientId") String clientId,
    @Param("token") String token
  );
}
```

在运行时，使用反射可以将 getUser 的参数名打印出来，如代码清单 3-10 所示。

代码清单 3-10   使用反射读取方法参数的注解参数值

```
[Java]
// 每个参数都可能有多个注解，因此返回的是一个二维数组
Annotation[][] parameterAnnotations = Api.class.getDeclaredMethod(
  "getUser", long.class, String.class, String.class
).getParameterAnnotations();

// 第一层遍历是对参数维度的遍历
```

```
for (Annotation[] annotations : parameterAnnotations) {
    //第二层遍历是对单个参数的注解维度的遍历
    for (Annotation annotation : annotations) {
        if (annotation instanceof Param) {
            System.out.println(((Param) annotation).value());
        }
    }
}
```

Java 8 为编译器增加了参数 -parameters 以及 Parameter 类来获取方法参数名，如代码清单 3-11 所示。

代码清单 3-11　使用反射直接获取方法参数名

```
[Java]
Parameter[] parameters = Api.class.getDeclaredMethod(
    "getUser", long.class, String.class, String.class
).getParameters();

for (Parameter parameter : parameters) {
    System.out.println(parameter.getName() + ": " + parameter.getType());
}
```

在编译时，如果不加参数 -parameters，则输出如下：

```
arg0: long
arg1: class java.lang.String
arg2: class java.lang.String
```

由于此时编译器没有把方法参数名写入字节码，因此参数名均以默认的 argN 格式给出。

如果添加了参数 -parameters，则输出如下：

```
id: long
clientId: class java.lang.String
token: class java.lang.String
```

在这种情况下，我们无须借助注解也可以读取方法的参数名。

3.1.6　访问 Kotlin 代码

在 Kotlin JVM 程序中，我们可以使用 Java 反射来访问 Kotlin 类型。只不过 Java 反射对 Kotlin 的语法特性一无所知，它只能以 Java 的视角来观察 Kotlin 语法，因此使用 Java 反射访问 Kotlin 的类型及其成员时，本质上是在访问 Kotlin 代码编译生成的字节码所对应的 Java 类型，如代码清单 3-12 所示。

代码清单 3-12　使用 Java 反射访问使用 Kotlin 编写的类成员

```
data class Location(val lat: Double, val lng: Double)
```

```
---
Location::class.java.methods.forEach { println(it.name) }
```

在这段程序中，我们使用 Java 反射 API 来访问数据类 Location，遍历它的方法，得到的运行结果如下：

```
equals
toString
hashCode
copy
copy$default
component1
getLat
...
notify
notifyAll
```

其中类似 copy$default 这样的方法，从 Kotlin 的角度来看是不存在的。我们始终需要明白一点，Java 反射只认识 Kotlin 编译之后生成的 JVM 字节码。

显而易见的是，如果我们想要判断一个 Kotlin 类型是不是数据类，直接使用 Java 反射也是不行的，必须结合 @Metadata 注解的信息，如代码清单 3-13 所示。

代码清单 3-13　使用 @Metadata 注解的信息判断是不是数据类

```
val metadata = Location::class.java.getAnnotation(Metadata::class.java)
  .let {
    KotlinClassMetadata.read(KotlinClassHeader(
      it.kind,
      it.metadataVersion,
      ...
      it.extraInt
    )) as? KotlinClassMetadata.Class
  }

//true
val isData = metadata?.toKmClass()?.flags?.let {
  Flag.Class.IS_DATA(it)
} == true
```

Kotlin 反射本质上也正是读取 @Metadata 注解的值来还原 Kotlin 的原始声明信息。

3.2　Kotlin 反射

Kotlin 反射是专门为 Kotlin 的语法特性设计实现的运行时元编程技术，它的出现解决了 Java 反射无法识别 Kotlin 语法特性的问题。Kotlin 反射与 Java 反射在功能上有非常多的相似之处，本节将对照 Java 反射对 Kotiln 反射进行详细的介绍。

3.2.1　基本功能

Kotlin 反射的设计与 Java 反射的设计如出一辙，如图 3-2 所示。

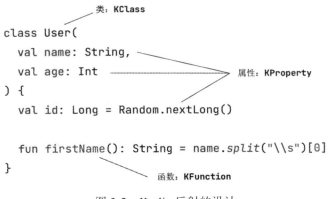

图 3-2　Kotlin 反射的设计

有了 Java 反射的基础，我们可以对照着学习 Kotlin 反射。Kotlin 反射与 Java 反射的常见类型对照如表 3-3 所示。

表 3-3　Kotlin 反射与 Java 反射的常见类型对照

Kotlin 反射	Java 反射	说明
KType	Type	描述类型（擦除前）
KClass	Class	描述运行时类型（擦除后）
KProperty	Field	描述属性
KFunction	Method	描述方法、函数

与 Java 反射稍有不同的是，Kotlin 反射的这些类型均为接口，它们的实现与平台及运行时依赖有关。KClass 的定义如代码清单 3-14 所示。

代码清单 3-14　公共标准库中 KClass 的定义

```
//模块: kotlin-stdlib-common; 文件:KClass.kt
public expect interface KClass<T : Any> : KClassifier {
  public val simpleName: String?
  public val qualifiedName: String?
  public fun isInstance(value: Any?): Boolean
}
```

KClass 在公共标准库中的定义非常简单，只有三个成员。它在 Kotlin JS 和 Kotlin Native 中的实现也是如此，这意味着 Kotlin 在除了 JVM 以外的所有平台上提供的反射能力都极其有限。

也正是因为如此，通常我们提到的 Kotlin 反射都是特指 Kotlin JVM 上的反射。在 JVM

上，Kotlin 通过一个独立的库提供了完整的反射功能，在需要时，可以单独在项目中引入，如代码清单 3-15 所示。

代码清单 3-15　引入 Kotlin JVM 的反射库

```
implementation("org.jetbrains.kotlin:kotlin-reflect:$version")
```

接下来，我们使用 Kotlin 反射访问代码清单 3-12 中定义的数据类 Location 的所有函数，如代码清单 3-16 所示。

代码清单 3-16　使用 Kotlin 反射访问类的函数

```
Location::class.functions.forEach {
  println(it.name)
}
```

这里只有真正意义上的 Kotlin 函数才会被列出，结果相比代码清单 3-12 的运行结果要少一些：

```
component1
component2
copy
equals
hashCode
toString
```

当然，如果我们不引入 Kotlin 反射库，上述代码在 Kotlin JVM 中也是可以编译成功的，但运行时会抛出异常：

```
KotlinReflectionNotSupportedError: Kotlin reflection implementation is not found at
    runtime. Make sure you have kotlin-reflect.jar in the classpath
```

同样的代码在不同的运行时条件下之所以产生不同的结果，是因为通过 Location::class 语法获得的 KClass 实例在引入和不引入 Kotlin 反射库这两种情况下是不同的，前者对应 Kotlin 反射库中的 KClassImpl 类型，后者对应 Kotlin 标准库中的 ClassReference，我们会在 3.2.2 节详细探讨这个问题。

不难猜到，KClassImpl 通过解析 @Metadata 注解来提供完整的反射支持，而 ClassReference 的核心能力就是抛出 KotlinReflectionNotSupportedError 异常，如代码清单 3-17 所示。

代码清单 3-17　ClassReference 的部分定义

```
//类: ClassReference
override val members: Collection<KCallable<*>>
  get() = error()
```

了解了这些之后，读者就可以参考 Kotlin 反射库的接口文档来实现自己的运行时元编程需求了。

3.2.2　类引用的获取

类引用的获取有两种方法，即通过类名直接获取和通过实例变量获取，如代码清单 3-18 所示。

代码清单 3-18　类引用的获取方法

```
Task::class //通过类名获取，类似于Java的Task.class
val task = Task(...)
task::class //通过实例获取，类似于Java的task.getClass()
```

其中 Task 类的定义如代码清单 3-19 所示。

代码清单 3-19　Task 类的定义

```
open class Task
class SubTask: Task()
```

这两种方法获取的类引用的功能基本相同，只是类型稍有差异，如代码清单 3-20 所示。

代码清单 3-20　类引用的类型

```
Task::class //类型为KClass<Task>
val task = Task(...)
task::class //类型为KClass<out Task>
```

产生差异的原因不难想到，尽管变量 task 的类型为 Task，但它也可能是 Task 的子类 SubTask 的实例，因此 task::class 很有可能是 KClass<SubTask>。

除了类引用的类型以外，类引用的实例也是一个值得探讨的话题。通常我们认为 Java 中每一个类的 Class 实例都是唯一的，很多时候 Class 也会被用作 Map 的 key。不过，Kotlin 的 KClass 的情况有些复杂，Kotlin 语言规范中没有对 KClass 实例创建的语法做规定，实际的结果与 Kotlin 的运行平台和编译器的版本有关。

在 JVM 上，如果没有引入 Kotlin 反射库，那么创建类引用时使用的是 ReflectionFactory 的 getOrCreateKotlinClass 方法，如代码清单 3-21 所示。

代码清单 3-21　JVM 未引入 Kotlin 反射库时类引用的创建

```
[Java]
//类: ReflectionFactory
public KClass getOrCreateKotlinClass(Class javaClass) {
  return new ClassReference(javaClass);
}
```

即每次通过类名 ::class 的语法获取的 KClass 实例都是不同的。

如果引入了 Kotlin 反射库，则使用 ReflectionFactory 的子类 ReflectionFactoryImpl 来创建 KClass 的实例，如代码清单 3-22 所示。

```
[Java]
//类: ReflectionFactoryImpl
@Override public KClass getOrCreateKotlinClass(Class javaClass) {
  return KClassCacheKt.getOrCreateKotlinClass(javaClass);
}
```

由于 KClass 的实例中有大量的元信息,创建的过程比较耗时,因此 Kotlin 反射库会将它的实例缓存。Kotlin 1.7 的反射库的缓存实现如代码清单 3-23 所示。

代码清单 3-23 反射库的缓存实现

```
//模块: kotlin-reflect; 文件: kClassCache.kt
private var K_CLASS_CACHE = HashPMap.empty<String, Any>()

fun <T : Any> getOrCreateKotlinClass(jClass: Class<T>): KClassImpl<T> {
  val name = jClass.name
  val cached = K_CLASS_CACHE[name]
  if (cached is WeakReference<*>) {
    //如果KClass实例被缓存,那就直接返回
    val kClass = cached.get() as KClassImpl<T>?
    if (kClass?.jClass == jClass) {
      return kClass
    }
  } else if (cached != null) {
    ... //省略cached是弱引用数组的情况
  }

  //构造KClass实例,并将其弱引用放入缓存
  val newKClass = KClassImpl(jClass)
  K_CLASS_CACHE = K_CLASS_CACHE.plus(name, WeakReference(newKClass))
  return newKClass
}
```

可见,如果 KClass 实例已经被缓存,则直接返回;如果 KClass 实例没有被外部引用,那就在下一次内存垃圾回收时将它销毁,以减少内存开销。

在 Kotlin 1.8.0 中,Kotlin 反射库基于 Java 1.8 的 ClassValue 对 KClass 实例缓存机制做了更新,将 KClass 实例的引用由弱引用改为强引用,进而与对应的 Class 的实例的生命周期保持一致。

以上就是 Kotlin JVM 中的情况。

而在 Kotlin JS 中,我们是通过调用 getKClass1 来获取 KClass 的,如代码清单 3-24 所示。

代码清单 3-24 在 Kotlin JS 中获取类引用

```
//模块: kotlin-stdlib-js; 文件: reflection.kt
fun <T : Any> getKClass1(jClass: JsClass<T>): KClass<T> {
```

```
// 如果是字符串，则返回字符串对应的KClass实例
if (jClass === js("String"))
  return PrimitiveClasses.stringClass.unsafeCast<KClass<T>>()

val metadata = jClass.asDynamic().`$metadata$`
return if (metadata != null) {
  // 创建KClass实例，并存入metadata当中
  if (metadata.`$kClass$` == null) {
    val kClass = SimpleKClassImpl(jClass)
    metadata.`$kClass$` = kClass
    kClass
  } else {
    metadata.`$kClass$`
  }
} else {
  // 如果metadata为null，则每次都创建一个新的KClass实例
  SimpleKClassImpl(jClass)
}
}
```

通常情况下，Kotlin 类型经过编译后会生成一个 JavaScript 函数，通过为这个函数的原型对象添加成员来实现面向对象。而 $metadata$ 则是添加到这个函数上的一个成员变量，可以理解为静态成员。一个简单的 Kotlin 类如代码清单 3-25 所示。

代码清单 3-25 一个简单的 Kotlin 类

```
data class User(...)
```

编译之后生成的 $metadata$ 对象如代码清单 3-26 所示。

代码清单 3-26 编译之后生成的 $metadata$ 对象

```
[JavaScript]
User.$metadata$ = {
  simpleName: 'User',
  kind: 'class',
  interfaces: []
};
```

通过对 getKClass1 的分析不难看出，当某一个类存在 $metadata$ 成员时，可以认为这个类是定义在 Kotlin 源代码中的类，此时 KClass 的实例是唯一的。否则，这个类可能是 JavaScript 中定义的类型，这时获取到的 KClass 的实例每次都会不同。

在 Kotlin Native 上，我们可以通过分析 LLVM IR 来给出结论。先给出示例代码，如代码清单 3-27 所示。

代码清单 3-27 在 Kotlin Native 中获取类引用

```
fun main() {
  val stringClazz = String::class
```

```
    println(stringClazz)
}
```

接下来我们使用命令 konanc -Xprint-bitcode 来输出 LLVM IR，部分代码如代码清单 3-28 所示。

代码清单 3-28 编译输出的 LLVM IR

```
[LLVM IR]
; main函数的声明
define void @"kfun:#main(){}"() #13 {
   ...
;调用println(String::class)
entry:
  call void @"kfun:kotlin.io#println(kotlin.Any?){}"(
    %struct.ObjHeader* getelementptr inbounds (
      { %struct.ObjHeader, i8* },
      { %struct.ObjHeader, i8* }* @1894,
      i32 0, i32 0
    )
  )
  ...
}
```

请注意其中的 @1894，它指向的内容如代码清单 3-29 所示。

代码清单 3-29 KClass 实例对应的 LLVM IR

```
[LLVM IR]
@1894 = internal unnamed_addr constant
  { %struct.ObjHeader, i8* }
  { %struct.ObjHeader {
    %struct.TypeInfo* bitcast (i8* getelementptr (i8, i8* bitcast (
      %struct.TypeInfo* @"kclass:kotlin.native.internal.KClassImpl" to i8*
    ), i32 1) to %struct.TypeInfo*)
  }, i8* bitcast (%struct.TypeInfo* @"kclass:kotlin.String" to i8*) }
```

尽管代码看起来有些费劲，但我们大致可以看出来 String::class 的值其实是 String 类型对应的 KClassImpl 对象的一个指针，而这个指针是一个常量。

这样看来，在 Kotlin Native 中，KClass 的实例是不变的。

说明 这个结论在 Kotlin 1.6.20 及以后的版本中成立。如果读者使用 Kotlin 1.6.10 及以前的 Kotlin Native 编译器输出 LLVM IR，会看到每次获取类引用时都会创建一个新的 KClass 实例。有兴趣的读者可以找到 kotlin-native 编译器源代码的 ReflectionSupport. kt 文件，翻阅 IrBuilderWithScope#irKClass 函数的变更历史来了解更多细节。

综上所述，KClass 实例的创建与平台有关，在 JVM 上也与 Kotlin 反射库的引入与否有关，同一个类型的 KClass 实例可能不是唯一的，具体结论如表 3-4 所示。我们在设计程序时，应当避免将 KClass 的实例作为 Map 的 key，以免出现意想不到的结果。

表 3-4　KClass 实例在不同环境中的唯一性

环境	版本	KClass 实例
Kotlin JVM 无反射库	—	获取时创建新实例
Kotlin JVM 有反射库	<1.8.0	弱引用缓存，会被回收
Kotlin JVM 有反射库	≥1.8.0	强引用缓存，与 Class 实例的生命周期一致
Kotlin JS	—	在 $metadata 中缓存，无 $metadata 则在获取时创建新实例
Kotlin Native	<1.6.20	获取时创建新实例
Kotlin Native	≥1.6.20	实例唯一

3.2.3　属性引用和函数引用

属性引用和函数引用可以分别通过**类名::属性**和**类名::函数名**语法获取，如果属性或函数是顶级声明，则省略类名部分，如代码清单 3-30 所示。

代码清单 3-30　获取 Location 的成员的引用

```
data class Location(val lat: Double, val lng: Double) {
  override fun toString(): String {
    return "($lat, $lng)"
  }
}
---
//获取属性lat的引用
Location::lat
//获取函数toString的引用
Location::toString
//获取Location的构造函数的引用
::Location
```

通过类名获取的引用是没有绑定 receiver 的，因此在调用时需要传入对应类型的实例，如代码清单 3-31 所示。

代码清单 3-31　未绑定 receiver 的引用的调用

```
val location = Location(39.0, 116.0)
//调用时传入receiver，输出为(39.0, 116.0)
println(Location::toString.invoke(location))
```

我们也可以通过实例直接获取引用，语法为**实例::属性名**和**实例::函数名**。通过实例获取的引用是绑定了 receiver 的引用，如代码清单 3-32 所示。

代码清单 3-32　绑定 receiver 的引用的调用

```
val location = Location(39.0, 116.0)
//调用时无须传入receiver，输出为(39.0, 116.0)
println(location::toString.invoke())
```

注意此时 invoke 的参数差异。

通常情况下，我们在获取引用之后不会像前面的示例那样直接调用，而是将其作为一个可随时调用的函数传递给其他函数去执行，如代码清单 3-33 所示。

代码清单 3-33　把引用当作函数传递

```
class Render {
  fun append(element: () -> String): Render {
    ...
  }
}
---
val render = Render()
render.append(location::toString)
```

属性引用的类型通常为 KPropertyN，N 表示需要几个 receiver，取值为 0 或 1。其中无须绑定或者已经绑定 receiver 的属性引用的类型为 KProperty0，需要绑定一个 receiver 的属性引用的类型为 KProperty1，如代码清单 3-34 所示。

代码清单 3-34　KProperty0 和 KProperty1

```
//将实例location绑定到属性引用上，得到的属性引用类型为KProperty0
location::lat
//需要绑定一个receiver，类型为KProperty1
Location::lat
```

如果属性是可变的，那么属性引用的类型为 KMutablePropertyN，其中 N 的取值与 KPropertyN 相同。

函数引用的情况与此类似，其类型为 KFunctionN，N 表示 receiver 的个数、参数的个数和 context receiver 的个数之和，其中 receiver 的个数在已绑定 receiver 或函数为顶级声明时为 0，在未绑定 receiver 时为 1。

与类引用类似，属性和函数引用的实例也可能不是唯一的。从目前的实现来看，在 JVM 和 JS 上每次获取的结果都不同，在 Native 上则是相同的。同样，我们不建议开发者在设计程序时对引用实例的唯一性做任何假设，官方也从未在公开文档中提及这一点。

> 📊说明　对于有多个 receiver 的属性或者函数，不能直接通过属性引用或者函数引用的语法获取它们的引用。例如在 A 类的内部定义了 B 类的扩展属性 x，x 的引用类型是 KProperty2，我们不能通过**类名**::**属性名**或者**实例**::**属性名**的形式获取 x 的引用。

3.2.4　typeOf

typeOf 是一个函数，它的声明如代码清单 3-35 所示。

代码清单 3-35　typeOf 的声明

```
fun <reified T> typeOf(): KType
```

调用时，它会返回具体化（reified）之后的类型 T 对应的 KType 实例。

有读者可能会有疑问，T 不是已经具体化了吗？我们为什么不直接使用 T::class 来获取 KClass 实例呢？显然，KClass 和 KType 还是有很大差异的，前者是泛型擦除之后的运行时类型表示，后者则包含了泛型信息，可以用于序列化或者反序列化等场景。

以 Gson 的反序列化为例，通常我们会把待反序列化类型的 Class 实例传入，如代码清单 3-36 所示。

代码清单 3-36　Gson 反序列化示例

```
val gson = Gson()
//location的类型是Location
val location = gson.fromJson(
  """{"lat":39.0,"lng":116.0}""",
  Location::class.java
)
```

其中 fromJson 的声明如代码清单 3-37 所示。

代码清单 3-37　fromJson 的声明

```
[Java]
public <T> T fromJson(String json, Class<T> classOfT)
```

对于 Location 这样的简单类型，这样做是没有问题的。不过，如果反序列化的类型是 List<Location>，情况就复杂了，我们甚至不能获取 List<Location>::class 这样的 KClass 实例，如图 3-3 所示。

```
val locations = gson.fromJson(
    json: """[{"lat":39.0,"lng":116.0},{"lat":40.0,"
    List<Location>::class.java
)
         Only classes are allowed on the left hand side of a class literal
```

图 3-3　试图获取 List::class

由于 List<Location> 的泛型参数会在编译时被擦除，因此我们只有 List::class 和 Array<Location>::class（数组不是泛型类型，元素类型不存在擦除的问题）两个选择。而如果目标类型是 Map，那我们就只剩 Map::class 这一个选择了。使用 List::class 的示例如代码清单 3-38 所示。

代码清单 3-38 使用 List::class

```
val locations = gson.fromJson(
  "[{...},{...},{...},{...}]", //省略JSON字符串的细节
  List::class.java
)
```

这时候我们就会发现有一个好消息和一个坏消息。好消息是，程序可以运行起来；坏消息是，返回的类型居然是 ArrayList<LinkedTreeMap>，如图 3-4 所示。

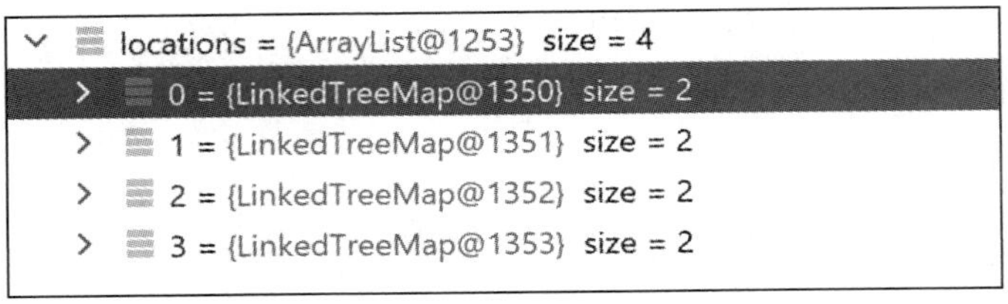

图 3-4 反序列化之后的类型

Gson 根本不知道 List 的元素是什么类型，但程序总要运行，于是就把本该是 Location 的数据反序列化成了 LinkedTreeMap。

对于这样的场景，我们就必须使用 KType 或者 Type 了。但获取它们的实例并非易事，在过去的实践中，我们会借助 Gson 提供的 TypeToken 类来提取 Type 的实例，如代码清单 3-39 所示。

代码清单 3-39 使用 TypeToken 获取 Type

```
val locations = gson.fromJson<List<Location>>(
  ...,
  //构造TypeToken的匿名对象，然后读取它的type成员
  object : TypeToken<List<Location>>() {}.type
)
```

这里我们用到了 fromJson 的另一个重载版本，它的声明如代码清单 3-40 所示。

代码清单 3-40 参数为 Type 的 fromJson

```
[Java]
public <T> T fromJson(String json, Type typeOfT)
```

不过现在我们有了更好的方法来获取 Type 实例，那就是 typeOf 函数，如代码清单 3-41 所示。

代码清单 3-41 使用 typeOf 获取 Type

```
val locations = gson.fromJson<List<Location>>(
  ...,
```

```
//typeOf返回KType实例，再通过javaType获取Type实例
typeOf<List<Location>>().javaType
)
```

我们还可以给 Gson 类封装一个扩展函数，如代码清单 3-42 所示。

代码清单 3-42　给 Gson 类封装一个扩展函数

```
inline fun <reified T : Any> Gson.fromJson(json: String): T {
    return fromJson(json, typeOf<T>().javaType)
}
```

由此可见，typeOf 主要用于获取 KType 或者在 JVM 上获取 Type 的场景，也经常与
inline 和 reified 一起使用来编写库函数。

3.2.5　dynamic 类型

dynamic 类型主要是为了方便 Kotlin 与弱类型语言的互调用的，目前最主要的使用场
景是 Kotlin JS（实际上目前也用于 Kotlin JS）。编译器不会对 dynamic 类型的变量做任何检
查，包括与其他类型的变量相互赋值、访问对象的成员等。dynamic 类型的使用示例如代码
清单 3-43 所示。

代码清单 3-43　dynamic 类型的使用示例

```
//js函数可以执行一段JavaScript代码并返回dynamic类型的结果
val book: dynamic = js("{}")
//直接访问dynamic类型的成员，编译器不会做任何检查
book.name = "Kotlin Metaprogramming"
book.year = 2023
//输出: {"name":"Kotlin Metaprogramming","year":2023}
println(JSON.stringify(book))
```

如代码清单 3-43 所示，在编译时，编译器不会对 dynamic 类型的变量 book 做任何检
查，对编译之后生成的 JavaScript 代码也是原样照搬。Kotlin 编译器根本不知道怎么检查
dynamic 类型的对象，于是就交给 JavaScript 解释器在运行时保证程序的正确性。

代码清单 3-43 编译之后生成的 JavaScript 代码如代码清单 3-44 所示。

代码清单 3-44　编译之后生成的 JavaScript 代码

```
[JavaScript]
var book = {};
book.name = 'Kotlin Metaprogramming';
book.year = 2023;
println(JSON.stringify(book));
```

可见，访问 dynamic 类型的变量就如同编写 JavaScript 代码一样，尽管增加了出错的可
能，但可以让我们更加轻松地访问定义在 JavaScript 中的对象。

目前常见的需要与 JavaScript 互调用的编程语言中也大多存在类似的动态类型设计，例如 TypeScript 中的 any、Dart 中的 dynamic 等。

实际上，尽管我们一再强调 Kotlin 反射只在除了 JVM 以外的平台上提供了非常有限的支持，但我们可以在 Kotlin JS 中基于 JavaScript 运行时的动态特性来实现一些元编程的功能。

3.2.6 属性委托

属性委托是 Kotlin 中非常重要的特性之一，我们最常见的 lazy 就是基于属性委托实现的。

属性委托的两个关键函数 getValue 和 setValue 的声明如代码清单 3-45 所示。

代码清单 3-45 属性委托的两个关键函数的声明

```
operator fun getValue(thisRef: R, property: KProperty<*>): T
operator fun setValue(thisRef: R, property: KProperty<*>, value: T)
```

其中 R 是 receiver 的类型，T 是属性的类型。如果属性委托需要支持顶级属性，则 R 必须为可空类型。

property 参数主要用于区分属性。如代码清单 3-46 所示，Kotlin 标准库通过为 Map 提供 getValue 扩展函数来支持属性委托；通过使用属性名来区分不同的属性，使得同一个 Map 实例可以接受多个属性的委托。

代码清单 3-46 Map 的 getValue 扩展函数

```
inline operator fun <V, V1 : V> Map<in String, @Exact V>.getValue(
  thisRef: Any?, property: KProperty<*>
): V1 = (getOrImplicitDefault(property.name) as V1)
---
val map: Map<String, String> = ...

val x by map //x的值为map["x"]
val y by map //y的值为map["y"]
```

属性委托可以在 Kotlin 反射的支持下变得更加灵活。在 Kotlin JVM 上引入 Kotlin 反射库之后，还可以通过属性引用来获取委托对象，以便我们在特殊情况下访问委托对象的内部状态。接下来我们给出一个小例子来介绍访问委托对象有什么作用。

对于某些需要主动释放内存的类型，如果不使用属性委托，就需要定义可空类型的变量。但如果开发者可以确保该类型的变量在释放之后不会再被访问到，那么定义可空类型的变量在使用上的体验并不是很好。为了解决这个问题，我们可以定义一个属性委托 releasableNotNull，如代码清单 3-47 所示。

代码清单 3-47 releasableNotNull 的定义

```
fun <T : Any> releasableNotNull() = ReleasableNotNull<T>()

class ReleasableNotNull<T : Any> : ReadWriteProperty<Any, T> {
  private var value: T ? = null

  override fun setValue(thisRef: Any?, property: KProperty<*>, value: T) {
    this.value = value
  }

  override fun getValue(thisRef: Any?, property: KProperty<*>): T {
    return value ?: throw IllegalStateException("...")
  }

  fun isInitialized() = value != null

  fun release() {
    value = null
  }
}
```

其中，真正接受委托的是 ReleasableNotNull 的实例，它提供了 release 函数来释放 value，以及 isInitialized 函数来判断 value 是否已经初始化。

releasableNotNull 的使用示例如代码清单 3-48 所示。

代码清单 3-48 releasableNotNull 的使用示例

```
//定义变量image，类型为Image
var image: Image by releasableNotNull()
//初始化变量image
image = createImage()
```

其中 Image 是假想的图片类型，通常图片类型会占用较大的内存空间，需要在用完之后及时释放。image 变量持有的图片是存在委托对象中的，如果我们可以拿到这个委托对象，就可以实现对图片的释放，效果如代码清单 3-49 所示。

代码清单 3-49 实现对图片的释放

```
//获取属性引用，并释放属性的值
::image.release()
//获取属性引用，并判断属性是否被初始化
::image.isInitialized
```

其中 release 和 isInitialized 是属性引用的扩展成员，它们的实现如代码清单 3-50 所示。

代码清单 3-50 release 和 isInitialized 的实现

```
val <R> KProperty0<R>.isInitialized: Boolean
  get() {
```

```
    isAccessible = true
    //获取委托对象，并且调用它的isInitialized函数
    return (getDelegate() as? ReleasableNotNull<*>)?.isInitialized()
        ?: throw IllegalAccessException("...")
  }

fun <R> KProperty0<R>.release() {
  isAccessible = true
  //获取委托对象，并且调用它的release函数
  return (getDelegate() as? ReleasableNotNull<*>)?.release()
      ?: throw IllegalAccessException("...")
}
```

通过这个例子，希望读者能够体会到属性委托与反射之间的联系。尽管从严格意义上讲，属性委托不属于反射的范畴，但它可以与反射紧密结合来实现更加复杂的功能。

3.3 案例：Retrofit 的接口实现

Retrofit 是一个类型安全的 HTTP 客户端，在 Android 应用开发中得到了广泛的应用。Retrofit 深度使用了反射来实现自己的功能，本节将对 Retrofit 的接口实现进行剖析以加深读者对反射的理解。

3.3.1 Retrofit 基本用法

在深入了解 Retrofit 的接口实现之前，我们先来看一下它的基本用法。

首先按照 HTTP 的接口协议，我们可以定义一个 Java 或 Kotlin 接口，在其中为每一个 HTTP 接口定义一个函数，并使用注解添加协议描述，如代码清单 3-51 所示。

代码清单 3-51　定义 HTTP 请求接口

```
interface GitHubService {
  //调用contributors函数时相当于发送了一个GET请求
  //路径中的{参数名}将会被替换为对应的@Path指定的参数的值
  //响应体会被反序列化成List<Contributor>类型
  @GET("/repos/{owner}/{repo}/contributors")
  suspend fun contributors(
    @Path("owner") owner: String,
    @Path("repo") repo: String
  ): List<Contributor>
}

data class Contributor(
  val login: String,
  val contributions: Int
)
```

其中，contributors 函数对应 HTTP 的接口，函数参数对应 HTTP 请求的请求体，函数的返回值对应 HTTP 请求的响应体。

下面我们再来看如何发起请求，如代码清单 3-52 所示。

代码清单 3-52　使用 Retrofit 发送 HTTP 请求

```kotlin
val retrofit = Retrofit.Builder()
  //设置URL前缀，将会按照一定的规则拼在接口函数的URL之前
  .baseUrl("https://api.github.com/")
  //用于序列化请求体或者反序列化响应体
  .addConverterFactory(...)
  .build()

//之前只定义了GitHubService接口，现在需要创建它的实例
val service: GitHubService = retrofit.create(GitHubService::class.java)
//发起请求，获取jetbrains/kotlin库的贡献者
val contributors: List<Contributor> = service.contributors(
  owner = "jetbrains", repo = "kotlin"
)
```

整个请求过程中，无论是参数还是返回值都有明确的类型声明。得益于静态类型的优势，开发者使用接口时很少在参数构造和响应体处理上出现错误。即使接口发生了变动，也很容易被发现。

Retrofit 使用了非常多的元编程技巧，可以说它把运行时元编程的特性发挥得淋漓尽致。接下来我们选取其中的几个关键细节，对其实现原理进行分析。

3.3.2　GitHubService 实例的创建

GitHubService 实例的创建，关键就是 Retrofit#create(Class<T>) 函数调用。基于前面对 Java 反射的介绍，我们不难猜出这里其实是使用了 Java 动态代理，如代码清单 3-53 所示。

代码清单 3-53　使用动态代理创建接口实例

```java
[Java]
//类: Retrofit
public <T> T create(final Class<T> service) {
  return (T) Proxy.newProxyInstance(
    service.getClassLoader(),
    new Class<?>[] {service},
    new InvocationHandler() {
      ...
      @Override
      public Object invoke(
        Object proxy, Method method, @Nullable Object[] args
      ) throws Throwable {
        ... //省略请求处理的细节
      }
    });
}
```

HTTP 接口的协议信息基本上都包含在 GitHubService 的函数上。处理请求时，我们可以通过 InvocationHandler 获取 Method，进而通过 Java 反射读取注解、参数和返回值类型来确定请求处理的核心逻辑。

3.3.3　函数参数与请求参数的对应关系

contributors 函数有两个参数，分别是 owner 和 repo，我们再来仔细观察一下它们的声明，如代码清单 3-54 所示。

代码清单 3-54　contributors 函数的参数声明

```
@Path("owner") owner: String,
@Path("repo") repo: String
```

它们实际上是通过注解的值与 URL 中的 {owner} 和 {repo} 两个路径参数产生关联的。为什么不直接使用函数的参数名呢？

我们已经知道 Java 编译器在 Java 8 以前不支持将参数名写入 JVM 字节码，即使在 Java 8 中，我们也需要通过添加编译器参数 -parameters 来开启这项功能。此外，JVM 字节码经常会被混淆，混淆之后参数名会发生变化。因此，我们不应该依赖参数名来构造请求参数。

实际上，Retrofit 在通过代码构造请求参数时，没有依赖任何语法结构的命名。接口名既可以叫 GitHubService 也可以叫 GitHubApi，函数名既可以叫 contributors 也可以叫 listContributors，这样就彻底规避了代码混淆带来的麻烦。

顺带提一句，Kotlin 反射从一开始就提供了获取函数参数名的方法，不难想到，这些信息都是写入 @Metadata 注解的，使用时也需要谨慎考虑代码混淆所带来的影响。

需要注意的是，尽管属性引用和函数引用都提供了 name 属性来获得对应的属性名和函数名，但这些信息是直接以字符串字面量的形式存在于字节码中的，因此我们不需要担心代码混淆的问题。

例如，3.2.6 节曾提到，Map 是可以作为属性的委托对象的，属性的值就是 Map 属性名为 key 的值。尽管这里用到了属性名，但在混淆之后并不会存在逻辑上的问题，如代码清单 3-55 所示。

代码清单 3-55　使用 Map 作为委托对象的属性不受属性名混淆的影响

```
class Config(val map: Map<String, String>) {
  //混淆之后，仍然相当于map["name"]
  val name by map
  //混淆之后，仍然相当于map["version"]
  val version by map
}
```

3.3.4　泛型类型的反序列化

contributors 函数的返回值类型是 List<Contributor>，读者看到这个类型可能很快就会意识到这里出现了问题。我们在介绍反射的概念时就一再提到 Java 泛型会在编译时擦除，Kotlin 为了兼容 Java 也采用了相同的实现方式。换言之，List<Contributor> 类型在编译之后会变为 List 类型。

为了不受泛型擦除的影响，反序列化时一定要使用 Type 或者 KType，而不是擦除之后的 Class 或者 KClass，如代码清单 3-56 所示。

代码清单 3-56　获取返回值类型的 Type 实例

```
[Java]
//类：ServiceMethod
static <T> ServiceMethod<T> parseAnnotations(..., Method method) {
  Type returnType = method.getGenericReturnType();
  ...
}
```

注意 Retrofit 使用的是 Java 反射，是通过 Method#getGenericReturnType() 来获取 Type 实例的，而不是通过 Method#getReturnType() 来获取 Class 实例的。

3.3.5　案例小结

Retrofit 内部有非常多有意思的实现，涵盖元编程、设计模式等多个方面。由于篇幅所限，本书就不做过多介绍了，有兴趣的读者可以在慕课网观看我录制的免费专题视频"破解 Retrofit"（https://www.imooc.com/learn/1128）来了解更多细节。

3.4　案例：使用反射实现 DeepCopy

现在我们已经掌握了反射的核心功能，并通过剖析 Retrofit 接口实现进一步认识了反射的适用场景。本节我们将使用反射为数据类提供深复制的能力，以充分掌握反射的实践技巧。

> 说明　为数据类添加深复制支持的案例将会贯穿本书的绝大多数章节，项目的完整源代码已经在 GitHub 上开源，参见 https://github.com/bennyhuo/KotlinDeepCopy。为了方便叙述，下文将该项目简称为 DeepCopy。

3.4.1　案例背景

Kotlin 编译器会为每一个数据类生成一个 copy 函数，以便我们快速复制数据类的实例。copy 函数只会复制当前数据类自身，而不会同时复制数据类的成员，即所谓的"浅复制"，如代码清单 3-57 所示。

代码清单 3-57　copy 的使用示例

```
data class Point(var x: Int, var y: Int)
data class Text(var id: Long, var text: String, var point: Point)
---
val text = Text(0, "Kotlin", Point(10, 20))
//复制，但会共享一份point
val newText = text.copy(id = 1)
newText.point.x = 100
```

我们通过复制 text 得到了 newText，二者持有的 Point 实例是同一个，因此我们在后续修改 newText.point.x 时也会影响到 text 本身。

我们在生产实践中经常遇到深复制的应用场景，实际上就连 Kotlin 编译器源码中也存在大量对语法元素的深复制实现。由此可见，为数据类添加深复制支持对于特定需求场景有着非常重要的价值。

3.4.2　需求分析

在了解了 DeepCopy 的需求背景之后，我们来看一下反射方案的实现思路。

1. DeepCopy 的初步设计

以代码清单 3-57 中的 Text 类为例，我们先给出 copy 函数的等价实现，如代码清单 3-58 所示。

代码清单 3-58　Text 类的 copy 函数示意

```
//编译器为Text生成的copy函数的等价写法
fun copy(
  id: Long = this.id,
  text: String = this.text,
  point: Point = this.point
) = Text(id, text, point)
```

通过观察不难发现：

❑ copy 函数的参数列表与主构造函数一致。

❑ 参数的默认值为对应的数据类的成员。

为了保证使用体验的一致性，我们希望接下来给出的深复制实现与已有的浅复制实现尽可能接近，如代码清单 3-59 所示。

代码清单 3-59　deepCopy 函数的调用示意

```
//复制一份Text，但这次我们使用deepCopy函数
val newText = text.deepCopy(id = 1)
```

这就要求我们为数据类实现一个 deepCopy 函数，它的功能与 copy 只有一点差异，即参数默认值为对应成员深复制的结果，如代码清单 3-60 所示。

代码清单 3-60　　deepCopy 函数的实现示意

```
// 希望为Text生成的deepCopy函数的等价写法
fun deepCopy(
  id: Long = this.id, //id为基本类型，不需要深复制
  text: String = this.text, //text为基本类型，不需要深复制
  point: Point = this.point.deepCopy()
) = Text(id, text, point)
```

2. 参数列表的简化

按照前面的设计，deepCopy 函数的参数列表需要与对应的数据类本身一一对应，而 Kotlin 的静态特性要求 deepCopy 函数的参数列表必须在编译时确定，因此本章介绍的运行时反射的方法就显得有点捉襟见肘了。

不过，我们可以暂时先对问题做一下简化。将 deepCopy 设计成无参函数，调用时直接复制数据类对应的成员同样可以实现深复制的效果，如代码清单 3-61 所示。

代码清单 3-61　　无参的 deepCopy 函数

```
// 使用运行时反射能为Text实现的deepCopy函数的等价写法
fun deepCopy() = Text(id, text, point.deepCopy())
```

这样实现的唯一缺点就是在调用 deepCopy 函数时不能像 copy 函数那样定制参数。

3. 深复制的支持范围

由于需要递归地对所有成员做复制，因此深复制的复杂度比浅复制的复杂度有所提升。为了避免误用，我们希望在使用时可以通过某种手段来明确区分出某个数据类是否支持深复制。

这里提供两种思路，第一种是通过注解区分，如代码清单 3-62 所示。

代码清单 3-62　　使用注解标识可以深复制的数据类

```
// 没有注解标注，不支持深复制
data class Point(var x: Int, var y: Int)
// 使用注解标注，支持深复制
@DeepCopy
data class Text(var id: Long, var text: String, var point: Point)
```

我们为所有类型定义一个扩展函数 deepCopy，在其中通过判断对应的类是不是数据类且被 @DeepCopy 标注来确定是否可以深复制。

这样做的缺点是污染了所有类的扩展成员列表。对于绝大多数类型来说，它们是不支持深复制的，它们的 deepCopy 调用就是返回自身。

第二种是通过接口区分，如代码清单 3-63 所示。

代码清单 3-63　使用接口标识可以深复制的数据类

```
interface DeepCopyable

//没有实现接口，不支持深复制
data class Point(var x: Int, var y: Int)
//实现接口，支持深复制
data class Text(
  var id: Long,
  var text: String,
  var point: Point
): DeepCopyable
```

这样我们就可以专门为实现这个接口的类型定义 deepCopy 扩展函数了。后续我们将通过接口约束的方式来给出实现案例。

4. 深复制的执行流程

数据类的成员类型决定了复制时的行为，成员类型主要分为以下几种：

❑ 基本类型。例如 Int、String，是不可变的类型，不需要深复制。

❑ 不支持深复制的类型。按照前面的设计，这种类型主要是指非数据类或者未实现 DeepCopyable 接口的数据类，我们直接采用与 copy 相同的处理方式即可。

❑ 实现了 DeepCopyable 接口的数据类。对于这种类型，我们直接调用它的 deepCopy 扩展函数即可。

由于基本类型不可能实现 DeepCopyable 接口，因此我们只需要判断一个类型是不是数据类且有没有实现 DeepCopyable 接口就能覆盖所有的情况。

3.4.3　案例实现

现在我们已经搞清楚了 DeepCopy 的详细设计，接下来给出实现方案，如代码清单 3-64 所示。

代码清单 3-64　使用反射实现 deepCopy 函数

```
//为DeepCopyable定义deepCopy扩展
fun <T : DeepCopyable> T.deepCopy(): T {
  //如果不是数据类，直接返回自身
  if (!this::class.isData) return this

  //接下来执行对this的深复制
  val thisClass = (this::class as KClass<T>)
  //深复制的内容就是对主构造函数的参数的递归深复制
  return thisClass.primaryConstructor!!.let { primaryConstructor ->
    primaryConstructor.parameters.associateWith { parameter ->
      //将this的属性值与主构造函数参数按照名字关联起来
      //接下来我们要调用T的主构造函数创建新实例
      thisClass.declaredMemberProperties
        .first { it.name == parameter.name }
```

```
        .get(this)
        ?.let {
            //如果这个参数的类型是DeepCopyable，则调用它的deepCopy函数
            (it as? DeepCopyable)?.deepCopy() ?: it
        }
    }.let(primaryConstructor::callBy) //构造新对象
}
}
```

整个过程其实非常直接，由于能调用 deepCopy 函数的一定是 DeepCopyable 接口的实现类，因此我们只需要判断 T 是不是数据类以决定是否对其进行深复制。

按照我们的设计，给非数据类实现 DeepCopyable 接口没有任何意义，因此判断出 this 不是数据类时可以直接抛出异常，防止误用。

3.4.4　小试牛刀

接下来我们试用一下 deepCopy 函数，如代码清单 3-65 所示。

代码清单 3-65　使用 deepCopy 函数实现深复制

```
data class Point(var x: Int, var y: Int): DeepCopyable

data class Text(
    var id: Long,
    var text: String,
    var point: Point
): DeepCopyable

---
val text = Text(0, "Kotlin", Point(10, 20))
//深复制，不能在调用处像copy函数那样通过参数定制id
val newText = text.deepCopy().apply { id = 2 }
//调整newText的位置
newText.point.x = 100

assert(text.point.x == 10)
assert(newText.point.x == 100)
```

3.4.5　案例小结

目前我们已经给出了使用运行时反射实现深复制的方案，它的优点非常明显：

❑ 简单直接，容易理解。

❑ 代码增量是常数级别，不因业务代码的增加而增加。

它的缺点同样很明显：

❑ 使用 Kotlin 反射实现，对于需要大量数据复制的场景可能会带来性能上的压力。

❑ 不支持 JVM 以外的平台，这也是 Kotlin 反射自身的限制。

❑ 不支持在调用时自定义特定字段的值。如果我们希望在调用 deepCopy 函数时修改

某个字段，只能在调用之后单独修改。更糟糕的是，该字段还必须定义成可变的。

❑ 类型约束困难。我们将 deepCopy 函数设计为 DeepCopyable 接口的扩展函数，主要是为了避免污染不支持深复制的类的扩展函数列表。这样做有一个缺点，即无法对从外部引入的类型添加深复制的支持，例如像 Pair、Triple 这样广泛使用的数据类将无法获得深复制的能力。

当然，看到这些问题时，大家也不用过于沮丧。本书后面几章将会逐步介绍更多方法来实现深复制，届时这些问题都将得到妥善的解决。

3.5　案例：使用 dynamic 类型为 Kotlin JS 实现 DeepCopy

尽管 Kotlin 在 JS 平台上没有提供完整的反射能力，但是，这并不代表我们没有办法在 JS 平台上实现 DeepCopy。

3.5.1　案例背景

前面我们已经基于 Kotlin 反射实现了 Kotlin JVM 上的深复制，这个方案受限于 Kotlin 反射库的应用范围，不适用于 JVM 以外的平台。

不过，我们可以充分利用 dynamic 类型和 JavaScript 的特性来实现 Kotlin JS 上的深复制。

3.5.2　需求分析

由于没有反射库的帮助，因此数据类的构造函数的获取、component 的获取、新实例的构造等问题都需要我们自己想办法解决。

1. 数据类的构造函数

想要实现深复制，首先需要解决的就是构造函数的获取问题。我们可以通过分析 Kotlin JS 的编译产物来寻找解决办法。Kotlin JS 目前有 legacy 和 IR 两套后端编译器，二者的产物在细节上有一定差异，本书后面的分析将基于新的 IR 编译器展开。

以 Text 为例，在开发环境中，它的编译结果如代码清单 3-66 所示。

代码清单 3-66　Text 在 Kotlin JS 上的编译产物

```JavaScript
function Text(id, text, point) {
  this._id = id;
  this._text = text;
  this._point = point;
}
...
Text.prototype.component1_7eebsc_k$ = function () {
```

```
    return this.id_1;
};
Text.prototype.component2_7eebsb_k$ = function () {
    return this.text_1;
};
Text.prototype.component3_7eebsa_k$ = function () {
    return this.point_1;
};
...
```

不难看出，它对应的 JavaScript 产物其实就是一个函数 Text，而这个函数恰好是 Text 的构造函数。

想要找到这个函数并不难，Kotlin JS 标准库中有一个叫作 JsClass 的类，表示的正是 Kotlin 类编译之后生成的 JavaScript 类的构造函数，我们可以直接通过 KClass#js 获得 JsClass 的实例，如代码清单 3-67 所示。

代码清单 3-67　获取数据类的构造函数

```
val constructor = Text::class.js.asDynamic()
```

2. 构造函数的参数

有了构造函数，接下来就要考虑如何获取构造函数的参数，以便后续创建新实例时传入了。

不同于直接使用 Kotlin 反射库，我们现在不能直接获取构造函数的参数列表，尤其是参数名，因而不能直接对应到数据类的属性上。不过，构造函数的参数与 componentN 函数是一一对应的，因此我们完全可以直接遍历 componentN 函数来构造参数列表。

由于我们不知道具体有多少个参数，因此只能从 1 开始依次试探是否存在对应的 componentN 函数。

通过前面的编译产物也可以看出，componentN 函数实际上是存在于 prototype 上的，函数名后面增加了形如 _7eebsc_k$ 的后缀，函数名改编规则如代码清单 3-68 所示。

代码清单 3-68　componentN 函数名改编规则

```
"_${abs("component${i}".hashCode()).toString(36)}_k$"
```

其中 i 为 component 的序号。

> 说明　componentN 的函数名改编规则参见 Kotlin 编译器源代码 NameTables 文件中的 jsFunctionSignature 函数。

prototype 是构造函数的属性，因此，想要获取 componentN 函数，可以直接采用如代码清单 3-69 所示的写法。

代码清单 3-69 获取 componentN 函数

```
val constructor = this::class.js.asDynamic()
val component1 = constructor.prototype[
  "component1_${abs("component1".hashCode()).toString(36)}_k$"
]
```

需要注意的是，这里提到的函数名改编规则不是公开的，因此可能会随着 Kotlin 编译器版本的迭代而发生变化。目前，Kotlin JS 中 componentN 函数名改编规则主要存在如表 3-5 所示的几种情况。

表 3-5 Kotlin JS 中 componentN 函数名改编规则的几种情况

编译器和配置	版本	改编前	改编后
legacy	—	component1	component1
IR	< 1.6.20	component1	component1_0_k$
IR	>= 1.6.20	component1	component1_7eebsc_k$
JsExport		component1	component1

其中 legacy 为 Kotlin JS 的 legacy 编译器，IR 为 Kotlin JS 的 IR 编译器，JsExport 表示数据类通过 @JsExport 注解导出。

注意　如果 componentN 函数没有被显式地引用，那么在生产环境中编译时它会被 Kotlin JS 的 DCE 工具移除。为了规避这个问题，我们可以为需要用到深复制的数据类添加 @JsExport 来导出声明。

3. 对象的构造

这里需要一点 JavaScript 的知识。在 JavaScript 中，我们构造一个对象时会用到 new 操作符，如代码清单 3-70 所示。

代码清单 3-70 在 JavaScript 中构造对象

```
[JavaScript]
let text = new Text(...);
```

这种写法看上去与 Java 类似，不过 JavaScript 是采用原型链实现类型继承，代码清单 3-70 本质上与代码清单 3-71 是等价的。

代码清单 3-71 JavaScript 的 new 操作符的本质

```
[JavaScript]
let text = {};
text.__proto__ = Text.prototype;
Text.apply(text, ...);
```

因此，在 Kotlin 中，我们也可以按照这个步骤来使用 JavaScript 的构造函数创建对象。

4. 数据类的判断

由于 Kotlin JS 编译成 JavaScript 之后已经不再携带原始的类信息，因此我们无法在运行时判断一个类型是不是数据类。在本例中，我们只能为实现了 DeepCopyable 接口的任意类型提供深复制能力。

3.5.3 案例实现

基于前面的分析，我们给出完整的案例实现，如代码清单 3-72 所示。

代码清单 3-72 为 Kotlin JS 实现深复制

```kotlin
interface DeepCopyable

fun <T : DeepCopyable> T.deepCopy(): T {
  //获取构造函数
  val constructor = this::class.js.asDynamic()
  //遍历prototype对象获取componentN，以创建构造函数的参数列表
  val parameters = (1..Int.MAX_VALUE).asSequence().map {
    componentFunction(constructor.prototype, "component${it}")
  }.takeWhile {
    it !== undefined
  }.map {
    it.call(this).unsafeCast<Any>()
      .let {
        (it as? DeepCopyable)?.deepCopy() ?: it
      }
  }.toList().toTypedArray()

  //创建空白的js对象
  val newInstance = js("{}")
  //设置原型对象
  newInstance.__proto__ = constructor.prototype
  //调用构造函数完成对象的创建
  constructor.apply(newInstance, parameters)
  return newInstance as T
}

private fun componentFunction(
  prototype: dynamic, name: String
) = prototype[name] //legacy编译器和JsExport的情况
  //IR编译器版本≥1.6.20的情况
  ?: prototype["${name}_${abs(name.hashCode()).toString(36)}_k$"]
  //IR编译器版本< 1.6.20的情况
  ?: prototype["${name}_0_k$"]
```

deepCopy 函数的使用方法与 3.4 节基本一致，这里不再赘述。

3.5.4 案例小结

尽管 Kotlin JS 没有提供完善的反射支持，但我们可以充分利用 Kotlin 的 dynamic 类型

结合 JavaScript 的动态类型特性实现部分运行时的反射功能。

3.6 本章小结

本章详细介绍了 Java 和 Kotlin 反射的概念与特性，并在此基础上剖析了 Retrofit 的实现原理，实现了 DeepCopy 的反射版本。

反射是元编程技术中最容易理解和掌握的技术之一，在 JVM 程序中有非常广泛的应用。熟练掌握反射对于业务程序的设计尤其是基础框架的设计有非常大的帮助。

使用反射解决问题虽然会带来一些程序运行性能上的损耗，但可以让程序获得更多的灵活性和扩展性。如何取舍，就需要结合实际的应用场景综合考量了。

当然，现在很多框架的设计者都更倾向于使用编译时元编程的方案来达到相同或者相似的目的，本书将会在第 5 章和第 7 章进一步给出 DeepCopy 的编译时元编程实现。

第 4 章　Chapter 4

源代码生成

元编程就是以程序为数据的编程，最直接的例子就是让程序"写"程序。本章将结合案例介绍源代码生成的常见思路和方法。

4.1　直接输出目标代码

让程序"写"程序，并不像我们想象得那么复杂。

4.1.1　一个简单的例子

最简单的元程序其实就是直接输出目标代码的程序。例如编写一个程序生成一段打印"HelloWorld"的 Kotlin 代码，如代码清单 4-1 所示。

代码清单 4-1　最简单的代码生成示例

```kotlin
fun main(args: Array<String>) {
  //解析命令行参数
  val parser = ArgParser("MetaSample")
  //文件输出目录
  val outputDir by parser.option(
    ArgType.String, shortName = "o", description = "Output Directory"
  ).required()
  //文件名
  val fileName by parser.option(
    ArgType.String, shortName = "f", description = "Output FileName"
  ).required()
  parser.parse(args)

  val template = """
```

```
  package main

  fun main() {
    println("HelloWorld")
  }
""".trimIndent()

File(outputDir).mkdirs()
File(outputDir, fileName).writeText(template)
}
```

这里使用 Kotlin/kotlinx-cli（https://github.com/Kotlin/kotlinx-cli）来解析命令行参数，然后把内容输出到指定的文件。

这个例子非常简单，但它却符合元编程的定义，因此属于元编程的范畴。不过，真实场景下的元编程肯定不可能这么简单。

元编程要解决的就是重复的、模式化的程序处理问题。我们把这个例子的需求稍作修改，让它看起来更像一般意义上的元程序：生成一个打印指定内容的 Kotlin 程序，包名、函数名可以由参数指定。代码生成示例如代码清单 4-2 所示。

代码清单 4-2　支持更多定制功能的代码生成示例

```
fun main(args: Array<String>) {
  val parser = ArgParser("MetaSample")
  ...
  //解析包名、函数名以及需要打印的内容
  val packageName by parser.option(
    ArgType.String, shortName = "P", description = "Package Name"
  ).default("main")
  val functionName by parser.option(
    ArgType.String, shortName = "F", description = "Function Name"
  ).default("main")
  val content by parser.option(
    ArgType.String, shortName = "C", description = "Content"
  ).default("HelloWorld")
  parser.parse(args)

  //使用参数填充模板
  val template = """
    package $packageName

    fun ${functionName}() {
      println("$content")
    }
  """.trimIndent()
  ...
}
```

这个例子虽然很简单，但足以使我们了解代码生成的两个关键点：

❑ 获取待生成的代码的定制化信息。
❑ 根据模板输出程序文件。

4.1.2　标准库的代码生成

Kotlin 标准库当中有大量通过程序生成的代码，其包含的数值类型如代码清单 4-3 所示。

代码清单 4-3　　Kotlin 标准库当中的数值类型

```
//Auto-generated file. DO NOT EDIT!
package kotlin

public class Byte private constructor() : Number(), Comparable<Byte> {
  companion object {
    public const val MIN_VALUE: Byte = -128
    public const val MAX_VALUE: Byte = 127
    ...
  }
  public override operator fun compareTo(other: Byte): Int
  ...
}

public class Short private constructor() : Number(), Comparable<Short> {
  ...
}
...
```

这是 Kotlin 标准库当中有关数值类型的声明，限于篇幅，我们已经省略了所有的注释和部分成员的定义。除了包含前面列出来的 Byte、Short 以外，还包含 Int、Long、Double、Float 等类型。Kotlin 并没有实现这些类型的函数，因为它们在编译时会被编译器映射到对应平台的实际类型。这些类型的声明高度相似，非常适合编写程序直接生成，代码清单 4-3 的第一行注释也证实了这一点。

我们可以在 Kotlin 的官方源代码当中找到这段元程序，这段代码同样很长，我们只截取部分以说明问题，如代码清单 4-4 所示。

代码清单 4-4　生成数值类型声明的元程序

```
class GeneratePrimitives(out: PrintWriter) : BuiltInsSourceGenerator(out) {
  companion object {
    //每个数值类型都支持的运算符
    internal val binaryOperators: List<String> = listOf("plus", "minus", ...)
    ...
  }
  ...
  override fun generateBody() {
    //遍历基本类型当中的数值类型
    for (kind in PrimitiveType.onlyNumeric) {
```

```
//类名，例如Int
val className = kind.capitalized
//生成类文档注释
generateDoc(kind)
//输出类定义，为了方便阅读，省略父类和接口
out.println(
  //例如public class Int private constructor(): ... {
  "public class $className private constructor() : ... {"
)

//输出伴生对象，其中定义了该数值类型的最大值、最小值等常量
out.print("    companion object {")
if (kind == PrimitiveType.FLOAT || kind == PrimitiveType.DOUBLE) {
    val (minValue, maxValue, posInf, negInf, nan) = primitiveConstants(kind)
    out.println("""

public const val MIN_VALUE: $className = $minValue
public const val MAX_VALUE: $className = $maxValue
...

public const val NaN: $className = $nan""")
  }
    ...
  }
 }
 ...
}
```

Kotlin 官方在生成标准库中采用了直接拼接字符串输出的方式。这样做的坏处是元程序看上去会比较复杂；好处也很明显，运行效率高。

4.2 案例：为 Kotlin 添加 Tuple 类型

Tuple 类型通常用于在一个变量当中存储多个相同或不同类型的值，是一种非常方便的数据类型。然而，Kotlin 却没有提供对 Tuple 类型的原生支持。本节将通过源代码生成的方式为 Kotlin 添加 Tuple 类型。

4.2.1 案例背景

很多语言都支持 Tuple 类型。例如在 Swift 当中，Tuple 的使用方法如代码清单 4-5 所示。

代码清单 4-5　Swift 当中的 Tuple

```
[Swift]
let language = ("Kotlin", 2011)
print("Lang:", language.0) //输出Lang: Kotlin
print("Since:", language.1) //输出Since: 2011
```

在最初的版本当中，Kotlin 也曾短暂地对 Tuple 做过实验性的支持，如代码清单 4-6 所示。

代码清单 4-6 Kotlin M2 当中的 Tuple

```
val tuple = #(1, 2.0, "3")
```

我们创建了一个 Tuple 变量 tuple，它的类型是 #(Int, Double, String)。我们可以使用 _n 的形式来访问第 n 个成员，n 从 1 开始计数，如代码清单 4-7 所示。

代码清单 4-7 访问 Tuple 的成员

```
println(tuple._1) //1
println(tuple._2) //2.0
```

我们还可以输出 Tuple 的类型名，如代码清单 4-8 所示。

代码清单 4-8 输出 Tuple 的类型名

```
println(tuple.javaClass) //jet.Tuple3
```

Tuple3 是有三个元素的 Tuple 类型，Tuple3<(Int, Double, String> 与 #(Int, Double, String) 是等价的。Tuple3 定义在当时的 Kotlin 标准库中，它的源代码实现如代码清单 4-9 所示。

代码清单 4-9 Tuple3 的源代码实现

```
[Java]
public class Tuple3<T1, T2, T3> extends Tuple {
  public final T1 _1;
  public final T2 _2;
  public final T3 _3;

  public Tuple3(T1 t1, T2 t2, T3 t3) {
    _1 = t1;
    _2 = t2;
    _3 = t3;
  }
  public final T1 get_1() { return _1; }
  public final T2 get_2() { return _2; }
  public final T3 get_3() { return _3; }

  public int size() { return 3; }
  ... // 省略 equals、hashCode、forEach、toString
}
```

不难想到，对于其他元素个数的 Tuple 类型，Kotlin 都给出了相似的定义。当时的 Kotlin 最多支持了 22 个元素大小的 Tuple，这些代码显然都需要通过程序来生成。

> 📊 说明 如果读者想要体验 Kotlin 早期版本的 Tuple 特性, 就需要安装 JDK 6、IntelliJ IDEA 11.1 (117.1056) 和 M2 版本的 Kotlin 插件 (0.1.2580)。读者也可以直接观看我发布在 B 站的视频来了解该特性, 地址为 https://www.bilibili.com/video/BV1pB4y1m7yo/。

4.2.2 需求分析

尽管我们没有办法实现 #(...) 这样的语法来构造 Tuple 的实例, 但我们可以定义形如代码清单 4-10 所示的类型来对 Tuple 提供支持。

代码清单 4-10 自定义 Tuple 的类型

```
data class Tuple2<T1, T2>(val _1: T1, val _2: T2)
fun <T1, T2> tupleOf(_1: T1, _2: T2) = Tuple2(_1, _2)
fun <T> Tuple2<T, T>.toList() = listOf(_1, _2)
fun <T1, T2> Tuple2<T1, T2>.toMutableTuple() = mutableTupleOf(_1, _2)
fun <T1, T2> Tuple2<T1, T2>.size() = 2
infix fun <T, T1, T2> Tuple2<T1, T2>.U(t: T) = Tuple3(_1, _2, t)

data class MutableTuple2<T1, T2>(var _1: T1, var _2: T2)
fun <T1, T2> mutableTupleOf(_1: T1, _2: T2) = MutableTuple2(_1, _2)
fun <T> MutableTuple2<T, T>.toList() = listOf(_1, _2)
fun <T1, T2> MutableTuple2<T1, T2>.toTuple() = tupleOf(_1, _2)
fun <T1, T2> MutableTuple2<T1, T2>.size() = 2
infix fun <T, T1, T2> MutableTuple2<T1, T2>.V(t: T) = MutableTuple3(_1, _2, t)
... // 省略更多元素的类型
```

❑ Tuple 的类型定义为数据类, 这样我们就能很好地利用数据类的特性来实现 Tuple 的数值特性。

❑ 添加 tupleOf 函数来构造对应参数个数的 Tuple 类型, 这个形式也与 Kotlin 现有的集合框架的风格一致。

❑ 支持将 Tuple 转换为 List, 方便在需要的时候遍历 Tuple 的元素。

❑ 支持可变和不可变两个版本的 Tuple 类型, 并支持二者互相转换。

❑ 支持通过 U 函数和 V 函数分别快速构造不可变和可变的 Tuple 对象。

❑ Tuple 的元素从 1 开始计数, 与 M2 版本当中的 Tuple 设计保持一致。

自定义 Tuple 类型的使用示例如代码清单 4-11 所示。

代码清单 4-11 自定义 Tuple 类型的使用示例

```
val tuple3 = 1 U 2 U 3
println(tuple3._1) //1

val tuple2 = tupleOf(1, "2")
println(tuple2._2) //2
```

```
val mutableTuple2 = 1 V 2
println(mutableTuple2) //MutableTuple2(_1=1, _2=2)
```

4.2.3　案例实现

首先我们要定义一个 Tuple 的描述类型，如代码清单 4-12 所示。对于一个 Tuple 类型而言，有两个属性比较关键：是否可变和元素个数。

代码清单 4-12　定义 Tuple 的描述类型

```
data class TupleInfo(
    val isMutable: Boolean,
    val size: Int
) {
    //使用V函数创建MutableTuple，使用U函数创建Tuple
    val op = if (isMutable) "V" else "U"
    //类名、函数名前缀
    val prefix = if (isMutable) "MutableTuple" else "Tuple"
    //例如，元素大小为10时，类名为Tuple10
    val name = prefix + size
    //函数名为tupleOf或者mutableTupleOf
    val builderName = prefix.replaceFirstChar { it.lowercase() } + "Of"

    //辅助函数，用于方便构建形如T1、T2、T3这样的字符串
    private fun enumerate(transform: ((Int) -> CharSequence)): String {
      return (1 .. size).joinToString(transform = transform)
    }

    fun render(): String {
      ...
    }
}
```

TupleInfo 提供了代码生成所需要的信息，接下来我们给出 render 函数的具体实现，如代码清单 4-13 所示。

代码清单 4-13　render 函数的具体实现

```
fun render(): String {
  //用于构造toMutableTuple和toTuple函数
  val invert = this.copy(isMutable = !isMutable)

  //T1, T2, ...
  val Tn = enumerate { "T$it" }
  //val _1: T1, val _2: T2, ...
  val val_n_type = enumerate { "${if(isMutable) "var" else "val"} _$it: T$it" }
  //_1: T1, _2: T2, ...
  val _n_type = enumerate { "_$it: T$it" }
  //_1, _2, ...
  val _n = enumerate { "_$it" }
```

```
//T, T, ...
val T = enumerate { "T" }

return """
    data class $name<$Tn>($val_n_type)
    fun <$Tn> $builderName($_n_type) = $name($_n)
    fun <T> $name<$T>.toList() = listOf($_n)
    fun <$Tn> $name<$Tn>.to${invert.prefix}() = ${invert.builderName}($_n)
    fun <$Tn> $name<$Tn>.size() = $size
    ${if (size < TUPLE_MAX_SIZE)
    "infix fun <T, $Tn> $name<$Tn>.$op(t: T) = $prefix${size + 1}($_n, t)"
    else ""}
    """.trimIndent()
}
```

　　我们先将 this 的可变性取反以创建 invert 变量，这样做主要是为了方便生成 toTuple 和 toMutableTuple。之后使用 enumerate 函数拼接出一些变量，如 Tn、_n_type 等，这些变量的命名不符合 Kotlin 的规范，但能反映它的实际含义，请读者结合注释来了解这些变量的值。

　　最后，我们返回了一个使用前面的变量拼接好的字符串，这个字符串其实就是一个模板，渲染这个模板的引擎就是 Kotlin 编译器。

　　接下来，我们给出元程序入口，如代码清单 4-14 所示。

代码清单 4-14　生成自定义 Tuple 类型的元程序入口

```
fun main() {
  //指定生成的Tuple输出文件
  val file = File(OUTPUT_PATH)
  file.parentFile.mkdirs()
  file.writer().use { writer ->
    with(writer) {
      //appendLine会在后面追加换行
      //包名
      appendLine("package com.bennyhuo.kotlin.tuples")
      appendLine()

      //使用任意类型的对象构造Tuple，例如1 U 2, "Hello" V "World"
      appendLine("infix fun <R, T> R.U(other: T) = tupleOf(this, other)")
      appendLine("infix fun <R, T> R.V(other: T) = mutableTupleOf(this, other)")

      //构造Tuple和MutableTuple类型及函数
      (1..TUPLE_MAX_SIZE).forEach {
        appendLine(TupleInfo(false, it).render())
        appendLine(TupleInfo(true, it).render())
      }
    }
  }
}
```

至此，我们已经使用最原始的直接输出目标代码的方法完成了几个案例，初步体会到了代码生成的乐趣。

 说明　本例已经作为独立项目开源，更多信息请参见 https://github.com/bennyhuo/KotlinTuples。

4.3　使用模板引擎生成目标代码

通过拼接 Kotlin 字符串构造目标代码的方式在应对简单场景时非常方便且高效，但在应对较复杂的场景时会使得元程序与目标代码严重耦合，导致元程序的理解成本和维护成本明显上升。相比之下，使用模板引擎生成目标代码有着更好的可维护性和可扩展性。

本节我们以 Anko 为例，介绍如何基于模板引擎实现代码生成。

4.3.1　Anko 中的代码生成

在 Kotlin 的发展史当中，Anko 绝对配得上拥有姓名。尽管 Anko 现在已经被废弃，但它的代码生成思路还是值得我们了解的。

Anko 框架提供了非常多基于 Android 组件的扩展。为了更好地兼容 Android 不同版本的 API，Anko 还为不同版本的 Android SDK 提供了专门的扩展，如图 4-1 所示。

> 📁 sdk15 [anko-sdk15]
> 📁 sdk15-coroutines [anko-sdk15-coroutines]
> 📁 sdk15-listeners [anko-sdk15-listeners]
> 📁 sdk19 [anko-sdk19]
> 📁 sdk19-coroutines [anko-sdk19-coroutines]
> 📁 sdk19-listeners [anko-sdk19-listeners]
> 📁 sdk21 [anko-sdk21]
> 📁 sdk21-coroutines [anko-sdk21-coroutines]
> 📁 sdk21-listeners [anko-sdk21-listeners]
> 📁 sdk23 [anko-sdk23]
> 📁 sdk23-coroutines [anko-sdk23-coroutines]
> 📁 sdk23-listeners [anko-sdk23-listeners]

图 4-1　Anko Layout 的多个 Android SDK 的兼容版本

Anko Layout 是 Anko 最为重要的组件，它的源代码中存在大量的重复代码，而这些重复代码就是通过模板生成的。由于不同版本的 Android SDK 代码之间的差异实际上并不大，因此维护模板比直接维护这些代码要容易得多。

实际上，即便是同一个版本内部也存在大量相同模式的代码。最典型的例子就是 Anko 对几乎所有的 View 和 ViewGroup 的子类添加了相同的扩展支持，因此我们可以使用 Anko Layout 提供的 DSL 创建视图，如代码清单 4-15 所示。

代码清单 4-15　使用 Anko Layout 的 DSL 创建视图

```
//创建一个FrameLayout
frameLayout {
    //添加一个TextView，展示文字Hello World
    //TextView的宽、高均为wrap_content
    text("Hello World").lparams(WRAP_CONTENT, WRAP_CONTENT)
}
```

以 FrameLayout 为例，我们看看 Anko 是如何做到这一点的。

首先，Anko 为 Activity、Context、ViewManager 等类型添加了 frameLayout 扩展函数以创建 FrameLayout 实例（实际上返回的是下文将要提到的 _FrameLayout 的实例），这里以 Context 为例进行介绍，如代码清单 4-16 所示。

代码清单 4-16　Context 的 frameLayout 扩展函数

```
inline fun Context.frameLayout(): FrameLayout = frameLayout() {}
inline fun Context.frameLayout(
    init: (@AnkoViewDslMarker _FrameLayout).() -> Unit
): android.widget.FrameLayout { ... }
```

接下来定义 _FrameLayout，它定义了多个版本的 lparams 函数，该函数可供 _FrameLayout 的子视图使用，如代码清单 4-17 所示。

代码清单 4-17　_FrameLayout 的定义

```
open class _FrameLayout(ctx: Context): FrameLayout(ctx) {
    inline fun <T: View> T.lparams(
        c: Context?,
        attrs: AttributeSet?,
        init: FrameLayout.LayoutParams.() -> Unit
    ): T { ... }

    inline fun <T: View> T.lparams(
        c: Context?,
        attrs: AttributeSet?
    ): T { ... }
    ... //lparams一共有12个重载版本
}
```

类似地，RelativeLayout、LinearLayout 等组件也都有相应的扩展实现。不难想到，如果使用字符串拼接的方式直接进行 Anko 的代码生成，那将是一项多么复杂的工作。

延伸　Anko 这个名字可能源自 Android 和 Kotlin 二者的前两个字母。为什么不叫"Koan"呢？这可能是因为 Koan（即公案，从日语引进到英语当中，读音对应为こうあん）这个词已经被用于指代 Kotlin 官方提供的一系列入门练习了。

4.3.2 使用模板引擎渲染目标代码

为了生成如此规模庞大的代码，同时兼顾可维护性和可扩展性，Anko 用到了 Twig 模板引擎。其中生成 _FrameLayout 类型的 Twig 模板如代码清单 4-18 所示。

代码清单 4-18 生成 _FrameLayout 类型的 Twig 模板

```
[Twig]
open class {{ layoutName }}({{ layoutConstructorArgs }})
  : {{ imported(baseClassName) }}({{ baseClassConstructorArgs }}) {
{% for fun in lparamsFunctions %}
  inline fun <T: {{ imported("android.view.View") }}> T.lparams(
    {% for param in fun.params %}{{ param }},
    {% endfor %}init: {{ imported(fun.layoutParamsClass) }}.() -> Unit
  ): T {
    ...
  }

  inline fun <T: {{ imported("android.view.View") }}> T.lparams(
    {% for param in fun.params %}{{ param }}{% if (loop.last == false) %},
    {% endif %}{% endfor %}
  ): T {
    ...
  }
{% endfor %}
}
```

使用 Twig 模板进行渲染时，我们需要传入 layoutName、layoutConstructorArgs 等参数。以 _FrameLayout 为例，layoutName 就是 _FrameLayout，而 layoutConstructorArgs 就是 ctx: Context。注意这个模板当中还有一处循环，这正对应于 lparams 函数的不同版本，而具体有多少个版本，由 lparamsFunctions 决定。

要获取渲染模板所需的参数信息需要依赖于对 Android SDK 的解析。Anko 是通过 ASM 库直接加载 Android SDK 的 jar 文件（通常就是 $ANDROID_HOME/platforms/android-[Android 系统版本号]/android.jar，$ANDROID_HOME 是 Android SDK 的根目录），解析其中相关的 class 来获取需要的信息的，如图 4-2 所示。

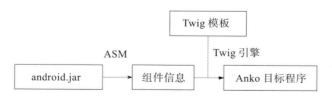

图 4-2 Anko 的代码生成流程

由于使用 ASM 解析 JVM 字节码不是本书关注的重点，因此这里就不对相关细节展开分析了。尽管如此，为了方便读者了解其中的核心逻辑，我将 Anko 的代码解析器单独拆分出来，并命名为 anko-asm-parser，有兴趣的读者可以参考 https://github.com/bennyhuo/anko-legacy。

4.4 案例：为 Java 静态方法生成 Kotlin 扩展函数（模板引擎）

使用模板引擎生成源代码是一种非常常见的元编程技术。本节我们将参照 Anko 的思路基于 Java 静态方法生成 Kotlin 扩展函数。

4.4.1 案例背景

在使用 Java 开发时，开发者通常会定义大量的工具方法，这些方法中很多是对 JDK 的原有类的一些扩展，如代码清单 4-19 所示。

代码清单 4-19　StringUtils

```Java
[Java]
public class StringUtils {
  public static String join(List<String> strings, String separator) {
    ...
  }

  @Nullable
  public static String toStringOrNull(@Nullable Object $receiver) {
    return $receiver == null ? null : $receiver.toString();
  }
}
```

在 Kotlin 当中，如果我们想要使用这样的扩展，默认情况下也需要像 Java 那样按照静态方法的方式去调用，如代码清单 4-20 所示。

代码清单 4-20　StringUtils 的使用示例

```
val list = listOf("Java", "Kotlin", "C++", "Python")
println(StringUtils.join(list, ","))
```

现在已知我们项目当中存在大量类似且已经发布的 Java 静态方法，为了方便迁移到 Kotlin，我们需要生成 Kotlin 风格的扩展函数。

4.4.2 需求分析

想要基于 Java 静态方法生成对应的 Kotlin 扩展函数，需要解决两个问题，分别是模板的定义和信息的获取。

1. 模板的定义

对于已经发布的代码，我们必然可以获取到它的 class 文件。解析这些 class 文件，遍历其中的静态方法，把静态方法的第一个参数作为 receiver，就可以生成 Kotlin 扩展函数了。

以 StringUtils#join(List<String>, String) 为例，生成的扩展函数如代码清单 4-21 所示。

代码清单 4-21　基于 StringUtils 生成 Kotlin 扩展函数

```
fun List<String>.join(separator: String) = StringUtils.join(this, separator)
```

我们把它抽象成 Twig 模板，如代码清单 4-22 所示。

代码清单 4-22　用于生成扩展函数的模板

```
[Twig]
fun {{ reciverType }}.{{ functionName }}({{ args }})
  = {{ className }}.{{ functionName }}(this, {{ argNames }})
```

考虑到一个工具类中会有多个静态方法，我们需要对每一个工具类都生成多个函数，因此完整的模板如代码清单 4-23 所示。

代码清单 4-23　支持多个扩展函数的完整模板

```
[Twig]
package {{ packageName }}

{% for fun in functions %}
fun {{ fun.receiverType }}.{{ fun.functionName }}({{ fun.args }})
  = {{ className }}.{{ fun.functionName }}(this, {{ fun.argNames }})
{% endfor %}
```

2. 信息的获取

接下来我们考虑如何获取用于渲染模板的参数信息。

参照 Anko 的做法，使用 ASM 框架可以读到 join 方法的 name、desc、signature 等信息，如下所示。

❑ name: join。

❑ desc: (Ljava/util/List;Ljava/lang/String;)Ljava/lang/String。

❑ signature: (Ljava/util/List<Ljava/lang/String;>;Ljava/lang/String;)Ljava/lang/String。

通过解析 desc，我们可以获得 join 方法在运行时的形式，这个思路只适用于非泛型方法。signature 字段只在泛型方法中存在，可以对泛型方法的类型进行还原。因此需要通过对 signature 的解析来获取类似于 join 这种方法的参数和返回值类型。

我们可以使用之前拆分出来的 anko-asm-parser 来完成解析工作并获取到上述信息。不过，如果想要实现比较理想的效果，那么还有两个问题需要解决。

第一个问题就是 Java 类型到 Kotlin 类型的映射关系问题。例如：

❑ java.util.List -> kotlin.collections.List

❑ java.lang.String -> kotlin.String

这些需要映射的类型基本上都是 Kotlin 标准库当中的类型，而 Android SDK 的 API 基本不涉及这些类型，因此 Anko 在解析类信息时并未专门处理类型映射。好在这个逻辑并不复杂，我们可以自己轻松实现。

第二个问题是空类型安全的问题。Anko 在解析类信息时没有直接对字节码当中的空类型安全信息进行处理，因此我们需要自己通过解析类型的注解来更好地将 Java 类型映射成 Kotlin 类型。当类型被 @NotNull 标注时，表示不可为空；当类型被 @Nullable 标注时，则表示可以为空。

> 说明　Anko 需要处理的是 Android SDK 当中的 class 文件。在当时，Android SDK 的 class 文件内部没有对类型添加相应的注解来提供空类型安全的支持，因此 Anko 的解析器采用了通过导入外部配置信息的方式来获取 API 的类型空安全信息。

针对这两个问题，anko-asm-parser 中均提供了专门的解决方案，有兴趣的读者可以直接阅读源代码来了解更多细节。

4.4.3　案例实现

我们将仿照 Anko 的思路来实现本例。在开始之前，我们需要先引入两个依赖：用于解析类的 anko-asm-parser 和模板引擎 jtwig，如代码清单 4-24 所示。

代码清单 4-24　添加 anko-asm-parser 和 jtwig 依赖

```
//anko-asm-parser依赖
implementation("com.bennyhuo.kotlin:anko-asm-parser:0.1")
//jtwig依赖
implementation("org.jtwig:jtwig-core:5.65")
```

接下来我们给出渲染模板需要的数据结构，如代码清单 4-25 所示。

代码清单 4-25　渲染模板需要的数据结构

```
data class FunctionInfo(
    //静态方法的第一个参数的类型为receiver类型
    val receiverType: String,
    //扩展函数名
    val functionName: String,
    //参数列表，包含类型
    val args: String,
    //参数名列表，用于调用Utils的静态方法
    val argNames: String
)

data class ClassInfo(
    //Utils类型的包名，生成的扩展包名与此保持一致
    val packageName: String,
    //Utils类型的类名
```

```
  val className: String,
  //需要生成的扩展函数
  val functions: List<FunctionInfo>
)
```

对于每一个 Utils 类，我们都将构造一个 ClassInfo 对象用于渲染前面提到的模板。接下来我们使用 anko-asm-parser 来获取这些信息，并完成模板的渲染，如代码清单 4-26 所示。

代码清单 4-26　完整的解析和渲染实现

```
//模板对象，可以复用以多次渲染
val template = JtwigTemplate.classpathTemplate("template/extensions.twig")

ClassProcessor(
  //Artifact可以包含多个jar
  Artifact("utils", listOf(File("data/utils.jar")))
).genClassTree().forEach { classNode : ClassNode ->
  //ClassNode是ASM Tree API当中类的表示
  classNode.methods?.filter {
    //只保留静态非合成的方法
    it.isStatic && !it.isSynthetic
  }?.map {
    //在toKMethod中解析it对应的方法的desc/signature以还原参数和返回值类型
    MethodNodeWithClass(classNode, it).toKMethod()
  }?.filter {
    //由于需要receiver，因此至少需要一个参数
    it.parameters.isNotEmpty()
  }?.map { kMethod: KMethod ->
    //第一个参数作为receiver，其余参数作为新生成的函数的参数
    val parameters =
      kMethod.parameters.takeLast(kMethod.parameters.size - 1)

    FunctionInfo(
      kMethod.parameters.first().type.toString(),
      kMethod.name,
      parameters.joinToString { "${it.name}: ${it.type}" },
      parameters.joinToString { it.name },
    )
  }?.let { functions: List<FunctionInfo> ->
    //构造模板参数
    val classInfo = ClassInfo(
      classNode.packageName,
      classNode.simpleName,
      functions
    )

    //渲染模板
    template.render(
      //asMap的作用就是将ClassInfo的字段和值转成Map
```

```
      JtwigModel.newModel(classInfo.asMap()),
      FileOutputStream(
        GENERATE_PATH +
          "/${classNode.packageName.replace('.', '/')}" +
          "/${classNode.simpleName}.kt"
      )
    )
  }
}
```

整个过程正如我们前面分析的那样，先通过解析 utils.jar 当中的 class 文件，获得 Utils 类型的静态方法信息，再构造 ClassInfo 对象以渲染模板。

基于 StringUtils 生成的扩展函数如代码清单 4-27 所示。

代码清单 4-27　生成的 StringUtils.kt 扩展函数

```
package com.bennyhuo.kotlin.utils

fun kotlin.collections.List<kotlin.String>.join(separator: kotlin.String)
  = StringUtils.join(this, separator)

fun kotlin.Any?.toStringOrNull()
  = StringUtils.toStringOrNull(this, )
```

不难发现，原来的 Object 已经被替换为 Any，java.lang.String 也被替换为 kotlin. String；泛型类型被正确还原，例如 List<String>；标识空类型的注解也被正确解析出来，例如 Any?。

当然，不足之处也是有的，如果原静态方法只有一个参数，那么调用原方法时参数列表会有一个多余的逗号，这个逗号通常被称为"尾随逗号"。此外，所有的类都没有导包，这很容易理解，因为我们没有对此做专门处理。

我们再给出一个 DateUtils 的例子，如代码清单 4-28 所示。

代码清单 4-28　DateUtils 的示例

```
[Java]
public class DateUtils {
  public static Calendar toCalendar(Date $receiver) {
    Calendar cal = Calendar.getInstance();
    cal.setTime($receiver);
    return cal;
  }

  public static String format(Date date, String format) {
    return new SimpleDateFormat(format).format(date);
  }
}
```

将其打包进 utils.jar 之后重新运行代码清单 4-26，结果如代码清单 4-29 所示。

代码清单 4-29　生成的 DateUtils.kt 文件

```
package com.bennyhuo.kotlin.utils

fun java.util.Date.toCalendar()
  = DateUtils.toCalendar(this, )

fun java.util.Date.format(format: kotlin.String)
  = DateUtils.format(this, format)
```

可见，为 DateUtils 生成的扩展函数同样符合预期，但也存在尾随逗号和导包的问题。

 提示　Kotlin 从 1.4 版本开始支持尾随逗号，因此本节生成的代码只能在 Kotlin 1.4 及更高的版本上运行。

4.4.4　代码优化

接下来我们稍微对前面的实现做一些优化，以解决前面遇到的两个小问题。

1. 去掉尾随逗号

去掉尾随逗号比较容易，我们只需要把模板调整一下，如代码清单 4-30 所示。

代码清单 4-30　用于去掉尾随逗号的模板

```
[Twig]
package {{ packageName }}

{% for fun in functions %}
fun {{ fun.receiverType }}.{{ fun.functionName }}({{ fun.args }})
  = {{ className }}.{{ fun.functionName }}(this{{ fun.argNames }})
{% endfor %}
```

注意在 (this{{ fun.argNames }}) 中，this 后面的逗号被直接去掉了。如果参数不为空，那么由参数来补齐逗号。

构造 FunctionInfo 的代码也需要做出相应调整，如代码清单 4-31 所示。

代码清单 4-31　调整模板参数以支持去掉尾随逗号

```
FunctionInfo(
    ...
    //注意，分隔符默认认为",",现在改为空字符串
    //参数列表的逗号在lambda当中拼接，以确保每一个参数前面都有逗号
    parameters.joinToString(separator = "") { ", ${it.name}" },
)
```

这样生成的代码就不会再有尾随逗号了，最终效果如代码清单 4-32 所示。

代码清单 4-32 去掉尾随逗号之后生成的 StringUtils.kt 文件

```
package com.bennyhuo.kotlin.utils

fun kotlin.collections.List<kotlin.String>.join(separator: kotlin.String)
  = StringUtils.join(this, separator)

fun kotlin.Any?.toStringOrNull()
  = StringUtils.toStringOrNull(this)
```

2. 实现导包

Anko 的代码生成逻辑提供了对导包的支持：使用 Twig 的自定义函数在模板当中标记需要导包的类型，并在生成的文件当中插入需要导入的包。

首先，我们按照 Anko 的思路调整一下我们的模板，如代码清单 4-33 所示。

代码清单 4-33 用于支持导包的模板

```
[Twig]
{% for fun in functions %}
fun {{ imported(fun.receiverType) }}.{{ fun.functionName }}({{ fun.args }})
  = {{ className }}.{{ fun.functionName }}(this{{ fun.argNames }})
{% endfor %}
```

我们对模板做了两处修改：一处是去掉了包名，这意味着这个模板只用来渲染扩展方法本身；另一处是将 fun.receiverType 改成了 imported(fun.receiverType)，这个 imported 就是 Twig 的自定义函数。

然后，我们需要实现 imported 模板函数，如代码清单 4-34 所示。

代码清单 4-34 实现 imported 模板函数

```
//Anko代码生成器当中用来处理导包的类
val importList = ImportList()

//创建配置对象，用来添加对imported函数的支持
val configuration = EnvironmentConfigurationBuilder.configuration()
//添加自定义函数
configuration.functions().add(object : SimpleJtwigFunction() {
  //函数名，具体体现在模板当中
  override fun name() = "imported"

  //函数体，返回值用于渲染
  override fun execute(request: FunctionRequest): Any {
    //只能有一个参数
    request.minimumNumberOfArguments(1).maximumNumberOfArguments(1)
    //以imported(fun.receiverType)为例，request.arguments[0]就是fun. receiverType的值
    //importList[...]传入全限定类名，生成需要导入的类名并返回去掉包名之后的类名用于渲染
    //例如importList["com.bennyhuo.StringUtils"]返回StringUtils
    return importList[request.arguments[0].toString()]
```

```
    }
  })
  //将配置对象传给模板引擎
  val template = JtwigTemplate.classpathTemplate("...", configuration.build())
```

通过添加对模板函数 imported 的支持，fun.receiverType 的类就可以被添加到 importList 当中，用于后面生成导包语句了。

当然，我们也可以直接在传参给模板之前就把导包信息添加到 importList 当中。实际上扩展函数的参数类型就是这样处理的，如代码清单 4-35 所示。

代码清单 4-35　处理扩展函数的参数类型的导包

```
FunctionInfo(
  ...
  //注意类型
  parameters.joinToString { "${it.name}: ${importList[it.type]}" },
  ...
)
```

最后，我们将包名、导包语句和生成的扩展函数拼接起来输出到文件当中，如代码清单 4-36 所示。

代码清单 4-36　在渲染模板中写入导包语句

```
//渲染模板
val extensions = template.render(JtwigModel.newModel(classInfo.asMap()))
FileOutputStream(
  GENERATE_PATH +
    "/${classNode.packageName.replace('.', '/')}" +
    "/${classNode.simpleName}.kt").bufferedWriter().use {
  it.write("package ${classNode.packageName}\n\n")
  it.write(importList.toString())
  it.write(extensions)
}
//importList是多个文件共用的，因此需要清空
importList.clear()
```

运行程序，结果如代码清单 4-37 所示。

代码清单 4-37　实现导包之后生成的 StringUtils.kt 文件

```
package com.bennyhuo.kotlin.utils

import kotlin.String
import kotlin.collections.List
import kotlin.Any

fun List<kotlin.String>.join(separator: String)
  = StringUtils.join(this, separator)
```

```
fun Any?.toStringOrNull()
  = StringUtils.toStringOrNull(this)
```

可以看到自动导包顺利实现了。

不过问题没有完全得到解决，List<kotlin.String> 的泛型参数为什么没有被导包？这是因为模板的自定义函数 imported 在被调用时，添加到 importList 当中的是一个类名 kotlin.collections.List<kotlin.String>，如果想要支持泛型参数的导入，我们还需要对这个类名做解析，情况会变得更加复杂。

不管怎么样，如果我们需要，只需要再多做一些解析的工作，总能把问题解决。

4.5 使用代码生成框架生成目标代码

我们现在已经尝试过直接用程序输出目标代码、使用模板引擎生成目标代码两种方式。

直接输出代码的方式在大多数场景下开发效率较低。使用模板引擎生成代码的方式虽然在开发效率上有所提升，但也受限于模板本身，灵活性不高，想要扩展样式就要增加模板；同时，模板本身是中立的，缺乏对生成的目标代码的针对性支持，需要我们额外对目标代码进行优化。

本节将简单介绍业界应用非常广泛的代码生成框架——JavaPoet 和 KotlinPoet。

4.5.1 JavaPoet

JavaPoet 是用于生成 Java 代码的框架，框架本身也是使用 Java 编写实现的。由于一些历史原因，Kotlin 开发者经常会遇到生成 Java 代码的需求场景，因此了解 JavaPoet 有着非常重要的意义。

1. 基本用法

使用 JavaPoet 生成 Java 的过程就像我们在编写 Java 代码一样直接。

我们先用一个最简单的例子来演示如何使用 JavaPoet 生成代码，预期生成的目标代码如代码清单 4-38 所示。

代码清单 4-38　预期生成的 HelloWorld.java 文件

```Java
//This is generated by JavaPoet.
package com.bennyhuo.java.helloworld;

public class HelloWorld {
  public static void main(String[] args) {
    System.out.println("Hello, World");
  }
}
```

这段代码虽然简短，但包含了一段注释，一个公开的类 HelloWorld，一个公开的静态方法 main（这个方法还有 String[] 类型的参数 args），以及方法体。

按照这个思路，我们分步骤给出 JavaPoet 的代码。

首先定义源代码文件，如代码清单 4-39 所示。

代码清单 4-39　定义源代码文件 JavaFile

```
//HelloWorld类的定义
val helloWorldType: TypeSpec = ...

JavaFile.builder("com.bennyhuo.java.helloworld", helloWorldType)
    //为生成的文件添加注释
    .addFileComment("This is generated by JavaPoet.")
    //处理自动导包时，要忽略java.lang包下类的导入
    .skipJavaLangImports(true)
    .build()
    //写入data目录下
    .writeTo(File("data"))
```

使用 JavaFile#builder(String, TypeSpec) 函数来构造一个 JavaFile.Builder 对象，并对即将创建的 JavaFile 进行配置。

这里稍微提一下 skipJavaLangImports，如果传入 true，则 JavaPoet 不会导入 java.lang 包下面的类型，例如 java.lang.String。

我们接着给出 HelloWorld 类的详细定义，如代码清单 4-40 所示。

代码清单 4-40　创建 HelloWorld 类对应的 TypeSpec

```
//main方法的定义
val mainMethod: MethodSpec = ...

//HelloWorld类的定义
val helloWorldType: TypeSpec = TypeSpec.classBuilder("HelloWorld")
    //添加public
    .addModifiers(Modifier.PUBLIC)
    //添加main方法
    .addMethod(mainMethod).build()
```

我们可以为类添加多个方法，也可以添加字段（即 Field）。类、方法、字段的修饰符都可以通过相应的 addModifiers 来添加。

最后，我们给出 main 方法的定义，如代码清单 4-41 所示。

代码清单 4-41　创建 main 方法对应的 MethodSpec

```
//main方法的定义
val mainMethod: MethodSpec = MethodSpec.methodBuilder("main")
    //添加public static
    .addModifiers(Modifier.STATIC, Modifier.PUBLIC)
    //添加参数
```

```
.addParameter(
  //参数的定义
  ParameterSpec.builder(
    //参数的类型为String[]，在Kotlin当中对应于Array<String>
    Array<String>::class.java, "args"
  ).build()
)
//返回void
.returns(TypeName.VOID)
//方法体，$T是JavaPoet的类型格式化符，对应于后面的System::class.java
.addStatement("\$T.out.println(\"Hello, World\")", System::class.java)
.build()
```

这段代码有几个需要注意的关键点：

❏ 构造参数和返回值时都需要使用到目标代码的类型，即 String[] 和 void，这是非常常见的需求，也是代码生成逻辑中最复杂的部分。

❏ 生成代码时要注意代码当中类型的使用，示例中使用 $T 来占位，而不是直接将 System 写入字符串，这是因为 System 是个类型，可能存在导包的问题。当然这个例子比较特殊，System 是 java.lang 包内的类，会被 Java 默认导入。

将这些代码片段整合起来运行，我们就可以得到如代码清单 4-38 所示的结果。

截至目前，我们已经使用 JavaPoet 完成了一个代码生成的示例。接下来我们对 JavaPoet 的一些关键细节进行展开讨论。

2. 目标代码的描述

只要描述清楚目标代码包含的内容，就可以生成目标代码。JavaPoet 针对 Java 的不同语法结构提供了不同的描述类型，列举如下。

❏ JavaFile：Java 源文件，只能包含一个顶级类。

❏ TypeSpec：Java 类，即对类、接口、枚举、注解、匿名内部类的定义。

❏ FieldSpec：字段，包括静态字段和非静态字段。

❏ MethodSpec：方法，包括静态方法和非静态方法。

❏ AnnotationSpec：注解，即使用注解标注特定声明。

❏ ParameterSpec：参数。

熟悉 Java 语法的开发者应当不会对这些类型的含义感到陌生。一般情况下我们也不需要刻意去记忆这些描述类型的详细功能，在使用时基于它们的 Builder 类型按需创建即可。

3. 类型名

在使用 JavaPoet 生成代码时，我们需要经常描述类型，例如变量的类型、方法的参数类型、返回值类型等。类型又分为类类型、数组类型、泛型类型、类型变量、通配类型。JavaPoet 定义了 TypeName 来描述这些类型的名称，它有五个子类。

❏ ClassName：类类型名，例如 java.lang.String。

- ❑ ArrayTypeName：数组类型名，例如 java.lang.String[]。
- ❑ ParameterizedTypeName：泛型类型名，例如 java.util.List<java.lang.String>。
- ❑ TypeVariableName：类型变量名，例如 java.util.List<T> 当中的 T。
- ❑ WildcardTypeName：通配类型名，例如 java.util.List<? extends java.lang.Number> 当中的 ? extends java.lang.Number。

其中 ClassName 是最常用的。例如我们可以创建一个 ClassName 的实例来描述类 com.bennyhuo.kotlin.meta.StateManager$OnStateChangedListener，如代码清单 4-42 所示。

代码清单 4-42　创建 ClassName 实例

```
val className = ClassName.get(
    //包名
    "com.bennyhuo.kotlin.meta",
    //外部类名
    "StateManager",
    //类名
    "OnStateChangedListener"
)
```

ParameterizedTypeName 也非常常见，它包含原始类型（Raw Type）和泛型参数（Type Arguments）两部分。创建 ParameterizedTypeName 实例的方法也比较简单，如代码清单 4-43 所示。

代码清单 4-43　创建 ParameterizedTypeName 实例

```
//List<String>
ParameterizedTypeName.get(List::class.java, String::class.java)
//User
val userClassName = ClassName.get("com.bennyhuo.kotlin.meta", "User")
//Set<User>
ParameterizedTypeName.get(ClassName.get(Set::class.java), userClassName)
```

4. 格式化符

代码生成过程会涉及使用变量按照一定的格式插入字符串的场景，类似于常见的 %d、%s 等字符串格式化符。JavaPoet 针对代码生成时的字符串插值场景提供了专门的格式化符，如表 4-1 所示。

表 4-1　JavaPoet 的格式化符

格式化符	格式化功能说明
L	支持任意类型，如果是 TypeSpec、AnnotationSpec、CodeBlock，则输出代码块内容，否则直接转字符串输出
S	支持任意类型，转字符串后加双引号输出
T	只支持 TypeName、TypeMirror、Element、Type，转 TypeName 后输出，如果是 ClassName，则可以自动导包

(续)

格式化符	格式化功能说明
N	只支持 CharSequence、ParameterSpec、FieldSpec、MethodSpec、TypeSpec，除 CharSequence 直接转字符串输出以外，其他几个类型都取其 name 字段输出
W	不需要参数，如果行长度超过 100，插入一个换行，并且增加缩进；否则插入一个空格
Z	不需要参数，如果行长度超过 100，插入一个换行，并且增加缩进；否则什么都不插入
>	不需要参数，用于增加缩进
<	不需要参数，用于减少缩进
[	不需要参数，标识一条陈述句的开始
]	不需要参数，标识一条陈述句的结束

JavaPoet 的格式化符使用 $ 作为前缀，使用方法比较简单，如代码清单 4-44 所示。

代码清单 4-44　JavaPoet 的格式化符的基本使用示例

```
val user = ClassName.get("com.bennyhuo","User")
val cb = CodeBlock.of("val user = \$T()", user)
```

如果有多个格式化符，参数默认都是按顺序一一传入的。此外，JavaPoet 的格式化符与参数的对应关系还支持按位置和名称显式指定。

按位置匹配参数，要求在格式化符前面显式地指定匹配的参数位置，位置从 1 开始计数，如代码清单 4-45 所示。

代码清单 4-45　按位置匹配格式化符的参数

```
//this.name = other.name
CodeBlock.of("this.\$1N = other.\$1N", "name")
```

此例中我们使用了两个格式化符，均指向了第一个参数"name"。

按名字匹配参数，要求在格式化符前面显式地指定匹配的参数名，格式为 $argument-Name:X，其中 X 是格式化符。需要注意的是，按名字匹配参数需要使用 CodeBlock#addNamed(String, Map<String, ?>) 方法，待格式化的参数需要用 Map 传入，如代码清单 4-46 所示。

代码清单 4-46　按名字匹配格式化符的参数

```
val map = mapOf(
  "name" to "hello",
  "value" to "Meta Programming"
)

//String hello = "Meta Programming"
val cb = CodeBlock.builder().addNamed(
  "String \$name:N = \$value:S", map
).build()
```

在实践当中，按顺序匹配参数适用于参数较少的情况，按位置匹配参数适用于参数被多次使用的情况，按名字匹配参数适用于需要将参数结构化的场景。

5. 控制流

生成目标代码时，如果涉及 if、switch、for 等控制流语句，那么比较难处理的就是代码的自动缩进。为了方便目标代码的生成，JavaPoet 对此提供了相应的支持，如代码清单 4-47 所示。

代码清单 4-47　生成 if … else 条件语句

```
CodeBlock.builder()
  .beginControlFlow("if (\$N == \$N)", "a", "b")
  .addStatement("<if branch>")
  .nextControlFlow("else")
  .addStatement("<else branch>")
  .endControlFlow()
  .build()
```

生成的结果如代码清单 4-48 所示。

代码清单 4-48　生成的 if … else 语句

```
if (a == b) {
  <if branch>;
} else {
  <else branch>;
}
```

CodeBlock.Builder#endControlFlow() 还有一个重载版本 CodeBlock.Builder#endControl-Flow (String, Object...)，适用于 do ... while(...) 语句，如代码清单 4-49 所示。

代码清单 4-49　生成 do ... while 循环语句

```
CodeBlock.builder()
  .beginControlFlow("do")
  .addStatement("<loop>")
  .endControlFlow("while(\$N)", "condition")
  .build()
```

生成的结果如代码清单 4-50 所示。

代码清单 4-50　生成的 do ... while 语句

```
do {
  <loop>;
} while(condition);
```

4.5.2　KotlinPoet

KotlinPoet（https://github.com/square/kotlinpoet）与 JavaPoet 类似，是用来生成 Kotlin

源代码的框架。KotlinPoet 的代码使用 Kotlin 编写，其设计思路与 JavaPoet 如出一辙，不过由于 Kotlin 的语法特性比 Java 更多、更灵活，因此 KotlinPoet 的功能也比 JavaPoet 更复杂一些。本节我们将对照 JavaPoet 来介绍 KotlinPoet 的核心功能。

1. 基本用法

为了快速了解 KotlinPoet 的基本用法，我们先使用 KotlinPoet 生成如代码清单 4-51 所示的目标代码。

代码清单 4-51　一段非常简单的目标代码

```
//This is generated by KotlinPoet.
fun main(vararg args: String) {
  println("Hello World")
}
```

在给出实现方案之前，我们先来思考 Java 和 Kotlin 代码编写习惯的差异问题。通常我们在一个 Java 源文件中只定义一个顶级 public 类型，因此 JavaPoet 没有提供在一个 JavaFile 中添加多个 TypeSpec 的方法。与之不同的是，Kotlin 本身语法足够简洁紧凑，又支持顶级函数和属性的定义，因此限制每个 Kotlin 源文件与一个 Kotlin 类型绑定是不合适的，KotlinPoet 不会像 Java 那样要求 JavaFile 绑定一个 TypeSpec。

如代码清单 4-51 所示的目标代码当中只有一个函数，使用 KotlinPoet 生成它只需要以下三步：

❏ 创建文件，即 FileSpec。

❏ 创建函数，即 FunSpec。

❏ 将函数添加到文件当中。

具体实现如代码清单 4-52 所示。

代码清单 4-52　使用 KotlinPoet 实现代码生成

```
//FileSpec是Kotlin源文件的描述类
FileSpec.builder(
  "com.bennyhuo.kotlin.meta",
  "HelloWorld.kt"
)
  //导入Kotlin默认的包，例如koltin.collections
  .addKotlinDefaultImports(includeJvm = false, includeJs = false)
  //添加文件注释
  .addFileComment("This is generated by KotlinPoet.")
  //添加函数，对应Java中的方法（method）
  .addFunction(
    FunSpec.builder("main")
      .addParameter("args", String::class, KModifier.VARARG)
      //注意KotlinPoet的格式化符以%作为前缀，JavaPoet的格式化符以$作为前缀
      .addStatement("println(%S)", "Hello World")
      .build()
  )
```

```
    .build()
    .writeTo(File("data"))
```

执行上述代码，生成的目标代码如代码清单 4-53 所示。

代码清单 4-53　生成的目标代码

```
//This is generated by KotlinPoet.
package com.bennyhuo.kotlin.meta

public fun main(vararg args: String): Unit {
  println("Hello World")
}
```

最终生成的目标代码虽然与预期有细微的差异（包括 public 关键字和返回值类型 Unit），但这并不影响目标代码的正确性。

接下来，我们将采用类似于 JavaPoet 的思路去详细介绍 KotlinPoet 的功能和用法。

 提示 KotlinPoet 的很多类型的名称与 JavaPoet 相同或者相似，但二者包名不同，因此不会产生冲突。

2. 目标代码的描述

KotlinPoet 针对 Kotlin 的各种语法提供了不同的描述类型，列举如下。

❑ FileSpec：Kotlin 源文件，可以添加多个类、函数、属性等。

❑ TypeSpec：Kotlin 类，即对类、接口、枚举类、密封类、注解类、匿名内部类等类型的定义。

❑ TypeAliasSpec：类型别名。

❑ PropertySpec：属性，注意 Kotlin 的属性（Property）与 Java 的字段（Field）不同。

❑ FunSpec：函数，包括顶级函数、类的成员函数、本地函数（定义在函数内部）、匿名函数等。

❑ AnnotationSpec：注解，即使用注解标注特定声明。

❑ ParameterSpec：参数。

3. 类型名

Kotlin 的类型名与 Java 的类型名类似，父类是 TypeName，有六个子类分别描述不同的类型。

❑ ClassName：类类型名，例如 kotlin.String。

❑ LambdaTypeName：Lambda 类型名，例如 (kotlin.Int) -> kotlin.String。

❑ ParameterizedTypeName：泛型类型名，例如 kotlin.collections.List<kotlin.String>。

❑ TypeVariableName：类型变量名，例如 kotlin.collections.List<T> 当中的 T。

❑ WildcardTypeName：投影类型名，例如 kotlin.collections.List<*> 当中的 *，kotlin.

collections.Set<out T> 当中的 out T。

❑ Dynamic：动态类型名，对应 dynamic 类型，仅在 Kotlin JS 环境中使用。

细心的读者可能已经发现，KotlinPoet 没有专门的数组类型名，这是因为 Kotlin 的数组在形式上属于泛型类型，因此我们可以使用泛型类型名来描述数组。

KotlinPoet 还提供了 MemberName，即成员名，它不是 TypeName 的子类，主要用于描述定义在文件顶级或者 object 当中的函数和属性。

这些类型名的使用方法与 JavaPoet 的类型名的使用方法非常相似，书中不再赘述。

4. 格式化符

KotlinPoet 当中也有格式化符，由于 $ 在 Kotlin 的字符串中被用于字符串模板，因此 KotlinPoet 的格式化符用 % 作为前缀。

KotlinPoet 的格式化符如表 4-2 所示。

表 4-2　KotlinPoet 的格式化符

格式化符	格式化功能说明
L	支持任意类型，如果是 TypeSpec、AnnotationSpec、PropertySpec、FunSpec、TypeAliasSpec、CodeBlock，则输出代码块内容，否则直接转字符串输出
S	支持任意类型，转字符串后加双引号输出
T	只支持 TypeName、TypeMirror、Element、Type、KClass，转 TypeName 后输出，如果是 ClassName，则可以自动导包
N	只支持 CharSequence、ParameterSpec、PropertySpec、FunSpec、TypeSpec、MemberName，除 CharSequence 直接转字符串输出以外，其他几个类型都取其 name 字段输出，如果与关键字冲突，会自动添加 ` 来实现转义，例如 package 会被转义成 `package`
P	支持任意类型，用于格式化字符串模板，与 S 的不同之处在于 P 不会对内容当中的 $ 做转义，适用于希望在生成的字符串当中嵌入变量或者表达式（即字符串模板）的情况
M	只支持 MemberName，用于格式化成员，包括扩展函数、属性等，支持自动导包
⇥	不需要参数，用于增加缩进
⇤	不需要参数，用于减少缩进
«	不需要参数，标识一条陈述句的开始
»	不需要参数，标识一条陈述句的结束

KotlinPoet 的格式化符的使用方法与 JavaPoet 完全一致，格式化符与参数之间的对应关系也支持按顺序、位置、名字三种匹配方法，书中不再赘述，读者可以自行尝试。

细心的读者可能会发现，KotlinPoet 没有提供用于折行的格式化符。事实上，KotlinPoet 会在代码行超过长度限制时自动折行，折行的位置为长度限制附近的空白字符。相比之下，JavaPoet 虽然也对行长度做了检查，但折行只会发生在 $W 和 $Z 处。

但是，KotlinPoet 的自动折行特性在有些情况下可能会造成目标代码的错误。我们来看一个典型的错误示例,如代码清单 4-54 所示。

代码清单 4-54　生成一段包含长字符串字面量的目标代码

```
FunSpec.builder("wrapLine")
  .addStatement(
    "val text = \"KotlinPoet is a Kotlin and Java API for generating" +
      " .kt source files. Source file generation can be useful when " +
      ...
      "while also keeping a single source of truth for the metadata.\""
  ).build()
```

我们向目标代码植入了一个非常长的字符串字面量,当代码生成时,KotlinPoet 会自动在空白位置处折行,因此字符串字面量就会被打断。生成的结果如代码清单 4-55 所示。

代码清单 4-55　自动折行后导致目标代码出现语法错误

```
public fun wrapLine(): Unit {
  val text = "KotlinPoet is a ... Source file
    generation can be ... or interacting with
    metadata files ... code, you eliminate
    the need to ... source of truth for the metadata."
}
```

如果自动折行发生在字符串字面量或者其他不能直接折行的位置当中,自动折行就会使得目标代码出现语法错误。

为此,KotlinPoet 专门提供了·字符来解决这个问题。虽然·所在的位置在生成的目标代码中会被替换为空白字符,却可以实现禁止自动折行。如代码清单 4-56 所示,我们将代码清单 4-54 中对应位置的空白字符全部使用·代替,即可解决问题。

代码清单 4-56　禁止自动折行

```
FunSpec.builder("wrapLine")
  .addStatement(
    "val text = \"KotlinPoet is a ... for the metadata.\"".replace(' ', '·')
  ).build()
```

这样最终生成的代码就不会有折行的问题了,如代码清单 4-57 所示。

代码清单 4-57　禁止折行之后生成的代码

```
public fun wrapLine(): Unit {
  val text = "KotlinPoet is a Kotlin ... of truth for the metadata."
}
```

5. 控制流

与 JavaPoet 类似,使用 KotlinPoet 生成控制流语句的关键就是对 beginControlFlow 和

endControlFlow 的合理运用，如代码清单 4-58 所示。

代码清单 4-58　生成 while 语句

```
val cb = buildCodeBlock {
  addStatement("val status = getStatus()")
  beginControlFlow("while (status == 0)")
  addStatement("...")
  endControlFlow()
}
```

这段代码将会生成一段包含一个 while 循环的代码，如代码清单 4-59 所示。

代码清单 4-59　生成的包含 while 循环的代码

```
val status = getStatus()
while (status == 0) {
  ...
}
```

4.6　案例：为 Java 静态方法生成 Kotlin 扩展函数（KotlinPoet）

现在我们已经学习了如何使用 JavaPoet 和 KotlinPoet 来分别生成 Java 和 Kotlin 代码。接下来我们将尝试使用 KotlinPoet 来优化 4.4 节介绍的生成 Kotlin 扩展函数的案例。

4.6.1　类型的映射

通过前面的介绍，我们已经知道了 KotlinPoet 对类型和语法的描述，只要将 anko-asm-parser 解析得到的 KType 类型转成 TypeName，那么类型方面的支持就基本实现了，如代码清单 4-60 所示。

代码清单 4-60　将 KType 转成 TypeName

```
fun KType.asTypeName(): TypeName {
  return if (isTypeVariable) {
    //KType表示的是类型变量，例如List<T>当中的T
    when (variance) {
      //类型声明处，泛型参数协变
      KType.Variance.COVARIANT -> TypeVariableName(
        fqName,
        variance = KModifier.OUT
      )
      //类型声明处，泛型参数逆变
      KType.Variance.CONTRAVARIANT -> TypeVariableName(
        fqName,
        variance = KModifier.IN
      )
      //类型声明处，泛型参数不变
```

```
      else -> TypeVariableName(fqName)
    }
  } else {
    //KType表示的是类类型
    val className = ClassName.bestGuess(fqName)
    var typeName: TypeName = className
    if (arguments.isNotEmpty()) {
      //如果有泛型参数
      typeName = className.parameterizedBy(
        arguments.map { argument: KType ->
          argument.asTypeName()
        }
      )
    }

    //处理型变的情况，Java支持使用处型变，因此这个判断是有实际意义的
    when (variance) {
      //协变，相当于Java的 ? extends Number
      KType.Variance.COVARIANT -> TypeVariableName(
        "",
        typeName,
        variance = KModifier.OUT
      )
      //逆变，相当于Java的 ? super Number
      KType.Variance.CONTRAVARIANT -> TypeVariableName(
        "",
        typeName,
        variance = KModifier.IN
      )
      else -> typeName
    }
  }.copy(isNullable)
}
```

读者可以通过仔细阅读注释来了解这段代码的详细逻辑。

这段代码的复杂之处在于对泛型型变的处理。为了帮助大家更好地理解，我们再对**声明处**（declaration-site）**型变**和**使用处**（use-site）**型变**做一下解释。Java 只支持使用处型变，如代码清单 4-61 所示。

代码清单4-61　　Java 当中的泛型型变

```
[Java]
//List<E>中的E为泛型参数的声明，不支持型变
public interface List<E> extends Collection<E> {
  ...

  //? extends E: 使用处型变
  boolean addAll(Collection<? extends E> c);
}
```

而 Kotlin 支持声明处型变和使用处型变，如代码清单 4-62 所示。

代码清单 4-62　Kotlin 当中的泛型型变

```
//out V: 声明处型变
public interface Map<K, out V> {
  ...

  //out K, out V: 使用处型变
  public interface Entry<out K, out V> {
    ...
  }
}
```

泛型是一个相对复杂的话题，型变更是泛型当中的进阶内容。读者可以阅读 Kotlin 官方文档来了解更多内容。

与 KType 转成 TypeName 的处理方式类似，我们也可以将 ASM 框架的类型 ClassNode 转成 ClassName，如代码清单 4-63 所示。

代码清单 4-63　将 ClassNode 转成 ClassName

```
fun ClassNode.asClassName() = ClassName(packageName, simpleName)
```

至此，用于代码生成的信息构造工作就基本完成了。

4.6.2　实现代码生成

完成了类型的映射，接下来我们考虑如何实现代码生成技术。

使用 KotlinPoet 解析类型数据的逻辑与使用模板引擎的逻辑完全相同，因此我们直接看如何使用 KMethod 构造最终的函数描述类 FunSpec，如代码清单 4-64 所示。

代码清单 4-64　构造 FunSpec

```
ClassProcessor(...)
  ... //省略相同的逻辑
  ?.map { kMethod: KMethod ->
    //第一个参数作为receiver，其余参数作为新生成的函数的参数
    val parameters =
      kMethod.parameters.takeLast(kMethod.parameters.size - 1)

    //扩展方法的receiver类型，也是原方法的第一个参数的类型
    val receiverType: KType = kMethod.parameters.first().type
    //构造扩展方法的FunSpec
    FunSpec.builder(kMethod.name)
      .receiver(receiverType.asTypeName())
      .addTypeVariables(
        //将KMethod的泛型参数列表添加到扩展方法当中
        kMethod.typeParameters.map {
          TypeVariableName(it.name,
```

```
            it.upperBounds.map { genericType: GenericType ->
               //GenericType是泛型类型，转换为KType后再转为TypeName
               genericTypeToKType(genericType).asTypeName()
            }
         )
      }
   )
   //添加参数
   .addParameters(parameters.map {
      ParameterSpec(it.name, it.type.asTypeName())
   })
   //添加方法体
   .addStatement(
      "return %T.%L(this%L)",
      classNode.asClassName(),
      kMethod.name,
      parameters.joinToString(separator = "") { ", ${it.name}" },
   ).build()
}?.let { functions: List<FunSpec> ->
   ...
 }
}
```

代码生成的过程建立在对 Kotlin 语法元素的充分理解上，并不复杂。

接下来将得到的 FunSpec 添加到 FileSpec 当中，就可以生成目标代码了，如代码清单 4-65 所示。

代码清单 4-65　将创建的 FunSpec 写入目标文件

```
ClassProcessor(...)
   ... //省略掉相同的逻辑
   ?.map { kMethod: KMethod ->
      ...
   }?.let { functions: List<FunSpec> ->
      //生成文件
      FileSpec.builder(classNode.packageName, classNode.simpleName)
         .also { fileSpec ->
            functions.forEach(fileSpec::addFunction)
         }
         //调用该函数时不再需要导入kotlin.*、kotlin.collections.*这样的包
         //因为这是Kotlin默认导入的包，一般情况无须导入
         .addKotlinDefaultImports()
         .build()
         .writeTo(File(GENERATE_PATH))
   }
}
```

KotlinPoet 会根据文件的包名创建相应的目录结构，因此我们在指定输出路径时指定源代码根目录即可。

顺带提一句，addKotlinDefaultImports() 与 JavaPoet 当中的 skipJavaLangImports(true) 的功能类似。调用 addKotlinDefaultImports() 之后，生成的目标代码中将不会导入 Kotlin 默认导入的包，例如 kotlin.String、kotlin.collections.List 这些类型不会被显式导入生成的目标代码。

运行程序，得到的结果如代码清单 4-66 所示。

代码清单 4-66　使用 KotlinPoet 生成的文件

```
// 文件: StringUtls.kt
package com.bennyhuo.kotlin.utils

public fun List<String>.join(separator: String)
  = StringUtils.join(this, separator)

public fun Any?.toStringOrNull() = StringUtils.toStringOrNull(this)

// 文件: DateUtils.kt
package com.bennyhuo.kotlin.utils

import java.util.Date

public fun Date.toCalendar() = DateUtils.toCalendar(this)

public fun Date.format(format: String) = DateUtils.format(this, format)
```

可见，使用 KotlinPoet 生成代码时，我们无须关注类型的导入对目标代码的影响。不仅如此，对于只有一行的函数，KotlinPoet 甚至可以自动把 return ... 转成 = ...。

4.6.3　泛型参数的支持

现在 utils 库当中又有了新的方法，如代码清单 4-67 所示。

代码清单 4-67　有泛型参数的 join 方法

```
[Java]
public class ObjectUtils {
  @NotNull
  public static <T> String join(
    @NotNull List<T> $receiver,
    @NotNull String separator
  ) {
    ...
    return stringBuilder.toString();
  }
}
```

Java 的任意对象都可以通过 toString 方法转换成 String，因此我们可以对任意类型 T 提供 join 的支持。

使用 4.6.2 节的 KotlinPoet 方案生成扩展函数，如代码清单 4-68 所示。

代码清单 4-68　基于 join 方法生成的扩展函数（KotlinPoet 版本）

```
package com.bennyhuo.kotlin.utils

public fun <T : Any> List<T>.join(separator: String)
  = ObjectUtils.join(this, separator)
```

生成的目标代码是符合预期的。使用 KotlinPoet 生成代码时，我们只需要使用它的 API 构造相应的类型即可，KotlinPoet 会帮我们妥善处理相应的泛型声明。

接下来我们再使用 4.4.3 节的模板引擎方案生成扩展函数，如代码清单 4-69 所示。

代码清单 4-69　基于 join 方法生成扩展函数（模板引擎版本）

```
package com.bennyhuo.kotlin.utils

import kotlin.String
import kotlin.collections.List

fun List<T>.join(separator: String)
  = ObjectUtils.join(this, separator)
```

由于 List<T> 的泛型参数 T 没有在 join 函数定义时声明，因此这段程序在编译时会报错："Unresolved reference: T"。

我们只好再次通过完善模板引擎方案来解决这个问题。首先，调整模板，添加对泛型参数声明的支持，如代码清单 4-70 所示。

代码清单 4-70　添加支持泛型参数的 Twig 模板

```
[Twig]
{% for fun in functions %}
fun{{ fun.typeArgs }} {{ imported(fun.receiverType) }}.{{ fun.functionName }}({{
fun.args }}){{ fun.whereBlock }}
  = {{ className }}.{{ fun.functionName }}(this{{ fun.argNames }})
{% endfor %}
```

我们主要增加了 {{ fun.typeArgs }} 和 {{ fun.whereBlock }}，前者用于声明泛型参数，后者用于声明泛型参数的约束。为了方便处理，在泛型参数只有一个上边界的情况下，我们也会把泛型参数的约束写到 where 语句当中。这虽然不符合习惯，却可以使代码的生成逻辑变得相对简单。

接下来，为 FunctionInfo 添加 typeArgs 和 whereBlock 属性与模板参数相对应，如代码清单 4-71 所示。

代码清单 4-71　为 FunctionInfo 添加描述泛型的属性

```
data class FunctionInfo(
  val receiverType: String,
  val functionName: String,
  val args: String,
```

```
    val argNames: String,
    val typeArgs: String = "", //新增
    val whereBlock: String = "" //新增
)
```

最后，在创建 FunctionInfo 时创建这两个模板参数的值，如代码清单 4-72 所示。

代码清单 4-72　创建用于描述泛型的参数值

```
FunctionInfo(
    ... //省略前面的参数
    //泛型参数为空时传入""，否则将参数拼接成：" <T1, T2>"，注意前面的空格
    typeArgs = kMethod.typeParameters.takeIf {
        it.isNotEmpty()
    }?.joinToString(
        //结合模板的配置，后面是不需要空格的，但前面需要
        prefix = " <", postfix = ">"
    ) { it.name } ?: "",
    //泛型参数不为空时，形如" where T1: Number, T2: Number"
    whereBlock = kMethod.typeParameters.filter {
        //无泛型约束，不会出现在where语句中
        it.upperBounds.isNotEmpty()
    }.flatMap { typeParameter ->
        typeParameter.upperBounds.map {
            //形如T: Number
            "${typeParameter.name}: ${genericTypeToKType(it)}"
        }
    }.takeIf { it.isNotEmpty() }
        ?.joinToString(prefix = " where ") ?: ""
)
```

再次运行就可以得到正确的结果了，如代码清单 4-73 所示。

代码清单 4-73　基于 join 方法生成扩展函数（优化后的模板引擎版本）

```
package com.bennyhuo.kotlin.utils

import kotlin.String
import kotlin.collections.List

fun <T> List<T>.join(separator: String) where T: kotlin.Any
    = ObjectUtils.join(this, separator)
```

如果你愿意，可以进一步优化，把上边界为 kotlin.Any 的泛型参数约束过滤掉，并把只有一个上边界的泛型参数约束写到声明处。

通过对比不难发现，KotlinPoet 已经为我们处理了非常多代码生成的细节。相比模板引擎方案，在处理复杂且经常需要变动的代码生成场景时，KotlinPoet 更有优势。

4.7　本章小结

解决重复或者相似代码逻辑的最直接的方案就是提取其中的共性，编写程序生成这些代码，这实际上是编译阶段最简单的元编程形式。

本章通过 KotlinTuple、Anko、扩展函数生成等案例介绍了几种常见的代码生成方式，包括字符串直接输出、模板引擎渲染、JavaPoet/KotlinPoet 生成等。这些方式各有优劣，其中 JavaPoet/KotlinPoet 生成代码的方案是应用最为广泛的。

在本书第 5 章将要介绍的符号处理的实现当中，最常见的做法就是通过分析符号信息以生成目标代码。这也是源代码生成最广泛的应用场景。

Chapter 5 第 5 章

编译时的符号处理

在第 4 章中，我们已经了解了源代码生成的方法。接下来我们还需要考虑一种更加复杂的场景，即如何基于人工编写的源代码来生成代码，甚至让二者相互调用。

为了应对这种需求场景，Java 和 Kotlin 编译器均提供了相应的扩展支持，允许我们编写一些特定的程序来访问源代码中特定的语法结构，并完成代码的生成。这就是编译时的符号处理，如图 5-1 所示。

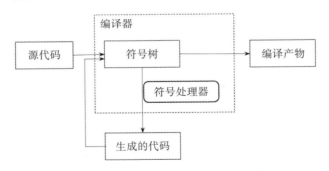

图 5-1　编译时的符号处理的基本思路

5.1　符号的基本概念

在介绍符号处理之前，我们需要先搞清楚符号的基本概念。

5.1.1　Java 的符号

熟悉 Java 编译过程的读者可能听说过 Java 的符号表（Symbol Table），本章提到的符号就是符号表中的符号。Java 的符号包括变量符号（VarSymbol）、方法符号（MethodSymbol）、类符号（ClassSymbol）、包符号（PackageSymbol）等，这些实际上也是 Java 当中最重要的语法结构。具体到代码实现，符号的定义如代码清单 5-1 所示。

代码清单 5-1　Java 符号的定义

```Java
//Symbol是所有符号的父类
public abstract class Symbol extends AnnoConstruct
  implements PoolConstant, Element {
  //类符号
  public static class ClassSymbol extends TypeSymbol implements TypeElement {
    ...
  }
  //变量符号
  public static class VarSymbol extends Symbol implements VariableElement {
    ...
  }
  ...
}
```

Java 编译器提供了一套完善的符号处理的机制，即 APT（Annotation Processing Tool，注解处理器）。不过，APT 的公开 API 当中并没有提到 Symbol，这是怎么回事呢？

这是因为 Java 编译器的设计者不希望暴露过多编译器内部的细节，所以基于符号的实现抽象出了以 Element 类型为基础的公开 API。通过阅读代码清单 5-1 可以看到，Symbol 正是 Element 的实现类。

我们曾在 2.5.5 节提到过，除了描述符号的 Element 之外，Java 的 APT 还提供了描述符号类型的 TypeMirror，它对应的内部实现类主要定义在 Type 类型当中，如代码清单 5-2 所示。

代码清单 5-2　Java 的符号类型描述类

```Java
public abstract class Type extends AnnoConstruct
  implements TypeMirror, PoolConstant {
  public static class ArrayType extends Type
    implements LoadableConstant, javax.lang.model.type.ArrayType {
      ...
  }
  public static class ClassType extends Type
    implements DeclaredType, LoadableConstant, javax.lang.model.type.ErrorType {
      ...
  }
  ...
}
```

由此可见，APT 处理的其实就是 Java 的符号。一般而言，Element 和 TypeMirror 可以提供足够的信息来满足我们的需求，为了避免因依赖 Java 编译器的实现细节而产生版本兼容问题，我们通常无须关心符号的具体实现类型。

需要注意的是，Java 符号并不等同于 Java 抽象语法树（Abstract Syntax Tree，AST）节点，Java 语法树的节点类都是 JCTree 的子类，其中 JC 代表 Javac。与 Symbol 和 Type 相同，JCTree 也是 Java 编译器的内部实现，我们只需要清楚 Java 符号是基于 Java 语法树创建出来的，它只包含语法树中的类、方法、变量等结构，不包含函数体、表达式内容等。

5.1.2 Kotlin 的符号

Kotlin 的符号在 Google 的开源项目 KSP（Kotlin Symbol Processing，Kotlin 符号处理）当中给出，该项目目前已经成为 Kotlin 官方推荐的符号处理方案。

Kotlin 目前存在两套语法树实现，即 FE1.0 的 PSI（见 2.5.2 节）和 K2 编译器当中的 FIR（见 2.5.3 节）。与 Java 不同，Kotlin 的语法树的 API 并不算严格意义上的内部 API，因为这些 API 已经被大量应用在编译器插件和 IntelliJ 插件的实现当中了（见第 7 章）。不过，由于 Kotlin 编译器还在不断重写，因此抽象出 Kotlin 符号的概念来屏蔽 Kotlin 编译器的内部实现显然是一个更好的选择，这与 APT 的实现如出一辙。实际上，KSP 的很多 API 设计都可以直接与 APT 对齐，因此如果开发者有 APT 的开发经验，学习 KSP 时也会非常轻松。

Kotlin 符号的实现依赖于语法树的实现，二者在命名和用法方面也有着非常接近的地方。Kotlin 的符号类型都实现自 KSNode 接口，例如类符号 KSClassDeclaration，函数符号 KSFunction，等等，这些对应于 APT 的 Element 接口及其实现类。描述符号的类型也有相应的 API，即 KSType，这对应于 APT 的 TypeMirror。APT 与 KSP 常见类型的对照关系如表 5-1 所示。

表 5-1 APT 与 KSP 常见类型的对照关系

APT	KSP	说明
Element	KSDeclaration/KSDeclarationContainer	符号
TypeElement	KSClassDeclaration	类符号
VariableElement	KSValueParameter/KSPropertyDeclaration	函数（方法）参数或属性符号
ExecutableElement	KSFunctionDeclaration	函数（方法）符号
TypeMirror	KSType	符号类型

📖 说明 完整的对照关系表参见官方文档：https://kotlinlang.org/docs/ksp-reference.html。

与 Java 的符号相同，Kotlin 的符号也是基于语法树节点构造出来的，只包含类、函数、变量这样的符号信息，而不包含函数体、语句、表达式内容等。

5.1.3　符号与语法树节点的关系和区别

前面已经提到，符号是基于语法树构造出来的，它只包含语法树当中的部分信息。确切地说，符号只包含程序的 ABI（Application Binary Interface，应用程序二进制接口）信息。例如，代码清单 5-3 所包含的信息都可以在语法树当中获取到。

代码清单 5-3　Settings 类

```
class Settings {
  private val map = HashMap<String, String>()

  fun set(key: String, value: String) {
    map[key] = value
  }
  fun get(key: String, default: String = ""): String {
    return map[key] ?: default
  }
}
```

但如果我们从符号的角度去观察它，就相当于代码清单 5-4 所示的结果。

代码清单 5-4　Settings 类的符号信息

```
class Settings {
  private val map: HashMap<String, String>

  fun set(key: String, value: String): Unit
  fun get(key: String, default: String = ""): String
}
```

如果我们希望检查函数的命名是否符合代码规范，可以基于对符号的处理设计实现方案。但如果我们希望检查的是局部变量，那么只处理符号可能就有些力不从心了，因为符号只包含类的成员变量而不包含局部变量。

本书第 6 章会提到程序的静态分析，其中需要检查的内容涉及程序的方方面面。想要实现程序的静态分析，就需要对原始的语法树进行扫描和处理。只是简单地对符号进行分析和处理是无法应对这样的需求场景的。

5.2　处理器的基本结构

在深入理解符号的更多细节之前，我们需要了解如何运行符号处理器，以便验证自己的想法。

5.2.1　APT 的基本结构

Java 编译器通过支持 APT 来提供对 Java 符号的处理。APT 的基本结构如代码清单 5-5 所示。

代码清单 5-5 APT 的基本结构

```kotlin
class SampleProcessor: Processor {
  private lateinit var filer: Filer
  private lateinit var messager: Messager
  private lateinit var types: Types
  private lateinit var elements: Elements

  override fun init(processingEnv: ProcessingEnvironment) {
    //用于代码生成
    filer = processingEnv.filer
    //用于输出信息
    messager = processingEnv.messager
    //用于处理符号类型
    types = processingEnv.typeUtils
    //用于处理符号
    elements = processingEnv.elementUtils
  }

  override fun getSupportedOptions(): Set<String> = emptySet()
  override fun getSupportedAnnotationTypes() = setOf(Sample::class.java.name)
  override fun getSupportedSourceVersion() = SourceVersion.RELEASE_11
  override fun process(
    annotations: MutableSet<out TypeElement>?,
    roundEnv: RoundEnvironment?
  ): Boolean {
    //获取被注解标注的类型符号
    val elements = annotations.flatMap {
      roundEnv.getElementsAnnotatedWith(it)
    }
    //创建要生成的文件对象
    val generatedFile: FileObject = filer.createResource(...)
    generatedFile.openWriter().use { writer ->
      elements.forEach {
        ... //写入文件内容
      }
    }
    return true
  }
  ...
}
```

接下来，我们对这些函数的作用依次做一下介绍。

1. 初始化

在处理器的初始化函数 init 当中，我们可以通过 ProcessingEnvironment 获取到一些必要的工具类的实例，包括 filer、messager 等。

filer 可以用于代码生成，它的基本用法如代码清单 5-6 所示。

代码清单 5-6　filer 的基本用法

```
//创建一个新的Java源代码Generated.java
val generatedFile = filer.createResource(
  StandardLocation.SOURCE_OUTPUT, //输出路径
  "com.bennyhuo.kotlin.apt", //包名
  "Generated.java", //文件名
  element1, element2 //新文件依赖的符号，用于增量编译
)

generatedFile.openWriter().use { writer ->
  //写入文件内容
  ...
}
```

messager 可以用于输出信息，它的基本用法如代码清单 5-7 所示。

代码清单 5-7　messager 的基本用法

```
val element: Element = ...
messager.printMessage(
  Diagnostic.Kind.ERROR,
  "Element cannot be processed.",
  element
)
```

如果 element 是个类符号，对应的类是 public class Hello { ... }，所在的行号是 5，那么就会有下面的输出：

```
Hello.java:5: error: Element cannot be processed.
public class Hello {
        ^
```

此外，在 init 方法当中，我们还可以获取到像 Types、Elements 等类型的实例，它们将在后续处理器的实现当中扮演非常重要的角色。

2. 声明和配置处理器参数

我们可以通过配置参数来控制 APT 的行为。

在命令行直接调用 javac 命令进行编译时，我们可以通过 -Akey[=value] 为 APT 配置参数。不过我们通常会在 Gradle 项目当中通过 KAPT 插件来启用 APT，为 KAPT 配置参数的方法如代码清单 5-8 所示。

代码清单 5-8　在 Gradle 当中为 KAPT 配置参数

```
plugins {
  ...
  kotlin("kapt")
}

kapt {
```

```
arguments {
  arg("optionA", "A")
  arg("optionB", "B")
}
}
```

 提
示　KAPT 是 Kotlin 编译器为 APT 提供的支持，我们已经在 2.5.5 节介绍过它。

在处理器执行时，可以通过 ProcessingEnvironment 获取到参数值，如代码清单 5-9 所示。

代码清单 5-9　获取 APT 的参数值

```
//optionA的值为A
val optionA = processingEnv.options["optionA"]
```

处理器可以通过 getSupportedOptions 的返回值来声明自己需要处理的参数的 key，不过是否声明或者声明什么并不会对参数的获取造成实质的影响。换句话说，processingEnv. options 总是会包含处理器的所有参数。

如果某个参数的 key 没有被任何处理器声明，那么 Java 编译器就会在编译时输出一条警告：

```
warning: The following options were not recognized by any processor: '[optionA,
    optionB]'
```

3. 声明处理器支持的注解类型

getSupportedAnnotationTypes 返回当前处理器支持处理的注解的全限定名或者用于匹配注解的全限定名的通配符（例如 name.* ）。如果返回空集合或者无法匹配到注解的全限定名，那么当前处理器将会被忽略。

注意这里要求返回的是注解的全限定名，而不是注解类型的 Class 对象。这是因为处理器由 Java 编译器调用，注解类型并不一定会出现在处理器的运行环境当中。尽管我们经常习惯把注解类型添加到处理器的依赖当中，但这不是必需的。

4. 声明处理器支持的 Java 源代码版本

getSupportedSourceVersion 返回当前处理器支持的最高 Java 源代码的版本，通常指定为处理器编写时能够适配的最高版本即可。如果指定的版本低于处理器实际运行时的 Java 版本，就会出现以下类似的警告：

```
warning: Supported source version 'RELEASE_8' from annotation processor '<处理器类名>'
    less than -source '11'
```

这句警告的意思是，处理器最高支持处理 Java 8 的源代码，但我们却使用它处理 Java 11 的源代码。

5. 核心处理方法

process 方法是注解处理器最核心的方法，它的参数包括该处理器支持的注解类型符号（annotations: MutableSet<out TypeElement>?），以及处理器的上下文（roundEnv: RoundEnvironment?）。我们可以通过后者访问被上述注解标注的类型符号，以及当前处理器的处理状态等信息。

process 方法返回 true 时表示当前处理器的参数 annotations 包含的注解由自己负责处理，不需要其他处理器参与；返回 false 时表示这些注解也允许其他处理器在后续做进一步处理。

以下是几种常见的必须返回 false 的情况：

❑　与处理器配套定义的注解希望支持被外部其他处理器同时处理。

❑　如果 getSupportedAnnotationTypes 返回的是含有通配符的字符串集合，那么 process 的 annotations 参数就可能包含我们不需要的注解。

❑　getSupportedAnnotationTypes 当中返回了一些外部定义的注解，这些注解有可能被其他处理器处理。

通常情况下，我们在设计注解处理器时会自定义专用的注解，因此对于应用范围较小的处理器，返回 true 即可。但如果我们的处理器的用户较多，需要应对的需求场景也更加复杂，此时就会有开发者希望我们定义的专用注解可以允许其他注解处理器处理，因此在实践中返回 false 是一种更加常见的做法。

例如 ButterKnife 的注解处理器的 process 方法之所以返回 false，是因为有开发者希望自己实现一些注解处理器来处理 ButterKnife 的注解，如图 5-2 所示。

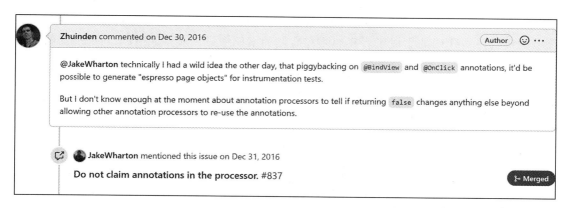

图 5-2　ButterKnife 的 process 方法返回 false 的原因

处理器首次执行时，如果参数 annotations 为空，那么该处理器的 process 方法会被跳过。不过，RoundEnvironment 提供了通过注解类型符号和注解类获取被标注的符号的方法，只要我们正确地声明了处理器支持的注解类型，annotations 参数有时候就显得没那么重要了。获取被注解标注的符号的方法如代码清单 5-10 所示。

代码清单 5-10　获取被注解标注的符号

```Java
[Java]
//使用注解类型符号获取被标注的符号
Set<? extends Element> getElementsAnnotatedWith(TypeElement a);
//使用注解类获取被标注的符号
Set<? extends Element> getElementsAnnotatedWith(
  Class<? extends Annotation> a
);
```

这两个方法的差别在于，后者需要注解类在注解处理器的运行时可见。例如，当 annotations 只包含 @Sample 注解的类型符号时，代码清单 5-11 和代码清单 5-12 所示的两种写法获取到的符号是相同的。

代码清单 5-11　使用注解类型符号获取被标注的符号

```
//被注解标注的类型符号
val annotatedElements = annotations.flatMap { annotation: TypeElement ->
  //注意annotation实际上是注解的类型符号
  roundEnv.getElementsAnnotatedWith(annotation)
}
```

代码清单 5-12　使用注解类获取被标注的符号

```
//Sample是注解类
val annotatedElements = roundEnv.getElementsAnnotatedWith(Sample::class.java)
```

了解了 APT 的基本结构之后，剩下的就是在 process 方法中通过分析符号信息来完成符号的检查或者代码的生成了。我们将在后续的案例中进一步展示 APT 的处理器的编写方法。

5.2.2　KSP 的基本结构

相比之下，KSP 的结构要简单一些。我们首先需要定义一个 SymbolProcessorProvider 来创建一个处理器实例，如代码清单 5-13 所示。

代码清单 5-13　SymbolProcessorProvider 示例

```
class SampleSymbolProcessorProvider: SymbolProcessorProvider {
  override fun create(env: SymbolProcessorEnvironment): SymbolProcessor {
    return SampleSymbolProcessor(env)
  }
}
```

不难发现，SymbolProcessorEnvironment 的作用与 APT 的 ProcessingEnvironment 非常接近，在初始化处理器时我们需将上下文传入其中，方便后续的日志打印、文件生成等功能。

接下来就是处理器的创建了，如代码清单 5-14 所示。

代码清单 5-14　　SymbolProcessor 示例

```
class SampleSymbolProcessor(val environment: SymbolProcessorEnvironment) :
  SymbolProcessor {
  override fun process(resolver: Resolver): List<KSAnnotated> {
    //获取被注解Sample标注的类型声明
    val decls = resolver.getSymbolsWithAnnotation(Sample::class.java.name)
    //创建文件，与Java注解处理器不同，这里创建的就是java.io.File实例
    val generatedFile: File = environment.codeGenerator.createNewFile(...)
    generatedFile.bufferedWriter().use { writer ->
      decls.forEach {
        ... //写入文件内容
      }
    }
    return ...
  }

  fun finish() {
    ... //处理完毕时调用
  }

  fun onError() {
    ... //处理器执行过程中遇到错误，在执行完毕之后调用
  }
}
```

KSP 的处理器类型只有三个函数，介绍如下。

❑ finish：在处理器执行完成时调用。如果有需要关闭的资源，可以在这里处理。

❑ onError：如果处理器在执行的过程中通过 KSPLogger 输出错误（error）级别的日志，那么它会进入错误状态，并在执行完成时调用 onError。KSPLogger 的实例可以通过 SymbolProcessorEnvironment 获取。

❑ process：提供处理器的核心实现，通过读取符号信息，处理代码分析或者文件生成等逻辑。process 的参数 Resolver 提供了绝大多数与符号处理相关的能力，例如获取被注解标注的符号、通过类名获取对应的类型符号等。process 方法的返回值是本次处理过程中不能被处理的符号列表，这些符号通常包含了处理器执行时新生成的类型，因此需要等这些新类型生成之后才能被处理。我们在后续讨论符号的验证时还会展开谈论这些内容。

5.2.3　APT 与 KSP 的结构差异

KSP 不会像 APT 那样要求处理器明确给出支持的源代码版本、注解类型和参数。KSP 的版本是与 Kotlin 编译器的版本绑定的，其中隐含了支持的最新的 Kotlin 源代码版本。

APT 需要在处理器实现当中声明支持的注解类型，Java 编译器会在调用处理器之前根据源代码的实际情况来决定是否调用该处理器。相比之下，KSP 似乎并没有打算把自己限制于对注解的处理范围之内。尽管它提供了很多与 APT 相似的 API，但在 KSP 当中直接获

取所有的符号进行分析处理似乎是顺理成章的。

APT 要求在处理器当中声明需要的参数，这样使用者就能更清楚地知道处理器需要哪些参数。然而，APT 没有对参数的传递做强制要求，因此不能对使用者形成有效的引导和约束。KSP 则不要求处理器对参数做声明，处理器的开发者只需要在文档当中对参数做好说明并在处理器当中处理好参数缺省的情况即可。

5.2.4 处理器的配置文件

在了解了处理器的基本结构之后，我们还需要通过配置文件将处理器接入编译流程当中，让编译器在编译时可以加载并执行它们。由于 Java 和 Kotlin 编译器都是 JVM 程序，因此配置文件需要放到编译器运行时的 classpath 当中。

APT 的配置文件的路径为 META-INF/services/javax.annotation.processing.Processor，内容为处理器的全限定类名。这里可以同时配置多个处理器，每个处理器的类名占一行。以代码清单 5-5 当中的 SampleProcessor 为例，配置文件的内容如代码清单 5-15 所示。

代码清单 5-15　APT 的配置文件示例

```
com.bennyhuo.kotlin.apt.SampleProcessor
```

KSP 的配置文件与 APT 也比较类似，路径为 META-INF/services/com.google.devtools.ksp.processing.SymbolProcessorProvider，内容为处理器对应的 SymbolProcessorProvider 的实现类的全限定类名。同样，KSP 的配置文件也可以配置多个处理器。以代码清单 5-13 当中的 SampleSymbolProcessorProvider 为例，配置文件的内容如代码清单 5-16 所示。

代码清单 5-16　KSP 的配置文件示例

```
com.bennyhuo.kotlin.ksp.SampleSymbolProcessorProvider
```

将配置文件和处理器一起发布之后，我们就可以在其他项目当中使用它们了。具体的使用方法比较简单，书中不再赘述。

> 延伸　通过配置文件的形式不难发现，APT 和 KSP 的处理器都是通过 ServiceLoader 加载的。ServiceLoader 是 JDK 提供的一种 SPI（Service Provider Interface，服务提供者接口）实现，可以用来启用框架扩展和替换组件，在基础框架的设计当中得到了广泛的应用。Kotlin 编译器还专门对 ServiceLoader 做了定制化实现，有兴趣的读者可以阅读 Kotlin 源代码当中的 ServiceLoaderLite.kt 文件来了解更多信息。

5.3　深入理解符号和类型

本节我们将通过一些典型的例子来介绍如何获取符号当中的信息，这也是符号处理过程当中最核心的内容。

5.3.1 获取修饰符

获取符号的修饰符，在 APT 当中我们可以使用 Element#getModifiers()，如代码清单 5-17 所示。

代码清单 5-17 获取符号的修饰符

```
val element: Element = ...
//getModifiers在Kotlin中被当作只读属性modifiers
val modifiers = element.modifiers
```

这个方法适用于所有符号，因此如果我们希望判断一个类是不是公有的，只需要判断它的修饰符集合是否包含 PUBLIC，如代码清单 5-18 所示。

代码清单 5-18 判断符号是否公有

```
if (Modifier.PUBLIC in element.modifiers) {
    //element是公有的
}
```

KSP 同样有类似的 API，即 KSModifierListOwner#modifiers，用法与 APT 类似。不过需要注意的是，KSP 与 APT 的修饰符分别对应于 Kotlin 和 Java 的修饰符，二者的异同源自两门语言语法细节上的异同。

5.3.2 通过名称获取符号

在 APT 中，我们可以使用 Elements#getTypeElement(CharSequence) 获取参数对应的符号，其中 Elements 的实例可以通过 ProcessingEnvironment 获取。具体使用方法如代码清单 5-19 所示。

代码清单 5-19 在 APT 当中通过名称获取符号

```
val elements: Elements = ...
//typeElement的类型是TypeElement，获取到类对应的符号
val typeElement = elements.getTypeElement("com.bennyhuo.kotlin.sample.A")
//packageElement的类型是PackageElement，获取到包对应的符号
val packageElement = elements.getPackageElement("com.bennyhuo.kotlin")
```

> 说明 Java 9 增加了对模块的支持，Elements 也提供了获取模块符号的方法，读者可以自行尝试。

在 KSP 当中，我们可以通过 Resolver#getClassDeclarationByName(String) 来获取类符号，参数也可以是 KSName 类型，如代码清单 5-20 所示。

代码清单 5-20   在 KSP 当中通过名字获取类符号

```
val fqName = "com.bennyhuo.kotlin.sample.A"
//A类的符号，ksClass的类型是KSClassDeclaration?
val ksClass = resolver.getClassDeclarationByName(fqName)
```

我们还可以使用 Resolver#getFunctionDeclarationsByName(String, Boolean) 来获取函数符号，使用 Resolver#getPropertyDeclarationByName(String, Boolean) 来获取属性符号。其中，第一个参数也可以是 KSName 类型，第二个参数默认为 false，表示默认不包括顶级函数或者属性。使用方法如代码清单 5-21 所示。

代码清单 5-21   在 KSP 当中获取函数符号

```
//C的成员函数c的全名
val fqName = "com.bennyhuo.kotlin.sample.C.c"
//ksFunctions的类型是Sequence<KSFunctionDeclaration>，包含所有重载函数
val ksFunctions = resolver.getFunctionDeclarationsByName(fqName)
```

5.3.3　获取符号的类型

符号也可以有类型。具体而言，类符号的类型就是它定义的类型，属性符号的类型就是属性的类型。符号的类型为符号提供了程序语言的类型系统支持，我们可以通过获取符号的类型来实现更加复杂的功能。

在 APT 当中，任何符号都可以通过 Element#asType() 方法来获取它的类型，返回值类型为 TypeMirror。下面我们通过一个简单的例子来进一步说明符号的类型，如代码清单 5-22 所示。

代码清单 5-22   示例代码

```
package com.bennyhuo.kotlin.sample

class X {
  val a: Int = 0
  val b: String = ""

  fun c(i: Int, j: Int): Int {
    return i + j
  }
}
```

假设我们已经获取到了 X 的符号，由于 X 是个类，因此它的符号是 TypeElement，符号的类型就是描述 X 类的 TypeMirror 实例，如代码清单 5-23 所示。

代码清单 5-23   符号的类型

```
//X的符号
val element: TypeElement = ...
//X的符号的类型
```

```
val type: TypeMirror = element.asType()
//输出: com.bennyhuo.kotlin.sample.X
println(type)
```

我们也可以获取到 X 的成员对应的符号及其类型，如代码清单 5-24 所示。

代码清单 5-24　类成员的符号及其类型

```
//获取X当中声明的所有成员
element.enclosedElements.forEach {
  when(it) {
    //如果是字段
    is VariableElement -> {
      //it.asType()可以获取到字段的类型
      println("field: ${it.simpleName}: ${it.asType()}")
    }
    //如果是方法
    is ExecutableElement -> {
      //打印方法名和方法的类型
      println("method: ${it.simpleName}, type: ${it.asType()}")
      //遍历方法的参数
      it.parameters.forEachIndexed { i, e ->
        //e的类型是VariableElement
        println("parameter: $i, ${e.simpleName}: ${e.asType()}")
      }
    }
  }
}
```

程序输出如下:

```
field: a: int
field: b: java.lang.String
method: <init>, type: ()void
method: getA, type: ()int
method: getB, type: ()java.lang.String
method: c, type: (int,int)int
parameter: 0, i: int
parameter: 1, j: int
```

由此可见，字段符号的类型就是字段的类型，例如 a 的类型 int；方法符号的类型则由方法的参数和返回值构成，例如 c 的类型 (int, int)int。

这个结果看上去与我们的 Kotlin 示例代码有些不一致，主要体现在以下方面:

❑ 使用 APT 处理 Kotlin 代码时，处理器输出的类型是 Kotlin 类型映射到 Java 类型的结果，例如在这里 kotlin.Int 对应 Java 当中的基本类型 int。

❑ Kotlin 的只读属性 a、b 被当作 Java 的字段和对应的 Getter 方法，即 getA 和 getB。

出现这样的差异是因为 APT 在处理 Kotlin 符号时实际上是把 Kotlin 符号映射成 Java 符号之后再处理的，如图 5-3 所示。具体实现细节参见 7.5 节。

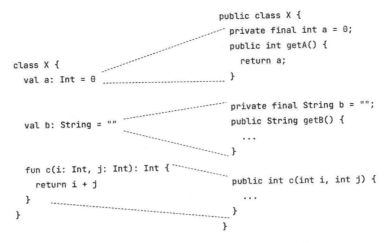

图 5-3 Kotlin 符号与 Java 符号的对照示意

在 KSP 当中获取符号的类型也很容易，主要有两种情况：一种是通过类符号直接获取类型，另一种是通过类型引用符号解析类型。

通过类符号直接获取类型时需要使用 KSClassDeclaration#asStarProjectedType()，如代码清单 5-25 所示。

代码清单 5-25　通过类符号直接获取类型

```
//X的符号
val declaration: KSClassDeclaration = ...
//输出：X
println(declaration?.asStarProjectedType())
```

细心的读者一定会注意到 asStarProjectedType，这个函数名为什么不直接像 APT 那样叫 asType 呢？实际上，asType 函数确实存在，它的声明如代码清单 5-26 所示。

代码清单 5-26　asType 函数的声明

```
fun asType(typeArguments: List<KSTypeArgument>): KSType
```

这意味着通过类符号获取类型还需要提供泛型参数，如果不关心泛型参数则可以使用 asStarProjectedType 来获取对应的星投影类型。

举个具体的例子，如代码清单 5-27 所示。

代码清单 5-27　泛型类型 Container 的定义

```
class Container<T> {
  ...
}
```

如果我们想要通过 Container<T> 这个类符号获取它对应的类型，在 APT 当中可以直接通过 asType 得到 Container 类型；而在 KSP 当中，可以通过提供泛型参数得到类似 Container<String> 这样的类型，也可以直接获取其星投影类型 Container<*>。

为什么在 APT 当中通过符号获取类型时可以不提供泛型参数呢？原因在于 Java 的泛型类型的原始类型（Raw Type）也是合法的类型。在 Java 当中，我们可以忽略泛型参数而直接使用其原始类型，如代码清单 5-28 所示。

代码清单 5-28　在 Java 当中使用原始类型

```
[Java]
//虽然不推荐，但可以通过编译
List list = new ArrayList();
```

想要在 APT 当中获取泛型实例化之后的类型，可以使用 Types#getDeclaredType(Type-Element, TypeMirror...) 方法，如代码清单 5-29 所示。

代码清单 5-29　在 APT 当中获取泛型实例化的类型

```
//String类型
val stringType = elements.getTypeElement("java.lang.String").asType()
//List符号
val typeElement = elements.getTypeElement("java.util.List")
//List<String>类型，输出：java.util.List<java.lang.String>
println(types.getDeclaredType(typeElement, stringType))
```

> 🎯提示　APT 的 TypeMirror 有非常多子接口、实现类，包括表示基本类型的 PrimitiveType、表示数组类型的 ArrayType、表示方法类型的 MethodType，等等。而 KSP 的 KSType 接口只用一个实现类 KSTypeImpl 就描述了所有的 Kotlin 类型，这与 Java、Kotlin 的类型系统设计有很大的关系。相比之下，Kotlin 的所有类型都有统一的表示，而 Java 的基本类型、数组类型、引用类型都在语法上存在差异。

接下来我们介绍一下 KSP 的类型引用符号（KSTypeReference）。类符号（KSClass-Declaration）在类型的声明处，类型引用符号则在类型的使用处，如代码清单 5-30 所示。

代码清单 5-30　类符号与类型引用符号

```
class X
      ^
      类符号


val x: X
       ^
       类型引用符号
```

因此，在 KSP 当中，我们获取属性的类型或函数的返回值类型时都会直接获取到对应的类型引用符号，如代码清单 5-31 所示。

代码清单 5-31　获取函数的返回值类型

```
//函数符号
val ksFunction: KSFunctionDeclaration = ...
//returnType是类型引用符号
val returnType: KSTypeReference? = ksFunction.returnType
```

如果我们想要进一步获取实际的类型，需要使用 KSTypeReference#resolve() 函数，如代码清单 5-32 所示。

代码清单 5-32　通过类型引用符号获取类型

```
val ksType: KSType? = returnType?.resolve()
```

由此可见，在 KSP 当中，要获取使用处的类型，需要先通过使用处的符号（例如 KS-FunctionDeclaration）获取到类型引用符号，再解析成对应的类型（KSType）。这一点与 APT 的处理是不同的，APT 没有提供类型引用符号这样的概念。

那么，KSP 为什么要这样设计呢？

因为类型引用符号与其他符号一样，是源代码的直接表示，不需要通过语义分析就可以获取到；而解析类型引用符号是在所有类型中查找所引用的类型的过程，这个过程需要依赖语义分析的结果，有一定的开销。KSP 引入类型引用符号，使得类型的解析延迟到使用时，也是一种性能上的优化。

 读者在 Kotlin 编译器的语法树结构当中也可以看到类似的类型引用符号的设计。

5.3.4　通过类型获取符号

一个类型只有在代码当中定义之后才会出现在类型系统当中，因而任何类型都可以找到它对应的符号。

在 APT 当中，想要通过 TypeMirror 获取它对应的 Element，需要借助 Types#asElement() 方法，其中 Types 的实例可以在处理器的 init 方法当中通过 ProcessingEnvironment 获取。具体用法如代码清单 5-33 所示。

代码清单 5-33　使用 Types 获取类型的符号

```
val type: TypeMirror = ...
val element: Element = types.asElement(type)
```

结合通过符号获取类型的操作，我们还可以尝试一下如代码清单 5-34 所示的方法。

代码清单 5-34　符号与符号的类型之间的相互转换

```
val element: Element = ...
//获取符号的类型
val type: TypeMirror = element.asType()
```

```
//获取类型的符号
val elementFromType: Element = types.asElement(type)
//输出true
println(elementFromType === element)
```

可见，获取符号对应的类型和获取类型对应的符号是互逆的过程。

在 KSP 当中，可以直接使用 KSType#declaration 获取类型对应的符号，如代码清单 5-35 所示。

代码清单 5-35　通过类型获取符号

```
//Sample类型
val ksType: KSType = ...
//输出Sample
println(ksType.declaration)
```

5.3.5　判断类型之间的关系

类型之间存在相同（Same）、可赋值（Assignable）、子类型（Subtype）等关系。

1. 相同类型

相同类型很容易理解，在 APT 当中可以使用 Types#isSameType(TypeMirror, TypeMirror) 来判断两个 TypeMirror 实例是不是相同的类型，如代码清单 5-36 所示。

代码清单 5-36　判断两个类型是否相同

```
val types: Types = ...
val t1: TypeMirror = ...
val t2: TypeMirror = ...
//输出t1与t2是否相同
println(types.isSameType(t1, t2))
```

要判断两个类类型（ClassType）是否相同，需要考虑二者的符号、外部类、泛型参数是否相同，因此 List<A> 和 List<B> 是不同的类型。如果希望判断两个类类型的原始类型是否相同，可以先做类型擦除，如代码清单 5-37 所示。

代码清单 5-37　判断两个泛型类型的原始类型是否相同

```
val types: Types = ...
//List<String>的类型
val t1: TypeMirror = ...
//List<Integer>的类型
val t2: TypeMirror = ...

//输出: java.util.List<java.lang.String>
println(t1)
//输出: java.util.List<java.lang.Integer>
println(t2)
//List<String>与List<Integer>不同，输出: false
```

```
println(types.isSameType(t1, t2))

//List
val rawType1 = types.erasure(t1)
//List
val rawType2 = types.erasure(t2)
//输出: true
println(types.isSameType(rawType1, rawType2))
```

要判断两个方法类型（MethodType）是否相同，则需要考虑二者的参数和返回值类型是否相同，与方法名无关，因此代码清单 5-38 当中的两个方法是相同的类型。

代码清单 5-38　判断方法类型是否相同

```
[Java]
void print(String message);
void println(String message);
```

在 KSP 当中判断两个类型是否相同的方法非常简单，直接使用 equals 运算符即可，如代码清单 5-39 所示。

代码清单 5-39　判断两个类型是否相同

```
val t1: KSType = ...
val t2: KSType = ...
//类型相同则返回true，否则返回false
println(t1 == t2)
```

如果想要在 KSP 当中比较两个类型的原始类型，可以使用对应的星投影类型进行比较。实际上，Kotlin 当中的星投影类型在很多场景下都可以完成 Java 原始类型的功能。我们来看一个稍微复杂一些的例子，如代码清单 5-40 所示。

代码清单 5-40　比较两个星投影类型是否相同

```
//List的符号，返回值一定不会为空，类型为KSClassDeclaration
val list = resolver.getClassDeclarationByName("kotlin.collections.List")!!
//List<out Int>类型
val listInt = list.asType(
  //泛型参数列表
  listOf(
    //创建泛型参数，类型为KSTypeArgument
    resolver.getTypeArgument(
      //使用基本类型Int来创建KSTypeReference
      resolver.createKSTypeReferenceFromKSType(resolver.builtIns.intType),
      //协变, out
      Variance.COVARIANT
    )
  )
)
//用同样的方式创建List<out String>
val listString = ...
```

```
//使用星投影类型即List<*>做比较,输出: true
println(listInt.starProjection() == listString.starProjection())
```

2. 可赋值类型和子类型

可赋值类型和子类型的表述在 Kotlin 当中没有实质的区别，即在 Kotlin 当中如果类型 A 的实例可以赋值给类型 B 的变量，那么 A 类型就是 B 类型的子类型。

不过在 Java 当中，可赋值类型和子类型却不完全相同，如代码清单 5-41 所示。

代码清单 5-41　Java 当中存在可赋值关系的基本类型

```
[Java]
int a = 0;
//int与long之间存在可赋值关系
long b = a;
//int与Integer之间存在可赋值关系
Integer c = a;
```

int 与 long 都是基本类型，我们可以用 int 类型的变量为 long 类型的变量赋值，因此二者之间存在可赋值的类型关系。此外，int 也确实是 long 的子类型，这在 Java 语言规范当中是有明确定义的，参见 Java 语言规范：4.10.1 基本类型之间的子类型关系。

int 与 Integer 是拆箱类型与装箱类型的关系，尽管二者之间同样存在可赋值的关系，不过二者不存在子类型的关系。

因此，我们可以看到在 APT 当中，Types 提供了 isAssignable 来判断类型的可赋值关系，提供了 isSubtype 来判断类型的父子关系。而在 KSP 当中就比较简单了，KSType 只有一个 isAssignableFrom 来判断类型的可赋值关系，如果大家有兴趣翻阅 KSP 的源代码，你就会发现它最终调用的实际上是 Kotlin 编译器的 KotlinTypeChecker#isSubtypeOf() 函数。

 提示　Java 在很多语法设计上都需要额外照顾这些基本类型，对基本类型的装箱支持更像 是在类型系统上打了一个补丁。

5.3.6　获取注解及其参数值

我们可以通过符号获取到标注于它之上的注解，进而获取到其中的值。

如代码清单 5-42 所示，我们希望读取到示例代码中每一个字段的 @SerialName 注解信息。

代码清单 5-42　@SerialName 的使用示例

```
class User(
  @SerialName("_id")
  val id: Long,
  @SerialName("_name")
  val name: String
)
```

@SerialName 的定义如代码清单 5-43 所示。

代码清单 5-43　@SerialName 的定义

```
@Target(AnnotationTarget.PROPERTY)
annotation class SerialName(val name: String)
```

如果使用 APT 来处理这段代码，我们可以通过 RoundEnvironment 和注解符号直接获取到被注解标注的符号，再通过这些符号获取注解的参数。

如果注解 @SerialName 在处理器运行时不可见，那我们就无法直接使用 @SerialName 的 Class 实例，只能通过注解符号来实现相关需求。

在这种情况下，想要获取被注解标注的符号，可以使用 RoundEnvironment#getElementsAnnotatedWith(TypeElement)，参数是对应的注解符号，如代码清单 5-44 所示。

代码清单 5-44　获取被 @SerialName 标注的符号

```
//获取@SerialName的符号
val serialName = elements.getTypeElement("...")
//通过注解符号获取被标注的符号
val propertyElements = roundEnv.getElementsAnnotatedWith(serialName)
```

接下来，我们遍历 propertyElements，来获取注解的参数值。同样地，因为注解在处理器运行时不可见，我们无法直接获取注解的实例，所以需要通过注解符号来获取参数值，如代码清单 5-45 所示。

代码清单 5-45　通过注解符号获取注解参数值

```
//propertyElements的第i个元素
val element = propertyElements[i]
//可能有多个注解，先找到@SerialName
element.annotationMirrors.singleOrNull {
  //annotationType返回注解的类型，通过它可以获取到注解的符号
  //serialName是之前获取到的@SerialName的符号
  it.annotationType.asElement() == serialName
}?.elementValues?.forEach {
  //it.key是注解参数符号
  //it.value是AnnotationValue类型
  //it.value.value获取到的就是注解当中参数的值
  println("${it.key.simpleName}: ${it.value.value}")
}
```

输出结果是：

```
name: _id
name: _name
```

如果 @SerialName 在处理器运行时可见，那么我们还可以有更简单的做法，如代码清单 5-46 所示。

代码清单 5-46　直接通过注解实例获取注解参数值

```
roundEnv.getElementsAnnotatedWith(SerialName::class.java)
  .forEach { element ->
    val name = element.getAnnotation(SerialName::class.java)?.name
    println("name: $name")
  }
```

KSP 同样也存在这两种相似的做法。如果注解在处理器运行时不可见，我们同样需要通过处理符号来获取注解的信息，如代码清单 5-47 所示。

代码清单 5-47　通过注解符号获取注解参数值

```
val className = "com.bennyhuo.kotlin.annotations.SerialName"
//获取@SerialName的符号
val serialName = resolver.getClassDeclarationByName(className)
resolver.getSymbolsWithAnnotation(className).forEach {
  it.annotations.singleOrNull {
    //annotationType是KSTypeReference，类型引用符号
    //resolve函数可以解析KSTypeReference得到对应的类型
    it.annotationType.resolve().declaration == serialName
  }?.arguments?.forEach {
    environment.logger.warn("${it.name?.asString()}: ${it.value}")
  }
}
```

如果注解在处理器运行时可见，情况就会简单很多，如代码清单 5-48 所示。

代码清单 5-48　直接通过注解实例获取注解参数值

```
resolver.getSymbolsWithAnnotation(className).forEach {
  val name = it.getAnnotationsByType(SerialName::class).firstOrNull()?.name
  environment.logger.warn("name: $name")
}
```

需要注意的是，如果注解当中存在 Class/KClass 类型的参数，在通过注解实例获取参数时可能会遇到类型不存在的异常。如代码清单 5-49 所示，注解 @Serializer 的参数 clazz 是 KClass 类型，在处理器当中采用第二种方法获取 clazz 的值时需要注意处理异常。

代码清单 5-49　Serializer 的定义

```
@Target(AnnotationTarget.CLASS)
annotation class Serializer(val clazz: KClass<*>)
```

先看 APT 的获取方法，如代码清单 5-50 所示。

代码清单 5-50　在 APT 当中获取 Serializer 的参数

```
try {
  val clazz = element.getAnnotation(Serializer::class.java)?.clazz
  println("class: $clazz")
```

```
} catch (e: MirroredTypeException) {
  val typeMirror = e.typeMirror
  println("type: $typeMirror")
}
```

从目前 Java 编译器实现上来看，在获取 Class/KClass 类型的注解参数时，APT 总是会抛出 MirroredTypeException。开发者只需要按照代码清单 5-50 呈现的方式针对获取到的 Class/KClass 实例和 TypeMirror 实例这两种情况分别处理即可。

KSP 的情况与此类似，如代码清单 5-51 所示。

代码清单 5-51　在 KSP 当中获取 Serializer 的参数

```
try {
  val clazz = declaration.getAnnotationsByType(Serializer::class).first().clazz
  println("class: $clazz")
} catch (e: KSTypeNotPresentException) {
  val type = e.ksType
  println("type: $type")
}
```

如果 clazz 的值对应的类型在 KSP 运行时可见，那么读取 clazz 时就会直接返回 KClass 的实例；否则就会抛出 KSTypeNotPresentException，这时我们可以通过异常来获取 KSType 的实例。

如果注解的参数类型是 Class/KClass 数组，也会有 MirroredTypesException 和 KSTypesNotPresentException 与之相对应，读者可以自行尝试。

5.4　案例：基于源代码生成模块的符号文件

现在我们已经对符号处理有了一定的了解，本节将运用前面介绍的知识完成基于源代码生成模块的符号文件的案例。

5.4.1　案例背景

作为库开发者，我们经常需要仔细地思考如何对外暴露接口，在版本的迭代过程中也要确保公开的接口相对稳定，以降低使用者的升级成本。因此，明确哪些符号是导出给外部使用的，对于一个库而言非常重要。

现在我们希望使用注解 @Export 标注库当中需要导出的类，并且生成一个文本文件来记录这些被导出的类的公有成员。@Export 的定义如代码清单 5-52 所示。

代码清单 5-52　@Export 的定义

```
@Target(AnnotationTarget.CLASS)
@Retention(AnnotationRetention.SOURCE)
annotation class Export
```

符号的存储格式可以根据实际需求设计，在本节，我们会简单地把类符号以及类内部的公有成员的基本信息打印输出到符号文件当中。

以 Settings 类为例，它的定义如代码清单 5-53 所示。

代码清单 5-53　Settings 类的定义

```
@Export
class Settings {
  private val map = HashMap<String, String>()

  fun set(key: String, value: String) {
    map[key] = value
  }

  fun get(key: String, default: String = ""): String {
    return map[key] ?: default
  }
}
```

经过 APT 处理之后得到如代码清单 5-54 所示的输出。

代码清单 5-54　Settings 类导出的符号（APT）

```
public final class com.bennyhuo.kotlin.Settings
  public Settings()
  public final void set(java.lang.String,java.lang.String)
  public final java.lang.String get(java.lang.String,java.lang.String)
```

而经过 KSP 处理之后得到如代码清单 5-55 所示的输出。

代码清单 5-55　Settings 类导出的符号（KSP）

```
class com.bennyhuo.kotlin.Settings
  fun set(kotlin.String, kotlin.String): kotlin.Unit
  fun get(kotlin.String, kotlin.String): kotlin.String
  final public fun constructor()
```

我们看到 KSP 与 APT 的结果并不相同。尽管 Kotlin 与 Java 在互调用上提供了非常完善的支持，但二者在语法设计上仍然存在巨大的差异。APT 会把 Kotlin 当成 Java 去处理，同样的，KSP 也会把 Java 当成 Kotlin 去处理。

我们当然可以在 KSP 当中稍做转换，按照 Java 的语法风格导出符号，不过为了突出这一差异，本例中 APT 的输出就采用 Java 语法的形式，而 KSP 的输出则采用 Kotlin 语法的形式。

5.4.2　案例实现：APT 版本

想要完成本例的目标，我们只需要在 process 方法中通过上下文获取到被注解标注的类型，再遍历它们的成员并输出到符号文件当中，如代码清单 5-56 所示。

代码清单 5-56 符号导出的 APT 实现

```kotlin
class ExportProcessor : Processor {
  private lateinit var filer: Filer
  private lateinit var messager: Messager

  override fun init(processingEnv: ProcessingEnvironment) {
    filer = processingEnv.filer
    messager = processingEnv.messager
  }
  ...
  override fun getSupportedAnnotationTypes() = setOf(Export::class.java.name)

  override fun process(
    annotations: MutableSet<out TypeElement>,
    roundEnv: RoundEnvironment
  ): Boolean {
    //annotations实际只包含@Export注解的符号
    //这是由getSupportedAnnotationTypes的返回值决定的
    val exports = annotations.flatMap {
      //获取被@Export标注的符号
      roundEnv.getElementsAnnotatedWith(it)
    }.filterIsInstance<TypeElement>()
      .onEach {
        if (Modifier.PUBLIC !in it.modifiers) {
          //只允许@Export注解标注public的类型，否则打印错误信息
          messager.printMessage(
            Diagnostic.Kind.ERROR,
            "@Export cannot be annotated at non-public classes.",
            it
          )
        }
      }

    if (exports.isEmpty()) return true

    //创建待生成的符号描述文件对象
    val generatedFile = filer.createResource(
      StandardLocation.CLASS_OUTPUT,
      "",
      "java-symbol-exports.txt",
      //声明该文件依赖被标注的类型符号，可用于增量编译
      *exports.toTypedArray()
    )

    generatedFile.openWriter().use { writer ->
      exports.forEach { element ->
        //print是我们自定义的扩展，用于将符号打印到writer当中
        element.print(writer)
```

```
        }
    }

    //表示参数annotations当中的注解只能由当前处理器处理
    return true
  }
  ...
}
```

在 process 中，我们使用为 Element 专门实现的 print 扩展函数来打印符号，读者可以自行参阅本书源代码来了解更多实现细节。

5.4.3　案例实现：KSP 版本

与 APT 类似，KSP 版本的功能也主要在 process 函数当中实现，如代码清单 5-57 所示。

代码清单 5-57　符号导出的 KSP 实现

```
class ExportSymbolProcessor(
  val environment: SymbolProcessorEnvironment
) : SymbolProcessor {
  override fun process(resolver: Resolver): List<KSAnnotated> {
    //获取被注解@Export标注的类型符号
    val exports = resolver.getSymbolsWithAnnotation(Export::class.java.name)
      //注解的定义限定了被标注的符号一定是类，对应的符号类型为KSClassDeclaration
      .filterIsInstance<KSClassDeclaration>()
      .onEach {
        if (!it.isPublic()) {
          //只允许@Export注解标注public的类型，否则打印错误信息
          environment.logger.error(
            "@Export cannot be annotated at non-public classes.",
            it
          )
        }
      }.toList()

    if (exports.isEmpty()) return emptyList()

    //创建待生成的文件，generatedFileStream的类型为OutputStream
    val generatedFileStream = environment.codeGenerator.createNewFile(
      Dependencies(
        //true表示是聚合依赖类型
        true,
        //依赖的所有文件，用于增量编译
        *exports.mapNotNull { it.containingFile }.toTypedArray()
      ),
      "", //包名
      "kotlin-symbol-exports", //文件名
      "txt" //文件扩展名
    )
```

```
generatedFileStream.bufferedWriter().use { writer ->
  exports.forEach { declaration ->
    //print是我们自定义的扩展，用于将符号打印到writer当中
    declaration.print(writer)
  }
}

//返回空列表表示没有不能处理的符号
return emptyList()
  }
}
```

整个处理器的执行思路与 APT 版本的实现一致，使用的 API 也基本上可以相互对照。

process 函数返回空列表的做法实际上并不严谨，更好的做法是返回没有通过有效性验证的符号。符号的有效性验证的相关内容可参见 5.5.2 节。

另外，与 APT 的实现相同，我们对 Kotlin 符号同样提供了 print 扩展来打印其中的信息，读者同样可以自行参阅本书源代码来了解更多实现细节。

5.5　深入理解符号处理器

尽管我们已经掌握了如何实现一个简单的符号处理器，不过，要想写出更加复杂且可靠的处理器，还需要对一些重要的问题进一步展开讨论。

5.5.1　如何使用 APT 处理 Kotlin 符号

在 KSP 发布之前，我们通常会使用 APT 来实现 Kotlin 的符号处理功能。Kotlin 编译器提供一个专门的插件来实现这个功能，即 KAPT。

Kotlin 编译器从 M12 版本开始就提供了对 APT 的支持，这也是 KAPT 首次亮相。在这个版本当中，Kotlin 编译器会先将 Kotlin 代码编译成字节码，再将编译生成的字节码作为程序的二进制依赖让 Java 编译器去处理，如图 5-4 所示。

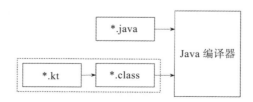

图 5-4　Kotlin M12 当中的 KAPT 执行流程

这个实现方案有两个缺陷，一是 Kotlin 源代码无法引用处理器生成的代码，二是源代码可见的注解在处理器处理时不可见。不过，这个方案有个很大的好处，那就是实现成本比较低，因此为了尽快满足绝大多数的线上需求，Kotlin 团队选择采用该方案来解决过渡时

期的可用性问题。

从 1.0.4 版本开始，Kotlin 编译器开始提供一套新的解决方案，即生成 Java 存根（Java stubs）的方案。Kotlin 编译器会先将 Kotlin 的源代码转成 Java 编译器可以处理的 Java 存根，再由 Java 编译器执行原本的符号处理逻辑。我们已经在 2.5.5 节介绍过这个逻辑，读者可以对比图 2-14 与图 5-4 来理解现有方案与早期方案的差异。

Java 存根当中只保留了必要的符号信息，以代码清单 5-53 当中的 Settings 为例，KAPT 生成的 Java 存根如代码清单 5-58 所示。

代码清单 5-58　KAPT 为 Settings 生成的 Java 存根

```Java
@kotlin.Metadata(mv = {1, 6, 0}, k = 1, d1 = {...}, d2 = {...})
public final class Settings {
  private final HashMap<String, String> map = null;

  public Settings() {
    super();
  }

  public final void set(@NotNull String key, @NotNull String value) {
  }

  @NotNull
  public final String get(@NotNull String key, @NotNull String p1_772401952) {
    return null;
  }
}
```

为了阅读方便，我们省略了 d1 和 d2 的值以及部分类型的包名。在这份 Java 存根当中，get 和 set 的方法体直接被清空，字段 map 也只保留了类型，初始化的部分被替换成了 null。由此可以进一步证实，Java 符号处理只包括对 Java 程序 ABI 的处理。

稍微提一句，如果属性的初始化表达式是编译期常量，那么它也将出现在 Java 存根当中，这是为了支持 Java 符号 API 当中的 VariableElement 的 getConstantValue 方法，如代码清单 5-59 所示。

代码清单 5-59　VariableElement 的 getConstantValue 方法

```Java
public interface VariableElement extends Element {
  ...
  Object getConstantValue();
  ...
}
```

getConstantValue 方法会在属性值为编译期常量时返回对应的基本类型值，其他情况则返回 null。

提示 KSP 目前尚未提供与 getConstantValue 类似的 API。

把 Kotlin 代码转成 Java 符号的方式，可以适用于绝大多数符号处理需求场景。不过，由于 Kotlin 与 Java 的语法存在很大的差异，符号转译的过程当中也会丢失很多关键信息。接下来我们通过例子来说明这个问题，如代码清单 5-60 所示。

代码清单 5-60　数据类示例

```
data class Person(val id: Long, val name: String)
```

KAPT 基于代码清单 5-60 所示的 Person 类生成的 Java 存根如代码清单 5-61 所示。

代码清单 5-61　KAPT 为 Person 生成的 Java 存根

```
[Java]
@Metadata(mv = {1, 6, 0}, k = 1, d1 = {"..."}, d2 = {"..."})
public final class Person {
    ...
}
```

为了阅读方便，我们省略了部分代码。通过这份 Java 存根，我们很难直接分辨出 Person 是不是数据类。实际上，原本为 Java 源代码提供支持的 APT 自然也不会关心这个问题。如此一来，我们想要使用 APT 来为数据类生成 deepCopy 函数的想法可能会难以直接实现。

对于这种场景，我们就需要借助 @Metadata 注解的信息来实现 Kotlin 符号的还原了，具体实现方法可以参考 5.6.3 节。

5.5.2　符号的有效性验证

处理器执行时，部分符号的类型可能还不能完全得到解析。产生这种情况的原因主要包括：
- 程序确实存在错误，导致类型解析失败。
- 处理器执行的顺序不确定，某些处理器之间可能存在某种依赖，部分类型会因其源代码尚未生成而无法得到解析。

如果处理器需要获取符号的类型，为了确保处理器能够正常对符号进行处理，我们通常需要在获取到待处理的符号之后对其进行验证。符号验证的思路实际上非常简单，就是访问符号内部的结构，对涉及的类型进行解析，判断其是否有效。

在 APT 当中，我们可以借助 Google 的开源项目 auto 提供的 SuperficialValidation#validateElement(Element) 来验证符号的有效性；在 KSP 当中，方法更加简单，直接使用 KSNode#validate((KSNode?, KSNode) -> Boolean) 即可。

5.5.3　处理器的轮次和符号的延迟处理

符号处理器会被调用多次，这主要是因为处理器调用时通常会产生新的源代码，这些源代码也需要经过处理器处理。

在 APT 当中，处理器的执行有两个条件，满足其一就会被执行：

❑ 当前轮次的源代码当中存在被该处理器声明的注解所标注的符号。

❑ 该处理器在之前的轮次当中已经被执行过。

处理器执行时，process 方法的参数 roundEnv 包含了当前轮次所需要处理的符号信息，这些符号信息源自编译器的输入（首轮执行处理器）、上一轮次生成的源代码或二进制类文件（后续执行处理器）。

我们通常会使用 RoundEnvironment#getElementsAnnotatedWith(...) 来获取被注解标注的符号，但这个方法获取到的符号只包含当前轮次的符号。这意味着，如果当前轮次有部分符号因为无法通过有效性验证而无法被立即处理，那么这些符号需要由处理器自行记录，在后续的轮次当中再次尝试处理，即符号的延迟处理。

记录用于延迟处理的符号时，不要直接保存符号的引用。因为符号在被更新时，原有的符号实例会被丢弃。因此记录符号时，需要记录符号所在的类符号或者包符号的名称，并在后续需要时通过 Elements 来重新获取符号实例。

为了降低 APT 的开发复杂度，Google 的开源项目 auto 还提供了一个 BasicAnnotation-Processor 类，我们可以直接继承这个类来实现自己的处理器，符号的验证和延迟处理等工作都已经被妥善处理而不需要额外实现。

在 KSP 当中，处理器的 process 方法在每个轮次都会被执行。KSP 默认对符号验证和延迟处理当前无法解析的符号提供支持，这使得符号处理的逻辑变得更加简单、直接。与 APT 不同，KSP 的 process 的返回值就是需要延迟处理的符号，因此如果遇到无法通过验证的符号，我们将其作为返回值返回即可。

5.5.4 处理器对增量编译的支持

增量编译要求在编译过程中尽可能地减少对源文件的处理。实现增量编译的一个重要条件是具备识别变更的能力，符号处理器实现增量编译的可能性是建立在目标文件与源文件的关系之上的。在符号处理器当中，我们通常会通过分析一个文件或者多个文件当中的符号来实现代码生成，生成的目标文件与源文件的关系可以分为两种：

❑ 目标文件只依赖于若干特定的源文件，除了这些源文件之外的其他变动不会影响目标文件的生成，简称为一对一或特定多对一。

❑ 目标文件依赖于多个源文件，新的源文件或者其他源文件的改动都可能会影响目标文件的生成，简称为不定多对一。

以前面的符号文件生成为例，如果我们为每一个类符号单独生成一个文件，那么每一个类符号对应的源文件的修改都只会影响自己的目标文件，即源文件与目标文件一对一，如图 5-5 所示。

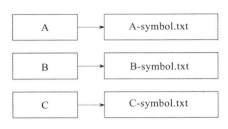

图 5-5 源文件与目标文件一对一

如果所有的类符号都生成到一个文件中，那么任何一个类符号的修改都会影响最终的符号文件。不仅如此，新增、删除源文件都会影响到最终的符号文件内容。这种情况就是不定多对一，如图 5-6 所示。

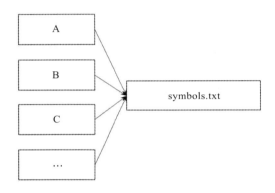

图 5-6 源文件与目标文件不定多对一

Gradle 对 APT 提供了增量编译的支持。为了应对源文件与目标文件的不同关系，Gradle 为 APT 提供了以下两种增量编译模式。

1）隔离模式（Isolating）：该模式下每一个被注解标注的符号必须独立地生成目标文件，处理过程当中只能访问与该符号有关的其他符号和类型，包括父类型、成员符号和类型等。该模式要求源文件与目标文件之间遵从一对一的对应关系。

2）聚合模式（Aggregating）：在该模式下，Gradle 总是重新调用该处理器对相应的符号进行处理，并对生成的文件进行编译，即源文件与目标文件之间遵从不定多对一的对应关系。

显然，隔离模式的限制更多，但更容易实现增量编译；聚合模式的限制较少，但往往会影响编译速度。

为一个处理器添加增量编译支持，需要在 classpath 当中添加配置文件，路径为 META-INF/gradle/incremental.annotation.processors，内容为处理器的全限定类名以及处理器的增量模式，如代码清单 5-62 所示。

代码清单 5-62　在 Gradle 中为 APT 的处理器添加增量配置

代码清单 5-62　在 Gradle 中为 APT 的处理器添加增量配置

```
com.bennyhuo.kotlin.apt.SampleProcessor,aggregating
```

除了添加增量配置，我们还需要在生成代码时明确源文件和目标文件之间的具体依赖关系。我们已经在生成符号文件的案例当中见到过相应的写法，如代码清单 5-63 所示。

代码清单 5-63　为生成的文件添加符号依赖（APT）

```
val exports: List<TypeElement> = ...
val generatedFile = filer.createResource(
  StandardLocation.CLASS_OUTPUT,
  "",
  "java-symbol-exports.txt",
  //传入依赖的符号
  *exports.toTypedArray()
)
```

在创建目标文件时传入其依赖的符号，这样就可以建立起目标文件与源文件的关系。

KSP 也有类似的设计。KSP 的增量编译默认是开启的，我们只需要在创建目标文件时明确源文件和目标文件的关系即可。我们同样来回顾一下创建目标文件的代码，如代码清单 5-64 所示。

代码清单 5-64　为生成的文件添加符号依赖（KSP）

```
val exports: List<KSClassDeclaration> = ...
val generatedFileStream = environment.codeGenerator.createNewFile(
  Dependencies(
    //表示目标文件与源文件之间是聚合的多对一的关系
    aggregating = true,
    //获取符号所在的文件
    *exports.mapNotNull { it.containingFile }.toTypedArray()
  ),
  ..
)
```

当 Dependencies 的 aggregating 为 true 时，目标文件与源文件之间是聚合的多对一关系。当 Dependencies 的文件变更以及有新增文件时，处理器会被重新执行，这种情况与 APT 的聚合模式类似。

如果 aggregating 为 false，则只有 Dependencies 包含的文件变更时处理器才会被重新执行，这种情况与 APT 的隔离模式类似。此时，KSP 允许多个确定的源文件对应到一个目标文件上，除了这些源文件之外的任何变更都不会引起对应的处理器的执行。这种情况下，源文件与目标文件是一对一或者特定多对一的关系。

如果某个 KSP 的处理器会生成多个目标文件且增量编译时只有部分目标文件所依赖的源文件变更，那么该处理器会被重新执行。不过，使用 Resolver#getSymbolsWithAnnotation(...) 只能获取到发生变更的文件当中的符号。

尽管工作机制类似，但 KSP 的增量支持比 APT 更精细。我们可以在同一个 Kotlin 符号处理器当中为不同的目标文件配置不同的依赖关系，但 APT 的每一个处理器只能配置一种增量编译的模式。

> 🖥 说明 Gradle 允许我们在配置文件当中将 Java 注解处理器配置为 dynamic，并在执行时根据具体情况在 getSupportedOptions 当中返回实际的增量模式，但这仍然将增量模式的配置限制在处理器级别了。有关 Gradle 对 Java 编译的增量支持的详细内容，可以参考 Gradle 官方文档的 Java 插件部分：https://docs.gradle.org/current/userguide/java_plugin.html#sec:incremental_annotation_processing。

5.5.5　多模块的符号处理

如果源文件到目标文件是一对一或者特定多对一的隔离模式，那么多模块与单模块在符号处理时没有任何区别。这种情况下，各个模块单独处理各自的符号，模块之间不会产生影响。但如果源文件到目标文件是不定多对一的聚合模式，那么情况就可能会变得复杂。

我们来看一个 API 的聚合示例，如代码清单 5-65 所示。

代码清单 5-65　API 的聚合示例

```kotlin
//模块: common；文件: CommonUserApi.kt
@Mixin("UserApis")
class CommonUserApi {
  fun getName(id: Long): String = ...
  fun getAge(id: Long): Int = ...
}

//模块: github-api；文件: GitHubUserApi.kt
@Mixin("UserApis")
class GitHubUserApi {
  fun getGitHubUrl(id: Long): String = ...
  fun getRepositoryCount(id: Long): Int = ...
}
```

我们希望按照 @Mixin 注解的参数生成对应的新类，并将参数相同的类的方法整合到新类当中，生成的 UserApis 如代码清单 5-66 所示。

代码清单 5-66　聚合之后生成的目标程序

```kotlin
//模块: app；文件: UserApis.kt
class UserApis(
  val commonUserApi: CommonUserApi,
  val gitHubUserApi: gitHubUserApi
) {
  fun getName(id: Long) = commonUserApi.getName(id)
  fun getAge(id: Long) = commonUserApi.getAge(id)
  fun getGitHubUrl(id: Long) = gitHubUserApi.getGitHubUrl(id)
```

```
    fun getRepositoryCount(id: Long) = gitHubUserApi.getRepositoryCount(id)
}
```

由于被标注的符号可能分散在各个模块当中，因此我们在单个模块编译时无法直接生成目标文件。为了解决这个问题，我们需要引入主从模块的概念，主模块和从模块都可能会存在被标注的符号，但最终的目标文件生成要在主模块当中统一完成，如图 5-7 所示。

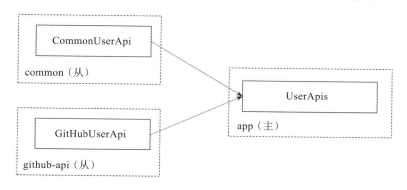

图 5-7 主从模块的代码生成

首先，我们要解决如何区分主从模块的问题。由于主从模块是由处理器的使用者自己决定的，处理器的开发者无法根据已有的信息来直接获取，因此我们通常会要求使用者通过参数来设置主从模块，处理器则根据参数值来决定自己按照哪种方式执行。

其次，主模块完成最终的目标文件生成，从模块似乎什么都不用做，是这样吗？当然不是。不管是 APT 还是 KSP，都只能直接获取到当前轮次需要编译的源代码当中被注解标注的符号，这意味着在主模块编译时，它依赖的从模块当中被注解标注的符号不能被直接获取到。为了解决主模块获取从模块符号的问题，我们通常会在从模块当中生成一个包含被注解标注的符号信息的文件，称为元信息文件，如代码清单 5-67 所示。

代码清单 5-67 元信息文件示例

```
[Java]
package com.bennyhuo.kotlin.processor.module;

@LibraryIndex({"com.bennyhuo.common.CommonUserApi"})
class MixinIndex_83569b25937e0d5d065f7ff1823cb779 {
}
```

通常我们会把这个元信息文件生成到一个特定的包名下，这样在主模块的处理器当中，我们就可以通过包名来获取所有的元信息类，如代码清单 5-68 所示。

代码清单 5-68 元信息文件的获取

```
// 获取特定包名下的所有类符号，并获取这些符号的注解
val libraryIndexes = env.elementUtils.getPackageElement(PACKAGE_NAME)
```

```
?.enclosedElements
?.filterIsInstance<TypeElement>()
?.mapNotNull {
  it.getAnnotation(LibraryIndex::class.java)
} ?: emptyList()
```

多模块的支持是符号处理当中比较常见的问题，我将上述生成和加载元信息文件的逻辑整理到了 symbol-processing-module-support（https://github.com/bennyhuo/symbol-processing-module-support）项目当中，有兴趣的读者可以通过阅读源代码来了解更多细节。

5.6　案例：使用符号处理器实现 DeepCopy

除了反射以外，DeepCopy 也可以通过符号处理器来实现。本节我们将详细介绍如何基于 APT 和 KSP 完成 DeepCopy 案例。

5.6.1　案例背景

我们已经在 3.4 节使用反射实现了 DeepCopy，不过反射方案仍然存在不支持 Kotlin 多平台、不支持调用时自定义特定字段值等问题。这些问题的本质是反射的方案并没有真正为数据类生成 deepCopy 函数。

生成代码是符号处理器的长处，因此本节我们将尝试通过生成 deepCopy 函数来实现数据类的深复制。

5.6.2　需求分析

我们仍以代码清单 3-62 当中的两个数据类为例，支持深复制的类需要被 @DeepCopy 注解标注，如代码清单 5-69 所示。

代码清单 5-69　为数据类添加 DeepCopy 注解

```
@DeepCopy
data class Point(var x: Int, var y: Int)
@DeepCopy
data class Text(var id: Long, var text: String, var point: Point)
```

生成的 deepCopy 函数与编译器生成的 copy 函数类似，如代码清单 5-70 所示。

代码清单 5-70　生成的 deepCopy 函数

```
fun Text.deepCopy(
  id: Long = this.id,
  text: String = this.text,
  point: Point = this.point
) = Text(id, text, point.deepCopy())
```

```kotlin
fun Point.deepCopy(
  x: Int = this.x,
  y: Int = this.y,
) = Point(x, y)
```

此外，我们也可以为外部类型（源码不可修改）添加深复制支持，如代码清单 5-71 所示。

代码清单 5-71　为外部类型添加深复制支持

```kotlin
@DeepCopyConfig(values = [ExternalDataClass::class])
class Config
```

这样编译时就可以为外部依赖当中的 ExternalDataClass 类生成 deepCopy 函数了。

生成 deepCopy 函数所需的信息就是数据类的 component、泛型参数等信息，这些信息可以在符号处理器当中获取到。

由于本例相比之前的案例更加复杂，受篇幅限制，在接下来的案例实现中，我们将只给出其中的关键节点，而不是完整的代码逻辑。完整的源代码可以在开源项目 KotlinDeepCopy（https://github.com/bennyhuo/KotlinDeepCopy）当中找到。

5.6.3　案例实现：APT 版本

整个案例的实现就是为 @DeepCopy 标注的类和 @DeepCopyConfig 的参数值中的类生成 deepCopy 函数的过程。

第一步，获取这些类的符号，如代码清单 5-72 所示。

代码清单 5-72　获取待处理的类符号

```kotlin
//获取被@DeepCopy标注的符号
val deepCopyClasses = roundEnv.getElementsAnnotatedWith(DeepCopy::class.java)
  .filterIsInstance<TypeElement>()
  .filter { it.kind.isClass }

//获取@DeepCopyConfig参数当中的类对应的符号
val deepCopyClassesFromConfig = roundEnv.getElementsAnnotatedWith(
  DeepCopyConfig::class.java
).filterIsInstance<TypeElement>()
  .map {
    //获取注解实例，这里采用了注解类型在处理器运行时可见的处理方法
    it.getAnnotation(DeepCopyConfig::class.java)
  }.flatMap {
    try {
      //获取注解的参数，类型为Class
      //由于这些Class可能在编译器的运行时不存在
      //因此访问values时可能会抛出异常
      it.values.map { kClass ->
        //获取符号
        elements.getTypeElement(kClass.qualifiedName!!)
      }
```

```
  } catch (e: MirroredTypesException) {
    //typeMirrors与values的值相对应
    e.typeMirrors.map { it.asElement() }
  }
}.filterIsInstance<TypeElement>()
```

也可以通过注解符号获取 @DeepCopyConfig 的参数值，如代码清单 5-73 所示。

代码清单 5-73　通过注解符号获取 @DeepCopyConfig 的参数

```
val deepCopyConfigClassName = "<省略包名>.DeepCopyConfig"
val deepCopyConfigElement = elements.getTypeElement(deepCopyConfigClassName)
val deepCopyClassesFromConfig = roundEnv.getElementsAnnotatedWith(
  deepCopyConfigElement
).filterIsInstance<TypeElement>()
  .flatMap {
    it.annotationMirrors
  }.filter {
    // 只保留@DeepCopyConfig注解
    (it.annotationType.asElement() as? TypeElement)
      ?.qualifiedName
      ?.contentEquals(deepCopyConfigClassName) == true
  }.flatMap {
    //通过AnnotationMirror#getElementValues()获取注解参数
    it.elementValues
  }.flatMap { entry: Map.Entry<ExecutableElement, AnnotationValue> ->
    //以参数value = [A::class]为例
    //entry.key是value的符号
    //entry.value是AnnotationValue，entry.value.value才是注解参数值
    when (val value = entry.value.value) {
      //如果是List，说明实参为数组，数组的元素类型也是AnnotationValue
      is List<*> -> (value as List<AnnotationValue>).map { it.value }
      //如果是单个值，那么value就是我们最终想要的值
      else -> listOf(value)
    }
  }
  //参数类型是Class，因此获取到的值的类型是TypeMirror
  .filterIsInstance<TypeMirror>()
  .map { it.asElement() }
  .filterIsInstance<TypeElement>().toSet()
```

不难发现，后者明显更加复杂。如果注解在处理器的运行时可见，则优先采用直接获取注解实例的方法。

接下来需要解析 @Metadata 注解来获取 Kotlin 类的专属信息，如代码清单 5-74 所示。

代码清单 5-74　解析 @Metadata 注解获取类信息

```
//读取类的@Metadata注解实例，deepCopyClass是TypeElement
val meta = deepCopyClass.getAnnotation(Metadata::class.java)
//解析@Metadata注解
val classMeta = KotlinClassMetadata.read(
```

```
      KotlinClassHeader(meta.kind, meta.metadataVersion, meta.data1, ...)
) as? KotlinClassMetadata.Class
// 访问类的元数据
classMeta?.accept(object : KmClassVisitor() {
    override fun visit(flags: Flags, name: ClassName) {
        // 通过flags获取是否为数据类
        ...
    }

    override fun visitTypeParameter(
        flags: Flags,
        name: String,
        id: Int,
        variance: KmVariance
    ): KmTypeParameterVisitor {
        // 获取数据类的泛型参数
        return ...
    }

    override fun visitConstructor(flags: Flags): KmConstructorVisitor? {
        // 获取主构造函数，并获取其中的component信息
        ...
    }
})
```

解析 @Metadata 注解之后，我们就可以准确地判断一个 Kotlin 类是否为数据类，以及它的 component 依次是什么。接下来，我们定义一个新类 KTypeElement 来保存这些信息，方便后续使用，如代码清单 5-75 所示。

代码清单 5-75　KTypeElement 的定义

```
class KTypeElement private constructor(
    val typeElement: TypeElement
) : TypeElement by typeElement {
    val isDataClass: Boolean = ...
    val isDeepCopyable: Boolean = ...
    val components: List<KComponent> = ...
    ...
}
```

解析 @Metadata 注解并获取完整的类型信息的过程稍微有些烦琐，不过对于 Kotlin 语法比较熟悉的读者来说并不困难，读者可以自行尝试或者直接翻阅项目源代码了解更多内容。

接下来，我们就可以基于解析得到的信息来生成代码了。由于需要生成的是 Kotlin 代码，这里需要用到 KotlinPoet。

代码生成部分的关键点在于判断 component 的类型是否支持深复制，我们可以通过判断类型对应的符号是否被 @DeepCopy 标注或者该类型是否出现在 @DeepCopyConfig 的参数值中来得到这一信息，如代码清单 5-76 所示。

代码清单 5-76 判断对应的类是否支持深复制

```
//类：KTypeElement
val isDeepCopyable = isDataClass &&
 (getAnnotation(DeepCopy::class.java) != null ||
  typeElement in deepCopyClassesFromConfig)
```

最后，我们来看一下如何实现代码生成，如代码清单 5-77 所示。

代码清单 5-77 使用 KotlinPoet 实现代码生成

```
val fileSpecBuilder = FileSpec.builder(
  //包名
  kTypeElement.packageName(),
  //文件名
  kTypeElement.simpleName() + POSIX
)
val functionBuilder = FunSpec.builder("deepCopy")
  //kotlinClassName是通过KTypeElement创建的TypeName实例
  .receiver(kTypeElement.kotlinClassName)
  .returns(kTypeElement.kotlinClassName)
  .addOriginatingElement(kTypeElement.typeElement)

//添加泛型参数，deepCopy函数的泛型参数与数据类保持一致
functionBuilder.addTypeVariables(
  kTypeElement.typeVariablesWithoutVariance
)

val parameterList: StringBuilder = ...

kTypeElement.components.forEach { component ->
  ...
  //依据component添加参数
  functionBuilder.addParameter(...)
  parameterList.append(...)
}

functionBuilder.addStatement(
  "return %T(%L)",
  kTypeElement.kotlinClassName,
  parameterList
)

fileSpecBuilder.addFunction(functionBuilder.build()).build().writeTo(filer)
```

至此，我们给出了 APT 实现版本的主要逻辑。

5.6.4 案例实现：KSP 版本

KSP 的实现思路与 APT 的实现思路一致。不过由于在 KSP 当中可以直接通过 Kotlin 符号获取到数据类的各种信息，因此无须解析 @Metadata 注解。

首先，我们需要获取符号，如代码清单 5-78 所示。

代码清单 5-78 获取数据类符号

```
//获取被@DeepCopy标注的符号
val deepCopyClasses = resolver.getSymbolsWithAnnotation(
  DeepCopy::class.java.name
).filterIsInstance<KSClassDeclaration>()
  .filter { Modifier.DATA in it.modifiers }.toSet()

//获取@DeepCopyConfig参数中的类对应的符号
val deepCopyClassesFromConfig = resolver.getSymbolsWithAnnotation(
  DeepCopyConfig::class.java.name
).filterIsInstance<KSClassDeclaration>()
  .flatMap {
    //获取注解实例
    it.getAnnotationsByType(DeepCopyConfig::class)
  }.flatMap {
    try {
      //如果参数当中的KClass对处理器不可见，这里会抛出异常
      it.values.map {
        resolver.getClassDeclarationByName(it.qualifiedName!!)
      }
    } catch (e: KSTypesNotPresentException) {
      //e.ksTypes与it.values相对应
      e.ksTypes.map { it.declaration }
    }
  }.filterIsInstance<KSClassDeclaration>().toSet()
```

如果 @DeepCopyConfig 在处理器的运行时不可见，那么我们也可以直接通过读取符号的方式来获取注解参数，如代码清单 5-79 所示。

代码清单 5-79 通过注解符号获取注解参数

```
val deepCopyConfigClassName = "<省略包名>.DeepCopyConfig"
//获取@DeepCopyConfig参数当中的类对应的符号
val deepCopyClassesFromConfig = resolver.getSymbolsWithAnnotation(
  deepCopyConfigClassName
).filterIsInstance<KSClassDeclaration>()
  .flatMap {
    it.annotations
  }.flatMap {
    it.arguments
  }.flatMap {
    //判断注解参数是不是数组，如果是数组，value的类型就是List
    when (val value = it.value) {
      is List<*> -> value.asSequence()
      else -> sequenceOf(value)
    }
  }.filterIsInstance<KSType>()
  .map { it.declaration }
  .filterIsInstance<KSClassDeclaration>().toSet()
```

同样，通过注解符号获取注解参数值的写法更加抽象和烦琐，因此建议尽量通过注解实例来获取注解参数。

剩下的就是代码生成的逻辑了。有了 APT 版本的生成逻辑做铺垫，KSP 版本的实现可以很轻松地写出来，如代码清单 5-80 所示。

代码清单 5-80 使用 KotlinPoet 完成代码生成

```
//待处理的数据类的符号
dataClass: KSClassDeclaration = ...
//泛型参数解析器，用于后续添加泛型参数
val typeParameterResolver = dataClass.typeParameters.toTypeParameterResolver()
//获取KotlinPoet的ClassName实例
val dataClassName = dataClass.toClassName().let { className ->
  //有泛型参数时，需要创建泛化的TypeName
  if (dataClass.typeParameters.isNotEmpty()) {
    className.parameterizedBy(dataClass.typeParameters.map {
      it.toTypeVariableName(typeParameterResolver)
    })
  } else className
}

val fileSpecBuilder = FileSpec.builder(
    dataClass.packageName.asString(),
    //如果类名为A，那么生成的文件是A$$DeepCopy.kt
    "${dataClass.simpleName.asString()}$\$DeepCopy"
)
val functionBuilder = FunSpec.builder("deepCopy")
  .receiver(dataClassName)
  .returns(dataClassName)
  //deepCopy函数与数据类的泛型参数保持一致
  .addTypeVariables(dataClass.typeParameters.map {
    it.toTypeVariableName(typeParameterResolver).let {
      TypeVariableName(it.name, it.bounds)
    }
  }).also { builder ->
    //添加目标文件与源文件的关联关系，用于增量编译
    dataClass.containingFile?.let { builder.addOriginatingKSFile(it) }
  }

val parameterList: StringBuilder = ...

dataClass.primaryConstructor!!.parameters.forEach { parameter ->
  ... //省略参数的构造
  functionBuilder.addParameter(...)
}

functionBuilder.addStatement(
  "return %T(%L)",
  dataClassName,
```

```
    parameterList
)

fileSpecBuilder.addFunction(functionBuilder.build()).build()
    .writeTo(env.codeGenerator, false)
```

以上就是 KSP 版本的核心代码实现。

5.6.5　案例小结

现在我们已经基于符号处理器实现了数据类的深复制，解决了一些反射方案无法解决的问题，包括：

❑ 与 copy 函数拥有相似的参数列表和默认参数，在调用时可以定义某个特定参数。

❑ 明确支持的类型范围，并且可以通过 @DeepCopyConfig 注解为已经定义好的类型添加深复制支持。

❑ KSP 支持多平台，我们完全可以轻松地将其应用于 Kotlin JS 和 Kotlin Native 的项目当中。

❑ 编译时生成的代码，在运行时拥有比反射更好的性能。

当然，上述实现当中还有一个小问题没有给出解决方法，即 @DeepCopyConfig 注解参数中声明的类型在其他模块中是无法直接被获取到的。这就涉及了多模块的符号处理问题，这个问题我们在 5.5.5 节曾探讨过，读者有兴趣的话可以自行尝试解决这个问题。

5.7　本章小结

本章详细介绍了 KAPT 和 KSP 两种符号处理器在设计和实现上的相似之处，也展示了二者在实现相同功能时存在的细节上的差异。我们还通过实现 DeepCopy 这个案例，为读者展现出运行时反射与编译时符号处理在实现和功能上的不同之处。

与编译器插件相比，符号处理器更容易上手，应用也更为广泛。通常情况下，开发者掌握了运行时反射和编译时符号处理之后，就基本上可以设计和实现功能相对复杂的框架了。

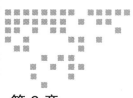

第 6 章

程序静态分析

程序静态分析（Program Static Analysis）是指在不运行代码的情况下，通过词法分析、语法分析、控制流分析、数据流分析等技术对程序代码进行扫描，验证代码是否满足规范性、安全性、可靠性、可维护性等指标的一种代码分析技术。

编写静态分析程序的目的就是分析其他程序，因此程序静态分析场景是一个非常典型的元编程场景。程序静态分析是一个非常专业的细分领域，本书并不打算对此进行深入探讨，只是结合实际的生产场景，选择合适的工具和途径来实现目的。

6.1 案例：检查项目中的数据类

程序静态分析通常需要先对程序的语法结构进行解析，不过在某些情况下，这并不是必需的。本节将结合数据类识别的例子来介绍基于文本处理的程序分析思路和方法。

6.1.1 案例背景

案例的需求是识别出项目当中的数据类，并输出报告。

为什么会有这样的需求？这得从数据类本身的特性说起。Kotlin 的数据类提供了非常多有用的特性，例如，成员解构。通过生成 componentN 函数实现对数据类的成员解构，如代码清单 6-1 所示。

代码清单 6-1 数据类的成员解构

```
data class Location(var lat: Double, var lng: Double)
---
//变量lat的值为39.9，lng的值为116.3
val (lat, lng) = Location(lat = 39.9, lng = 116.3)
```

再如，生成 toString 函数，方便打印输出，如代码清单 6-2 所示。

代码清单 6-2　数据类默认的 toString 实现效果

```
val location = Location(lat = 39.9, lng = 116.3)
//输出: Location(lat=39.9, lng=116.3)
println(location)
```

此外，数据类还会生成 copy、equals、hashCode 等函数。这些函数很多时候能提升开发效率，因此数据类一度也是令 Kotlin 引以为傲的特性。

但是，在程序当中大量使用数据类，会导致编译产物体积的增加。令人惊讶的是，数据类往往会因为序列化被禁止混淆，proguard 这类混淆工具也不会为我们移除未被使用的函数。更令人沮丧的是，在 JVM 平台上，即便我们没有主动禁止混淆这些数据类，Kotlin 编译器自动生成的 toString、equals、hashCode 这几个函数也不会被移除，因为它们是定义在父类 Object 当中的 Java 方法。

此外，如果你的程序有较高的安全要求，使用数据类自动生成的 toString 函数可能会使你的数据类型的信息完全暴露，就像前面的 Location 类那样，它的 toString 的字节码如代码清单 6-3 所示。

代码清单 6-3　Location#toString 的字节码

```
public toString()String;
  //StringBuilder sb = new StringBuilder();
  NEW StringBuilder
  DUP
  INVOKESPECIAL StringBuilder.<init> ()V
  LDC "Location(lat="
  //sb.append("Location(lat=");
  INVOKEVIRTUAL StringBuilder.append (String;)StringBuilder;
  //sb.append(this.lat);
  ALOAD 0
  GETFIELD Location.lat : D
  INVOKEVIRTUAL StringBuilder.append (D)StringBuilder;
  ...
  //return sb.toString();
  INVOKEVIRTUAL StringBuilder.toString ()String;
  ARETURN
```

为了便于读者阅读，我将字节码本身稍微做了简化，也在注释当中给出了对应的 Java 代码翻译。完整的 toString 实现相当于代码清单 6-4 所示的 Java 代码。

代码清单 6-4　与 Location#toString() 等价的 Java 代码

```
[Java]
public String toString() {
  return "Location(lat=" + this.lat + ", lng=" + this.lng + ")";
}
```

即使你使用 Proguard 把 Location 类混淆成了 a，这个函数的函数体也大概只能变成如代码清单 6-5 所示的样子。

代码清单 6-5　与混淆之后的 Location 类等价的 Java 代码

```Java
[Java]
public class a {
  private double a;
  private double b;
  ...

  public String toString() {
    return "Location(lat=" + this.a + ", lng=" + this.b + ")";
  }
}
```

这下所有人都知道 class a 其实就是 class Location 了。大家甚至还可以轻松地知道 a#a 是 Location#lat，a#b 是 Location#lng。

因此，在某些特殊的场景下，我们希望禁止开发者使用数据类以避免出现上述问题。

6.1.2　需求分析

通过前文介绍的需求背景，我们已经了解了使用数据类会引入的问题：产物体积变大以及生成的 toString 包含源代码的信息。

toString 多应用于调试场景，因此我们可以通过一些手段将其直接从编译产物中去掉。不过，我们不能这么简单地处理 componentN、equals 和 hashCode 等函数，因为这样做会对程序的正确性产生影响。

因此，最简单的处理方式就是将目标程序中的数据类识别出来，并根据实际情况输出警告或者错误提示，而这其中最关键的部分就是识别数据类。

从程序员的角度而言，识别数据类并不是什么难事，大家一眼就能分辨出来是什么数据类，如代码清单 6-6 所示。

代码清单 6-6　合法的数据类示例（1）

```
//data class前面有关键字'data'
data class Location(var lat: Double, var lng: Double)

//普通class
class Location(var lat: Double, var lng: Double)
```

看上去我们只需要写个非常简单的程序扫描一下目标程序，再使用正则表达式匹配一下数据类即可。

不过识别工作并不是想象中的那么简单，如代码清单 6-7 所示的写法也是合法的数据类。

代码清单 6-7　合法的数据类示例（2）

```
data
class Location(var lat: Double, var lng: Double)
```

数据类前面还可以添加可见性修饰关键字 private、public、internal，与继承相关的修饰关键字 final，以及与多平台相关的修饰关键字 actual 等，这些关键字与 data 的顺序没有限制，如代码清单 6-8 所示。

代码清单 6-8　合法的数据类示例（3）

```
//数据类不能被继承，final虽然多余，但可以通过编译
final data class Location(var lat: Double, var lng: Double)
//private可以放到data前面，也可以放到data后面
data private class Location(var lat: Double, var lng: Double)
```

数据类前面还可能会有注解，如代码清单 6-9 所示。

代码清单 6-9　合法的数据类示例（4）

```
@Parcelize data class Location(var lat: Double, var lng: Double)
```

6.1.3　案例实现：使用正则表达式匹配

为了实现对数据类的识别，我们构造了一段正则表达式，如代码清单 6-10 所示。

代码清单 6-10　识别数据类的正则表达式

```
[^\n\s]*((@\w+)\s+)?(\w+\s+)*data\s+(\w+\s+)*class\s+(\w+).*
```

对于这段正则表达式的详细解释如图 6-1 所示。

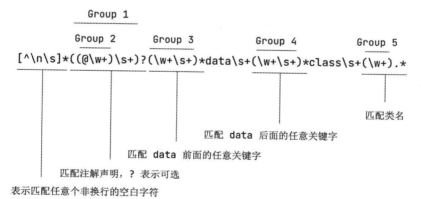

图 6-1　匹配数据类的正则表达式

当然，这不是唯一可行的设计，大家也可以给出不一样的正则表达式。

接下来，我们设计一个扫描程序，以接收目标程序文件作为输入，输出匹配到的数据

类的信息，如代码清单 6-11 所示。

代码清单 6-11 完整的数据类扫描程序

```kotlin
val dataClassPattern = Regex(...)

data class DataClassInfo(
  val file: File, //所在文件
  val line: Int, //行号
  val className: String //类名
)

fun scanForDataClasses(file: File): Sequence<DataClassInfo> {
  val text = file.readText()
  //计算换行所在的字符偏移
  val lineBreaks = sequence {
    text.forEachIndexed { index, char ->
      if (char == '\n') {
        //如果字符为换行符，向序列当中添加其偏移
        yield(index)
      }
    }
  }

  //查找所有的数据类
  return dataClassPattern.findAll(text).map { result ->
    //计算数据类所在行
    val line = lineBreaks.indexOfFirst { it > result.range.first } + 1
    DataClassInfo(file, line, result.groups[5]!!.value)
  }
}
```

由于数据类可能存在换行的情形，因此我们无法按行匹配，只能全文搜索。匹配到数据类之后，再通过 lineBreaks 找到该数据类所在的行号。

 由于我们扫描数据类的过程是有序的，且不存在多个数据类定义在同一行的情况，因此数据类所在的行是单调递增的。将 lineBreaks 定义为序列（Sequence）而不是列表（List），可以使得所有数据类的行号查找过程只对文件内容遍历一次。

接下来，我们就可以试着调用 scanForDataClasses 来扫描代码当中的数据类了。数据类的测试用例如代码清单 6-12 所示。

代码清单 6-12 数据类的测试用例

```kotlin
//文件：DataClasses.kt
data class Location0(var lat: Double, var lng: Double)
class Location1(var lat: Double, var lng: Double)
data
```

```
class Location2(var lat: Double, var lng: Double)
final data class Location3(var lat: Double, var lng: Double)
data private class Location4(var lat: Double, var lng: Double)
@Parcelize data class Location5(var lat: Double, var lng: Double)
@Parcelize class Location6(var lat: Double, var lng: Double)
```

可以得到以下识别结果：

```
(DataClasses.kt:1) data class Location0
(DataClasses.kt:3) data class Location2
(DataClasses.kt:5) data class Location3
(DataClasses.kt:6) data class Location4
(DataClasses.kt:7) data class Location5
```

6.1.4 案例小结

本节我们使用正则表达式匹配源代码的方式实现了对数据类的识别。不难发现，使用正则表达式处理源代码有以下优点：

- ❑ 符合直觉，元程序的设计思路直截了当。
- ❑ 目标程序无须编译。
- ❑ 元程序足够中立，无须依赖特殊执行环境。

其中第 3 点在某些场景下非常有优势，例如在执行环境只支持 Python 脚本的情况下，我们也可以轻松地使用 Python 编写元程序来完成扫描任务。

不过，该方法也存在一些缺点：

- ❑ 正则表达式的扩展性较差，目标程序当中每增加一种可能性都需要对正则表达式的内容和处理逻辑进行调整。
- ❑ 对于复杂的情况，我们很难设计，甚至无法设计出合适正则表达式。

正所谓优势和劣势都很明显。

6.2 Kotlin 程序的语法分析

通过上一节的示例，我们了解到正则表达式法存在一定的局限性，特别是在应对日益复杂的需求时。本节将通过对程序进行语法分析来进一步完善对数据类的识别。

6.2.1 需求扩展

在某些场景中，6.1.1 节提到的问题可能并不会造成什么严重的后果，因此完全禁用数据类显得有些简单粗暴。不过，在数据类内部定义状态很可能会破坏数据类的数据含义，甚至会给序列化带来困扰，因此我们希望在数据类内部禁止定义有幕后字段的属性。

如代码清单 6-13 所示，Location 当中的 lat10E6 和 lng10E6 是为了提升运算效率和避免精度丢失而做出的优化，但这样做会使得数据产生冗余，如果 lat 或者 lng 被外部修改，那么 lat10E6 和 lng10E6 的值就成了错误数据。

代码清单 6-13 在数据类内部定义有幕后字段的属性

```
data class Location(var lat: Double, var lng: Double) {
  val lat10E6: Int = (lat * 1000_000).toInt()
  val lng10E6: Int = (lng * 1000_000).toInt()
}
```

类似地，我们希望在数据类内部禁止定义使用了属性委托的属性。不过，我们又希望允许在数据类内部定义函数或者没有幕后字段的属性，如代码清单 6-14 所示。

代码清单 6-14 允许在数据类内部定义没有幕后字段的属性

```
data class Location(var lat: Double, var lng: Double) {
  val lat10E6: Int
    get() = (lat * 1000_000).toInt()

  val lng10E6: Int
    get() = (lng * 1000_000).toInt()
}
```

想要实现这样的需求，就要求元程序能够理解目标程序的语法并且精确地找到目标类型。

6.2.2 案例实现：使用 Antlr 实现语法树解析

要想使用 Antlr 做 Kotlin 语法树的解析，我们只需要使用 Antlr 基于 Kotlin 的语法生成相应的词法解析器和语法解析器。Kotlin 最新的语法定义可以在 kotlin-spec(https://github.com/Kotlin/kotlin-spec/) 当中找到，最主要的文件就是：

❑ KotlinLexer.g4：词法定义。

❑ KotlinParser.g4：语法定义。

基于这二者，我们可以使用 Antlr 生成 KotlinLexer.java 和 KotlinParser.java 等 Java 版本的词法解析器和语法解析器。为了方便读者，我已经将这部分工作提前做好，大家在自己的项目当中添加下面的依赖即可，如代码清单 6-15 所示。

代码清单 6-15 添加 Kotlin 的 Antlr 解析器依赖

```
implementation("com.bennyhuo.kotlin:grammar-antlr:$version")
```

接下来我们就可以使用它们来实现数据类的扫描了。

由于要对属性进行相对复杂的判断，我们直接给出对应的实现类，如代码清单 6-16 所示。

代码清单 6-16　　PropertyDeclaration 的定义

```kotlin
//PropertyDeclarationContext对应语法定义当中的propertyDeclaration
class PropertyDeclaration(private val context: PropertyDeclarationContext) {
  fun isInvalidInDataClass(): Boolean {
    //禁止属性委托
    if (context.propertyDelegate() != null) return true
    //如果Getter为null，那么属性必然存在幕后字段
    if (context.getter() == null) return true
    if (
      //如果不是val，那么必然是var
      context.VAL() == null &&
      //如果var属性的Setter为null，那么必然存在幕后字段
      context.setter() == null
    ) {
      return true
    }

    //如果Getter当中访问到了field，则必然存在幕后字段
    if (context.getter()?.functionBody()
        ?.findRecursively(KotlinLexer.FIELD) != null
    ) {
      return true
    }

    //如果Setter当中访问到了field，则必然存在幕后字段
    if (context.setter()?.functionBody()
        ?.findRecursively(KotlinLexer.FIELD) != null
    ) {
      return true
    }

    return false
  }

  fun ParserRuleContext.findRecursively(tokenType: Int): TerminalNode? {
    //递归查找对应类型的token，实现省略
    ...
  }
}
```

其中，PropertyDeclaration 是我们自定义的类型，PropertyDeclarationContext 是 Antlr 生成的类型。通过对 PropertyDeclarationContext 的实例的处理，我们就可以判断出该属性是否被允许定义在数据类当中了。

接下来给出处理类的代码，我们将在这里获取到 PropertyDeclarationContext 以构建 PropertyDeclaration 的实例，如代码清单 6-17 所示。

代码清单 6-17　　ClassDeclaration 的定义

```kotlin
//ClassDeclarationContext对应语法定义当中的classDeclaration
class ClassDeclaration(context: ClassDeclarationContext) {
  //通过simpleIdentifier来获取类名
```

```
val className: String =
  context.simpleIdentifier()?.Identifier()?.text ?: "<No ClassName>"

//数据类一定有class关键字，我们直接取它所在的行号作为类的行号
val line: Int = context.CLASS().symbol.line

//通过读取修饰关键字来判断是否为数据类
private val isDataClass = context.modifiers()?.modifier()
  ?.firstOrNull { it.classModifier()?.DATA() != null } != null

//通过读取classBody当中的成员来找到属性
private val properties = context.classBody()
  ?.classMemberDeclarations()
  ?.classMemberDeclaration()
  ?.mapNotNull {
    it.declaration()?.propertyDeclaration()
  }?.map {
    PropertyDeclaration(it)
  } ?: emptyList()

//如果是数据类且存在至少一个被禁止的属性，那么该数据类不合法
val isInvalidDataClass: Boolean
  get() = isDataClass && properties.any { it.isInvalidInDataClass() }
}
```

同样，为了方便组织代码逻辑，我们定义了 ClassDeclaration 来承载我们需要的判断逻辑，包括对数据类的判断以及对属性的获取等。

最后，我们给出 scanForDataClasses 的定义，该函数同样以接收的文件作为参数，返回扫描出来的数据类，如代码清单 6-18 所示。

代码清单 6-18　完整的数据类扫描程序

```
fun scanForDataClasses(file: File): Sequence<DataClassInfo> {
  //构造词法分析器
  val lexer = KotlinLexer(CharStreams.fromStream(file.inputStream()))
  val tokens = ListTokenSource(lexer.allTokens)
  //构造语法分析器，并将tokens解析为KotlinFileContext
  val parser = KotlinParser(CommonTokenStream(tokens))
  val kotlinFile: KotlinFileContext = parser.kotlinFile()

  //按照语法结构找到classDeclaration
  return kotlinFile.topLevelObject().asSequence().map {
    it.declaration()?.classDeclaration()
  }.filterIsInstance<ClassDeclarationContext>()
    //只处理类，忽略接口
    .filter { it.CLASS() != null }
    .map { ClassDeclaration(it) }
    .filter {
```

```
        it.isInvalidDataClass
    }.map {
        DataClassInfo(file, it.line, it.className)
    }
}
```

至此，我们完成了基于语法树解析的数据类扫描。

6.2.3 案例小结

相比正则表达式匹配法，语法树解析法能够更加深入地理解语法本身，进而实现更灵活、更复杂、更准确的语法判断。

6.3 Kotlin 程序的语义分析

语法树解析法也不是万能的，如果需要涉及对语义的理解，只是简单地解析语法树就又显得捉襟见肘了。本节将通过对程序进行语义分析来进一步完善对数据类的识别。

6.3.1 需求扩展

如果我们将数据类扫描的需求再稍作变化，即扫描过程要忽略实现了接口 Ignore 的数据类（包括直接或间接实现的情况），则语法树解析法就不再适用。我们先来看一个例子，如代码清单 6-19 所示。

代码清单 6-19　忽略实现了接口 Ignore 的数据类

```
//通过外部依赖引入，不存在源代码
interface Ignore
interface Base: Ignore, Parcelable

//业务代码，即待扫描的目标程序
data class Location0(var lat: Double, var lng: Double): Base
final data class Location3(var lat: Double, var lng: Double): Ignore
```

其中，Location3 直接实现了接口 Ignore，通过正则表达式匹配法、语法树解析法两种方法都可以将其识别出来。Location0 的情况就比较复杂了，我们首先需要获取到 Base 的定义，再递归地判断它的父类当中是否包含 Ignore。它可能定义在目标程序中，也可能定义在已经编译好的依赖中，二者的处理方式显然是不同的：前者可以通过增加扫描逻辑来实现，后者则需要扫描依赖的二进制产物（在 JVM 上通常就是 JVM 字节码）来完成分析。

因此，语法树解析法适用于不需要上下文或者上下文较简单的场景，如果情况比较复杂，我们就需要通过语义分析来完成扫描和分析任务了。

6.3.2 案例实现：使用 Kotlin 编译器进行语义分析

既然需要获取语义分析的结果，我们就不得不借助编译器了。Kotlin 的编译器也是一个 JVM 程序，我们甚至可以在自己的工程中直接调用它，与编译的中间过程和产物进行交互。

当然，想要直接调用 Kotlin 编译器并不是那么轻松。不过，我已经对 Kotlin 编译器做了一些封装，读者可以直接使用 kotlin-code-analyzer(https://github.com/bennyhuo/kotlin-code-analyzer) 这个库来完成对目标程序的语义分析。

首先，在项目当中添加依赖，如代码清单 6-20 所示。

代码清单 6-20　添加 Kotlin 语义分析器的依赖

```
implementation("com.bennyhuo.kotlin:code-analyzer:$version")
```

接着像之前那样，我们实现一个 scanForDataClasses 来完成扫描工作。获取语义分析结果的方法如代码清单 6-21 所示。

代码清单 6-21　获取语义分析的结果

```
//参数与之前稍有不同，这里直接传入目标程序所在的目录
fun scanForDataClasses(sourceRoot: String): Sequence<DataClassInfo> {
  val analyzeResult = KotlinCodeAnalyzer(buildOptions {
    inputPaths = listOf(sourceRoot)
    //继承当前程序的classpath，主要是为了方便继承Kotlin标准库等依赖
    //非必需，也可以通过classpath变量直接指定
    inheritClassPath = true
  }).analyze()
  ...
}
```

变量 analysisResult 的类型是 AnalysisResult，它的定义如代码清单 6-22 所示。

代码清单 6-22　AnalysisResult 的定义

```
data class AnalysisResult(
  //编译器处理之后的目标程序
  val files: List<KtFile>,
  //语义信息上下文，非常关键
  val bindingContext: BindingContext,
  //模块描述类，使用它可以根据字符串查找类型
  val moduleDescriptor: ModuleDescriptor
)
```

经过短短几行，我们已经使用 Kotlin 编译器完成了目标程序的词法分析、语法分析和语义分析，实现前面的目标变得易如反掌。接下来我们只需要遍历这些文件当中的类定义，对它们的父接口和属性进行检查，如代码清单 6-23 所示。

代码清单 6-23　检查数据类的父接口和属性

```
fun scanForDataClasses(sourceRoot: String): Sequence<DataClassInfo> {
  val analysisResult = ...

  return analysisResult.files.flatMap { it.declarations }.asSequence()
    //只扫描类定义
    .filterIsInstance<KtClass>()
    //只扫描数据类
    .filter { it.isData() }
    .filter {
      //过滤Ignore接口的实现类，包括间接和直接实现的情况
      //subTypeOfIgnore的实现我们后面给出
      !it.subTypeOfIgnore(analysisResult.bindingContext)
    }.filter {
      it.getProperties().any {
        //遍历属性，检查属性委托和幕后字段
        it.hasDelegateOrBackingField(analysisResult.bindingContext)
      }
    }.map {
      DataClassInfo(
        File(it.containingKtFile.virtualFile.path),
        it.lineAndColumn().first,
        it.fqName?.asString() ?: "<No Class Name>"
      )
    }
}
```

最后，我们给出 subTypeOfIgnore 和 hasDelegateOrBackingField 的实现，前者用于判断对应的类型是否实现了 Ignore 接口，后者用于判断属性是否有属性委托或者幕后字段，如代码清单 6-24 和代码清单 6-25 所示。

代码清单 6-24　判断是否实现了 Ignore 接口

```
fun KtClass.subTypeOfIgnore(bindingContext: BindingContext): Boolean {
  //通过bindingContext获取类型描述信息
  val classDescriptor = bindingContext[
    BindingContext.DECLARATION_TO_DESCRIPTOR, this
  ] as? ClassDescriptor
  //通过获取到的类型描述信息拿到所有的父类，判断是否包含Ignore接口
  return classDescriptor?.getAllSuperClassifiers()
    ?.any { it.fqNameUnsafe.asString() == IGNORE_FQNAME } ?: false
}
```

代码清单 6-25　判断属性是否有属性委托或者幕后字段

```
fun KtProperty.hasDelegateOrBackingField(
  bindingContext: BindingContext
): Boolean {
  if (hasDelegate()) return true

  //通过bindingContext获取属性描述信息
```

```
    val propertyDescriptor = bindingContext[
      BindingContext.DECLARATION_TO_DESCRIPTOR, this
    ] as? PropertyDescriptor ?: return false
    //再通过bindingContext直接获取属性是否存在幕后字段
    return bindingContext[
      BindingContext.BACKING_FIELD_REQUIRED, propertyDescriptor
    ] ?: false
  }
```

使用基于编译器的语义分析结果的扫描方案对代码清单 6-26 进行扫描,发现 Location0 和 Location3 被忽略了。

代码清单 6-26　实现了 Ignore 接口的数据类

```
//父类Base实现了Ignore接口
data class Location0(var lat: Double, var lng: Double): Base
final data class Location3(var lat: Double, var lng: Double): Ignore
```

至此,我们完成了基于 Kotlin 编译器的语义分析结果的数据类扫描。

6.3.3 案例小结

通过案例的实现我们不难发现,在编译器的加持下,对目标程序做静态分析的实现思路并不复杂。不过,想要轻松实现这样的功能需要对编译器的各种类型有相对清晰的认识。

由于文档较为缺乏,初学者通常容易在处理语法结构时对以下几种类型的作用和使用方法产生疑惑,主要包括:

❑ 类名形如 Kt**,例如 KtFile、KtClass,是对 Kotlin 语法树的描述,我们完全可以把它们看作结构化的源代码本身。实际上,Kt* 类型正是 PSI 的 Kotlin 实现。

❑ 类名形如 **Descriptor,例如 ClassDescriptor,是对 Kotlin 语法的描述。完成语法树解析之后,编译器会为不同类型的语法节点关联相应的语法描述类。

❑ KotlinType 及其子类,是对 Kotlin 类型的描述。

简单来说,如果你希望分析目标程序当中的程序结构信息,则使用 Kt** 来访问语法树;如果你希望分析目标程序的语法信息,则使用 **Descritpor 类型;如果你想要获取 Kotlin 的类型信息,则使用 KotlinType。

通常情况下,我们的分析工作都是从语法树出发,使用 bindingContext 来获取语法信息和类型信息,进而得出分析的结果。

6.4　使用 detekt 进行静态扫描

现在我们已经了解了如何使用 Kotlin 编译器解析目标程序,以实现更加复杂的扫描需求。通过对这些案例的实现,我们对 Kotlin 语法结构的处理也有了一定的认识。

　　在实际项目中，我们通常会使用成熟的静态分析框架来完成代码扫描和分析。业内最为著名的 Kotlin 代码扫描框架就是 detekt(https://github.com/detekt/detekt) 和 ktlint(https://github.com/pinterest/ktlint)。其中：detekt 支持非常灵活的配置，也支持实现自定义的扫描规则；ktlint 则主要基于官方的代码风格做检查。

　　对于自定义需求，detekt 显然更具优势。detekt 除了内置了诸多代码风格、代码质量相关的检查以外，还支持实现自定义扫描规则。当然，想要实现自定义规则，还需要对 Kotlin 编译器的语法和语义分析的结果进行处理。

6.4.1　基于 detekt 实现数据类扫描

　　接下来我们自定义一个 detekt 规则，以实现数据类扫描的能力，如代码清单 6-27 所示。

代码清单 6-27　自定义数据类扫描规则的基本结构

```
//继承自detekt的Rule类型，实现自定义规则
class ForbiddenDataClasses(config: Config) : Rule(config) {

  //定义该规则需要报告的问题
  override val issue = Issue(
    javaClass.simpleName,
    Severity.CodeSmell,
    "...",
    Debt.TEN_MINS
  )

  //扫描数据类，需要覆写visitClass
  override fun visitClass(klass: KtClass) {
    super.visitClass(klass)
    ...
  }
}
```

　　可以看到，detekt 的 Rule 类型当中定义了访问 Kotlin 语法树的方法。不难猜到，它实际上就是 Kotlin 语法树的访问者的实现。如果我们需要扫描其他语法树的符号类型，覆写对应的方法即可，例如可以覆写 visitNamedFunction 等函数。

　　接下来就是对 visitClass 的参数 klass 做分析了，处理逻辑与 6.3.2 节的处理逻辑完全一致，如代码清单 6-28 所示。

代码清单 6-28　自定义规则的处理逻辑

```
//ForbiddenDataClasses#visitClass(KtClass)
//detekt默认不会做语义分析，因此bindingContext可能为空
if (bindingContext == BindingContext.EMPTY) return

if (
```

```
klass.isData() &&
!klass.subTypeOfIgnore(bindingContext) &&
klass.getProperties().any {
    it.hasDelegateOrBackingField(bindingContext)
}
) {
//报告扫描到的类型，包括类名、文件、行号等信息
report(CodeSmell(...))
}
```

使用该规则执行扫描任务之后，detekt 会输出形如下面的报告：

```
DataClasses.kt - 20min debt
    ForbiddenDataClasses - [DataClasses declared properties with backing fields or
        delegates are forbidden.] at DataClasses.kt:12:12
    ForbiddenDataClasses - [DataClasses declared properties with backing fields or
        delegates are forbidden.] at DataClasses.kt:25:12
```

需要说明的是，detekt 默认不会启用编译器的语义分析，所以我们需要在运行时设置
classpath 和 jvmTarget 参数来启用这项功能。有关 detekt 的使用方法，读者可参考 detekt 的
官方文档进行深入了解，书中限于篇幅不做展开。

6.4.2　使用 detekt 的 IntelliJ 插件

现在我们已经可以实现对数据类的扫描和报警了，想要把这些扫描工作接入程序的构
建流程当中也不是什么难事。不过，在编译期检查不如在编写时检查，detekt 除了支持在
构建阶段接入以外，还提供了相应的 IntelliJ 插件，以便在代码编写时进行代码提示，如
图 6-2 所示。

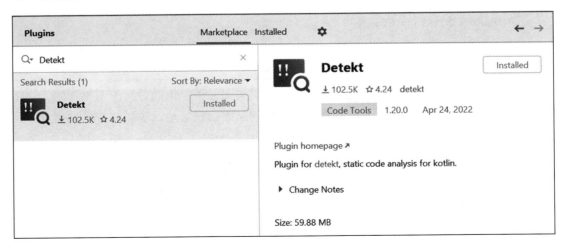

图 6-2　detekt 的 IntelliJ 插件

安装完 detekt 的插件以后，我们可以直接开启默认的检查规则，如图 6-3 所示。

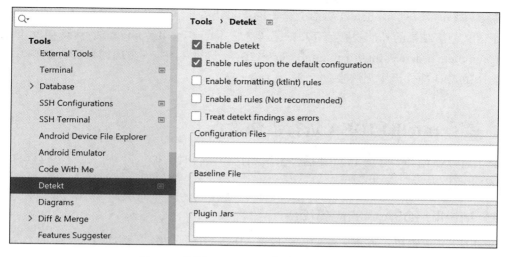

图 6-3　配置 detekt 以开启默认的检查规则

基于默认规则的提示效果如图 6-4 所示。

```
val pi = 3.14
        Detekt - UnusedPrivateMember: Private property `pi` is unused.

        Detekt - MagicNumber: This expression contains a magic number. Consider defining it to a well named constant.
```

图 6-4　detekt 插件基于默认规则的提示效果

我们也可以根据实际项目需求设置需要加载的配置文件和自定义插件，如图 6-5 所示。

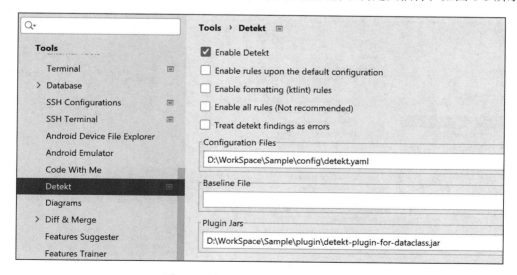

图 6-5　设置配置文件和自定义插件

需要注意的是，目前 detekt 对语义分析的支持仍处于实验阶段，其 IntelliJ 插件在支持使用了语义分析结果的外部规则上存在缺陷（参见 detekt-intellij-plugin 的 issue #126(https://github.com/detekt/detekt-intellij-plugin/issues/126)），因此 6.4.1 节实现的数据类扫描功能在 detekt 的 IntelliJ 插件当中无法生效。

6.5 基于 IntelliJ IDEA 进行语法检查

除了可以使用 detekt 的 IntelliJ 插件来增加代码编写时的提示以外，我们也可以自行开发 IntelliJ 插件来实现相应的功能。

6.5.1 IntelliJ IDEA 中的代码检查

IntelliJ IDEA 提供了许多内置的代码检查（Inspection）功能，例如对未使用的类型、变量的检查，如图 6-6 所示。

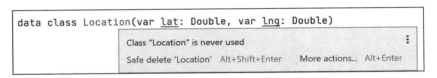

图 6-6　IntelliJ IDEA 内置的代码检查

图 6-6 中除了提示 Location 类没有被用到之外，还提供了一个"Safe delete'Location'"的快捷修复（QuickFix）选项，方便我们快速地对代码进行重构。

IntelliJ IDEA 的代码检查可以在设置当中找到，如图 6-7 所示。

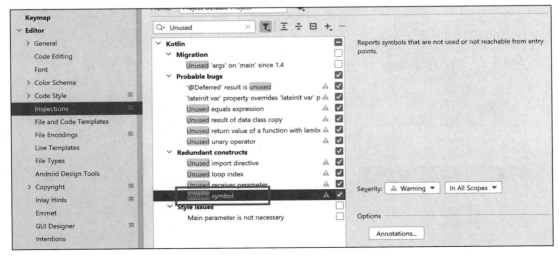

图 6-7　可以在设置当中找到 IntelliJ IDEA 的代码检查

我们可以开启或关闭相应的检查功能，也可以通过配置它的 Severity 调整提示的级别。实际上，我们也可以通过编写 IntelliJ 插件来实现自定义的代码检查。

6.5.2 实现对数据类的检查

编写 IntelliJ 插件并不复杂，工程的搭建可以参考官方文档或者随书源代码。下面我们只给出核心逻辑。

首先继承 AbstractKotlinInspection 类型来实现自定义的 Kotlin 代码检查类型，如代码清单 6-29 所示。

代码清单 6-29　自定义代码检查的入口定义

```
class DataClassInspection : AbstractKotlinInspection() {
  override fun buildVisitor(
    //使用holder来报告错误
    holder: ProblemsHolder,
    isOnTheFly: Boolean
  ): PsiElementVisitor {
    //返回用于代码检查的自定义visitor
    return DataClassInspectionVisitor(holder)
  }
}
```

逻辑非常直接，构建自定义的 PsiElementVisitor，对 Kotlin 语法树进行分析检查，这个过程与前面使用编译器做代码分析的过程完全相同。当发现问题时，使用 ProblemsHolder 报告问题，之后 IntelliJ IDEA 当中就会有相应的错误提示了。

接下来我们给出 DataClassInspectionVisitor 的实现，如代码清单 6-30 所示。

代码清单 6-30　用于代码检查的 DataClassInspectionVisitor 的实现

```
class DataClassInspectionVisitor(
  private val holder: ProblemsHolder
) : KtVisitorVoid() {

  private fun KtClass.subTypeOfIgnore(): Boolean { ... }
  private fun KtProperty.hasBackingField(): Boolean { ... }

  override fun visitClass(klass: KtClass) {
    super.visitClass(klass)
    if (klass.isData() && !klass.subTypeOfIgnore()) {
      klass.getProperties().forEach {
        if (it.hasDelegate()) {
          //报告问题：数据类当中不允许定义有委托的属性
          report(it, "inspection.dataclass.error.value.delegate")
        } else if (it.hasBackingField()) {
          //报告问题：数据类当中不允许定义有幕后字段的属性
          report(it, "inspection.dataclass.error.value.backingField")
        }
```

```
            }
        }
    }

    private fun report(ktProperty: KtProperty, key: String) {
        ...
    }
}
```

这段代码看上去非常眼熟，因为它与代码清单 6-23、代码清单 6-28 的思路完全一致，只是在实现细节上有两处不同：

❑ 我们对属性委托和幕后字段的情况做了区分，方便开发者定位问题。

❑ subTypeOfIgnore 和 hasBackingField 都不再需要 BindingContext 这个参数，但这不代表我们不再需要语义分析的结果，而是在 IntelliJ 插件当中，我们可以直接使用 KtElement 的 analyze 函数实现局部语义分析，并得到对应的 BindingContext 实例，如代码清单 6-31 所示。

代码清单 6-31　在 IntelliJ 插件当中获取 BindingContext 实例的方法

```
val bindingContext = ktProperty.analyze(BodyResolveMode.PARTIAL)
```

至此，我们完成了基于 IntelliJ 插件实现数据类检查的核心逻辑，运行效果如图 6-8 和图 6-9 所示。

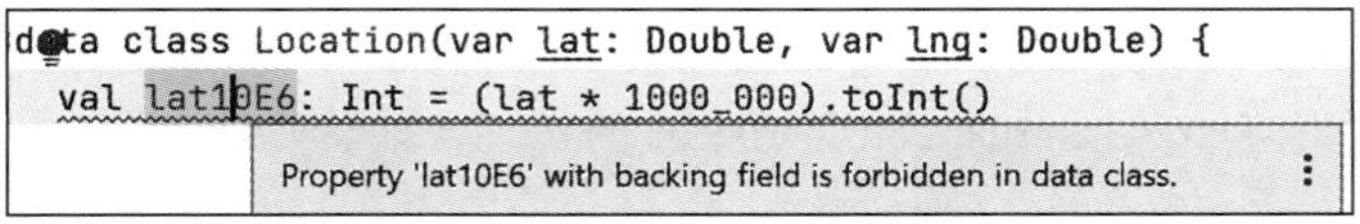

图 6-8　IntelliJ 插件对有幕后字段的属性的提示

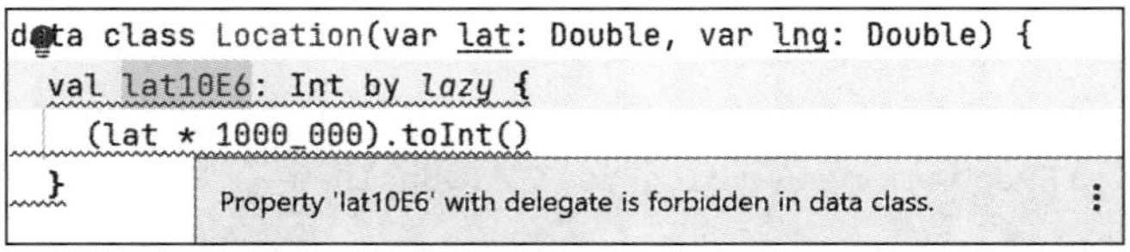

图 6-9　IntelliJ 插件对有属性委托的属性的提示

6.5.3　实现快捷修复操作

除了给出提示以外，我们也可以提供快捷修复功能来帮助开发者快速地删除这个被禁止的属性，或者为当前数据类添加 Ignore 接口来忽略这个问题。

首先我们来看如何支持快捷删除属性。我们可以在快捷修复时获取到 KtProperty 的实例，KtProperty 有一个可以将自己删除掉的 delete 函数，因此只需要实现一个快捷修复操作，在开发者触发修复时调用 delete 函数即可，如代码清单 6-32 所示。

代码清单 6-32 快捷删除属性

```
class RemovePropertyQuickFix(ktProperty: KtProperty) :
  KotlinQuickFixAction<KtProperty>(ktProperty),
  KotlinUniversalQuickFix {
  ...
  override fun invoke(project: Project, editor: Editor?, file: KtFile) {
    //element就是构造函数当中传入的ktProperty
    element?.delete()
  }
}
```

接下来我们来看如何为数据类添加 Ignore 接口实现。首先获取属性所在的类的 KtClass 的实例，接着基于 fqName（Fully Qualified Name，全限定名）创建父类对应的 KtSuperTypeEntry 实例，然后将其添加到 KtClass 的 superTypeListEntry 当中，如代码清单 6-33 所示。

代码清单 6-33 为数据类添加 Ignore 接口

```
class ImplementIgnoreQuickFix(ktProperty: KtProperty) :
  KotlinQuickFixAction<KtProperty>(ktProperty),
  KotlinUniversalQuickFix {
  ...
  override fun invoke(project: Project, editor: Editor?, file: KtFile) {
    //获取属性所在的类
    val ktClass = element?.containingClass() ?: return
    val ktPsiFactory = KtPsiFactory(project, markGenerated = true)
    //使用类名构造父类的元素
    val superTypeEntry = ktPsiFactory.createSuperTypeEntry(IGNORE_FQNAME)
    //添加到类的父类列表当中
    ktClass.addSuperTypeListEntry(superTypeEntry).let {
      //该操作可以为父类实现导包操作，使代码更加简洁
      ShortenReferences.DEFAULT.process(it)
    }
  }
}
```

最后，在代码检查报告错误时，注册相应的快捷修复操作，如代码清单 6-34 所示。

代码清单 6-34 注册相应的快捷修复操作

```
holder.registerProblem(
  ktProperty,
  DataClassBundle.message(key, ktProperty.name),
  //后面是快捷修复类型的变长参数，因此可以传入多个快捷修复实例
  RemovePropertyQuickFix(ktProperty),
  ImplementIgnoreQuickFix(ktProperty)
)
```

最终的实现效果如图 6-10 所示。

data class Location(var lat: Double, var lng: Double) {
val lat10E6: Long = (lat * 10e6).toLong()
}
Property 'lat10E6' with backing field is forbidden in data class.
Implement "Ignore" Alt+Shift+Enter
More actions... Alt+Enter

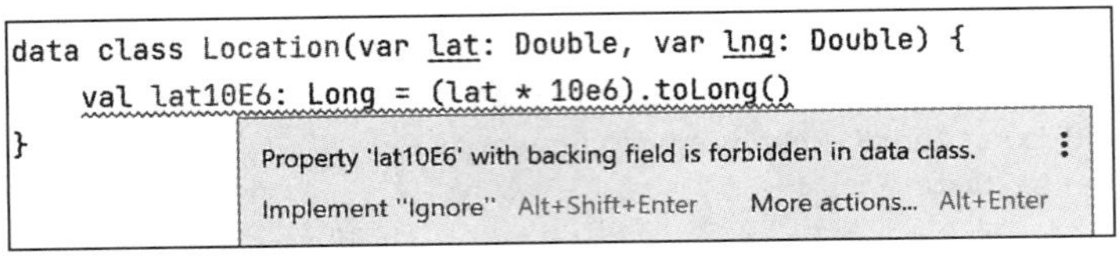

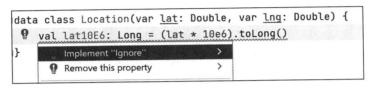

图 6-10 快捷修复的实现效果

单击 More actions 或者在属性上使用快捷键 Alt + Enter 可以看到全部快捷修复选项，如图 6-11 所示。

data class Location(var lat: Double, var lng: Double) {
val lat10E6: Long = (lat * 10e6).toLong()
}
Implement "Ignore"
Remove this property

图 6-11 显示完整的快捷修复选项菜单

6.6 本章小结

本章以扫描项目当中的数据类为背景，展开了对 Kotlin 代码静态扫描的探讨。随着需求复杂度的提升，我们先后基于文本分析（正则表达式）、语法分析（Antlr）、语义分析（编译器）三个层次来实现代码扫描。之后还介绍了如何基于 detekt 以及 IntelliJ 的代码检查和快捷修复等功能来实现对代码的扫描和分析。读者可以根据自己的实际项目需求和研发投入选择合适的方案来满足自己的代码扫描需求。

第 7 章　*Chapter 7*

编译器插件

Kotlin 编译器对插件的支持为我们深入定制 Kotlin 的编译流程提供了可能。

7.1　编译器插件概述

编译器允许开发者通过开发编译器插件在一定范围内定制编译的过程。本节将简单介绍编译器插件的基本概念和适用场景。

7.1.1　什么是编译器插件

Kotlin 编译器总是可以将符合 Kotlin 语法规范的代码编译并生成对应平台的产物。一旦编译器的输入不符合 Kotlin 语法规范，编译器就会报错。这很容易理解。不过，Kotlin 编译器有对产物的具体内容做出规范吗？显然是没有的。只要编译生成的产物与 Kotlin 的特定版本二进制兼容，并且能在特定的目标平台上正确地运行，那么产物就是合法的。这样看来，编译器产物在具体内容上还是存在一定的发挥空间的，这也为我们编写编译器插件提供了可能性。

编译器的执行流程是一个相对标准化的过程。编译过程包含很多环节，环节与环节之间通过输入输出连接起来，只要编译器提供了相应的 API，就可以通过编写插件的形式从外部介入这些特定的编译环节。

虽然截至本书撰写时，Kotlin 的编译器插件的 API 仍然没有稳定发布，但我们很早就已经是 Kotlin 编译器插件的用户了。Android 开发者肯定使用过 kotlin-android-extentions 来简化对 XML 布局中 View 的访问；Spring 开发者肯定也用过 all-open 来移除类型的 final 修饰符，以便框架在编译时继承对应的类型；绝大多数 Kotlin 开发者应该都使用 no-arg 为类型生成默认无参的构造函数，以便在运行时直接反射构造这些类型的对象等。这些都是 Kotlin 编译器的插件，它们的源代码在 Kotlin 源代码的 plugins 目录当中，如图 7-1 所示。

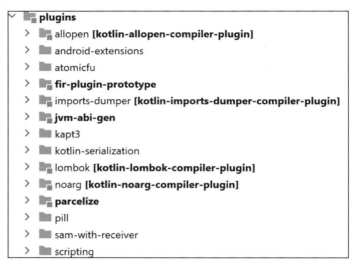

图 7-1　Kotlin 官方插件的源代码目录

　　实际上，KAPT 也是 Kotlin 编译器插件，它运行在 Kotlin 编译器的语义分析阶段。有兴趣的读者也可以阅读一下 KSP 的源代码，你会发现 KSP 也是一个 Kotlin 编译器插件，而且也是运行在语义分析阶段。

　　需要注意的是，由于 Kotlin 编译器插件的 API 尚未公开发布，因此不同版本的 API 可能会有一定的差异。本书将基于 Kotlin 1.8.0 版本来介绍编译器插件。

7.1.2　编译器插件能做什么

　　Kotlin 编译器插件的具体能力范围取决于 API 的开放情况。

　　Kotlin 项目组现在正在集中精力完成 K2 编译器，Kotlin 编译器插件 API 需要等到 K2 编译器发布之后才有可能逐步稳定并公开发布，因此目前我们很难准确地给出 Kotlin 编译器插件确切的能力范围。

　　不过，开发编译器插件的关键是在合适的扩展点（Extension Point）注册自定义的扩展实现类来完成对编译过程的定制。因此我们可以通过阅读源代码，搞清楚编译器插件的扩展点的作用，进而了解基于编译器插件究竟能实现哪些功能。Kotlin 编译器插件的部分扩展点如表 7-1 所示。

表 7-1　Kotlin 编译器插件的部分扩展点

扩展的类名	编译阶段	功能说明	用例
AnalysisHandlerExtension	前端	语义分析	KAPT、KSP

（续）

扩展的类名	编译阶段	功能说明	用例
SyntheticResolveExtension	前端	解析生成的类、函数等	Parcelize
DeclarationAttributeAltererExtension	前端	修改声明的修饰符，目前只能修改 open、final 等	AllOpen
PackageFragmentProviderExtension	前端	生成包	Kotlin Android Extensions
IrGenerationExtension	多平台 IR 后端	生成 IR	Parcelize、Atomicfu、NoArg
ExpressionCodegenExtension	JVM 后端	生成字节码	Parcelize、NoArg

通过分析这些扩展点，我们大致可以了解编译器插件的能力范围：

❑ 语法检查，例如对某些合法的语法添加更加严格的检查。

❑ 生成新的包、类、函数、属性等，Kotlin Android Extensions 和 Parcelize 插件当中大量使用到了代码生成能力。

❑ 修改代码的编译产物。

需要注意的是，目前来看，Kotlin 的语法树无法在编译器插件中被直接修改，因此不要寄希望于通过开发编译器插件来为 Kotlin 添加新语法。

7.2　编译器插件项目的基本结构

编译器插件除了需要实现自身的逻辑以外，还需要与编译工具链（Toolchain）、集成开发环境（IDE）配合，因此通常一个完整的编译器插件项目会包含编译器插件模块、编译工具链插件模块、集成开发环境插件模块，如图 7-2 所示。

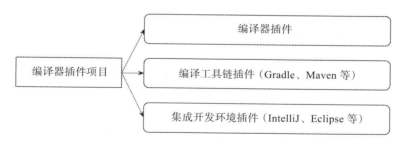

图 7-2　编译器插件项目的基本结构

7.2.1　编译器插件模块

Kotlin 的编译器入口是 kotlinc，kotlinc 是一个 JVM 程序。编译器插件需要加载到编译器当中运行，因此也是一个 JVM 程序，它的产物通常就是一个 jar 文件。在命令行配置编译器插件需要使用以下两个参数：

❑ 通过参数 -Xplugin=<path> 加载编译器插件，其中 path 是插件的 classpath（例如 /path/to/allopen.jar）。

❑ 通过参数 -P plugin:<pluginId>:<optionName>=<value> 为指定的编译器插件配置参数，其中 pluginId 是插件的唯一标识，optionName 和 value 是插件的参数名和参数值。

编译器插件模块需要依赖 Kotlin 编译器，以调用编译器插件的 API。Kotlin 团队已经将 Kotlin 编译器作为一个独立的 jar 文件发布到了 Maven 仓库，我们只需要添加如代码清单 7-1 所示的依赖即可引入 Kotlin 编译器。

代码清单 7-1　引入 Kotlin 编译器

```
compileOnly("org.jetbrains.kotlin:kotlin-compiler:$kotlinVersion")
```

接下来考虑如何实现 Kotlin 编译器插件。

首先要实现编译器插件的入口，包括插件的命令行入口和扩展注册入口。以 AllOpen 插件为例，它的入口定义如代码清单 7-2 所示。

代码清单 7-2　AllOpen 插件的入口定义

```
//命令行入口
class AllOpenCommandLineProcessor : CommandLineProcessor {
  ...
  //插件的唯一标识，对应命令行参数当中的pluginId
  override val pluginId = AllOpenPluginNames.PLUGIN_ID
  //插件的参数列表
  override val pluginOptions = listOf(ANNOTATION_OPTION, PRESET_OPTION)

  //将命令行参数传给编译器配置对象configuration
  override fun processOption(
    option: AbstractCliOption, value: String,
    configuration: CompilerConfiguration
  ) = when (option) {
    ANNOTATION_OPTION -> configuration.appendList(ANNOTATION, value)
    ...
  }
}
//扩展注册入口
class AllOpenComponentRegistrar : CompilerPluginRegistrar() {
  override fun ExtensionStorage.registerExtensions(
    configuration: CompilerConfiguration
  ) {
    //获取CommandLineProcessor当中传入的参数
    val annotations = configuration.get(ANNOTATION)?.toMutableList() ?: ...
    ...
    //注册编译器扩展
    DeclarationAttributeAltererExtension.registerExtension(...)
    FirExtensionRegistrar.registerExtension(...)
```

```
    }

    //是否支持K2编译器
    override val supportsK2: Boolean
        get() = true
}
```

这两个类都会通过 ServiceLoaderLite 加载，其原理与 ServiceLoader 完全一致。因此还需要在 META-INF/services 目录下添加配置文件，文件名为对应的父类或父接口名，内容为实现类名，如代码清单 7-3 所示。

代码清单 7-3　插件入口的配置文件

```
//文件: org.jetbrains.kotlin.compiler.plugin.CompilerPluginRegistrar
org.jetbrains.kotlin.allopen.AllOpenComponentRegistrar

//文件: org.jetbrains.kotlin.compiler.plugin.CommandLineProcessor
org.jetbrains.kotlin.allopen.AllOpenCommandLineProcessor
```

> 延伸　在 Kotlin 1.8.0 之前，扩展入口需要实现 ComponentRegistrar 接口，而不是继承 CompilerPluginRegistrar 类。因此 AllOpen 的扩展注册入口的类名是 AllOpenComponentRegistrar，而不是 AllOpenCompilerPluginRegistrar。ComponentRegistrar 在 Kotlin 1.8.0 中被废弃。

接下来就是对扩展的定制化实现了，开发者可以参考扩展的执行时机、参数等信息来实现定制化。AllOpen 插件的核心逻辑就是实现 DeclarationAttributeAltererExtension 扩展，如代码清单 7-4 所示。

代码清单 7-4　AllOpen 插件的核心逻辑

```
abstract class AbstractAllOpenDeclarationAttributeAltererExtension
    : DeclarationAttributeAltererExtension, AnnotationBasedExtension {
    ...
    override fun refineDeclarationModality(
        modifierListOwner: KtModifierListOwner,
        declaration: DeclarationDescriptor?,
        containingDeclaration: DeclarationDescriptor?,
        currentModality: Modality,
        isImplicitModality: Boolean
    ): Modality? {
        //Modality是枚举类，有FINAL、SEALED、OPEN、ABSTRACT四个值
        //如果当前的值不是FINAL，则返回null，表示不做任何修改
        if (currentModality != Modality.FINAL) return null
        val descriptor = declaration as? ClassDescriptor
            ?: containingDeclaration ?: return null
        if (descriptor.hasSpecialAnnotation(modifierListOwner)) {
            //是否显式地声明为FINAL
```

```
    return if (!isImplicitModality &&
              modifierListOwner.hasModifier(KtTokens.FINAL_KEYWORD))
      Modality.FINAL //有显式声明，返回FINAL
    else
      Modality.OPEN
  }
  return null
  }
}
```

这段逻辑的目的也非常简单，就是将符合条件且未显式声明为 final 的符号改为 open。
AllOpen 插件当中还有一些注解参数的获取逻辑，限于篇幅，本书不再展开介绍。

7.2.2　编译工具链插件模块

通常情况下，我们会使用 Gradle 或者 Maven 来管理 Kotlin 项目。为了方便地将编译
器插件集成到整体的编译流程当中，每一个 Kotlin 编译器插件项目都需要同时提供相应的
Gradle 和 Maven 插件模块。Gradle 插件和 Maven 插件的功能类似，为了节省篇幅，我们只
探讨 Gradle 插件的实现。

以 AllOpen 插件为例，我们在项目中启用 AllOpen 插件，如代码清单 7-5 所示。

代码清单 7-5　在项目中启用 AllOpen 插件

```
plugins {
  kotlin("plugin.allopen") version "$version"
}
```

这实际上就是引入了一个 id 为 org.jetbrains.kotlin.plugin.allopen 的 Gradle 插件，这个
Gradle 插件会在 Kotlin 编译器执行时添加 AllOpen 的编译器插件。

这里我们假定各位读者已经非常熟悉 Gradle 插件的基本结构了。如果大家想要实现一
个 Kotlin 编译器插件配套的 Gradle 插件，那么就不要像往常一样实现 Plugin 接口了，而是
要实现 KotlinCompilerPluginSupportPlugin 接口。这个接口有几个关键函数需要实现，如代
码清单 7-6 所示。

代码清单 7-6　KotlinCompilerPluginSupportPlugin 的关键函数

```
interface KotlinCompilerPluginSupportPlugin : Plugin<Project> {
  //在添加并执行Gradle插件时调用apply
  override fun apply(target: Project) = Unit

  //判断当前插件是否在该编译任务当中启用，返回true表示启用
  fun isApplicable(kotlinCompilation: KotlinCompilation<*>): Boolean

  //在isApplicable返回true之后调用，可以用来配置编译器插件的参数
  fun applyToCompilation(
    kotlinCompilation: KotlinCompilation<*>
  ): Provider<List<SubpluginOption>>
```

```
//返回编译器插件的id，例如：org.jetbrains.kotlin.allopen
fun getCompilerPluginId(): String

//返回编译器插件的Maven坐标，在编译时，通过该坐标找到编译器插件
//在Kotlin 1.7.0之前适用于JVM和JS，在Kotlin 1.7.0之后开始适用于所有平台
fun getPluginArtifact(): SubpluginArtifact

//在Kotlin 1.7.0之前用于单独为Kotlin Native提供编译器插件的Maven坐标
fun getPluginArtifactForNative(): SubpluginArtifact? = null
}
```

需要注意的是，在 Kotlin 1.7.0 以前，如果编译器插件需要支持 Kotlin Native，则必须专门为 getPluginArtifactForNative 函数提供相应的实现。

在实现了插件入口类之后，接下来我们只需要按照常规 Gradle 插件的开发方式添加配置文件，即在 resources/META-INF/gradle-plugins 目录下创建名为 "插件 id".properties，内容为插件全限定类名的文件。AllOpen 插件有两个 id，因此有两个配置文件：kotlin-allopen.properties 和 org.jetbrains.kotlin.plugin.allopen.properties。二者的内容完全相同，如代码清单 7-7 所示。

代码清单 7-7　　AllOpen 的 Gradle 插件配置文件

```
implementation-class=org.jetbrains.kotlin.allopen.gradle.AllOpenGradleSubplugin
```

 说明　编译器插件之所以对 Kotlin Native 做了单独区分，主要是因为 Kotlin Native 的编译器在早期是独立开发的，与其他平台的编译器在插件的 ABI 上有一些差异。从 Kotlin 1.6.0 开始，开发者可以在 gradle.properties 当中配置 kotlin.native.useEmbeddable-CompilerJar=true 以启用统一的插件 ABI，该功能在 Kotlin 1.7.0 开始默认启用。

7.2.3　集成开发环境插件模块

开发环境插件模块不是必需的。通常只有在编译器插件的处理结果导致代码提示行为发生变化之后才需要提供配套的开发环境插件，例如生成了新的函数，修改了类的修饰符，等等。Kotlin 开发者在绝大多数情况下使用的都是 IntelliJ IDEA 或者基于 IntelliJ IDEA 社区版开发的 Android Studio，因此我们接下来只探讨 IntelliJ 插件的实现细节。

1. 从 Gradle 当中获取插件参数

IntelliJ 插件的任务是实现代码提示、代码跳转等功能，进而提升开发效率，其实现通常不会影响真正的编译过程。因此，插件功能是否启用需要依赖工程本身的编译工具链，如果你的项目是使用 Gradle 构建的，那么 IntelliJ 插件就需要主动检测配套的 Gradle 插件是否启用来决定自己是否启用。

我们仍然以 AllOpen 插件为例来介绍一个与编译器插件配套的 IntelliJ 插件需要处理哪些工作。

为了检测 Gradle 插件是否启用，我们首先需要提供一个 ModelBuilderService 的实现类，它会被 Gradle 进程实例化并执行，用于创建并返回 IntelliJ 插件需要的数据模型类，如代码清单 7-8 所示。

代码清单 7-8 定义 ModelBuilderService 的实现类

```
class AllOpenModelBuilderService
  : AnnotationBasedPluginModelBuilderService<AllOpenModel>() {
  //Gradle插件名，可以配置多个
  override val gradlePluginNames get() = listOf(
    "org.jetbrains.kotlin.plugin.allopen",
    "kotlin-allopen"
  )
  override val extensionName get() = "allOpen"
  //插件数据模型类
  override val modelClass get() = AllOpenModel::class.java

  override fun createModel(
    annotations: List<String>, presets: List<String>, extension: Any?
  ): AllOpenModelImpl {
    //构造数据模型实例
    return AllOpenModelImpl(annotations, presets)
  }
}
```

ModelBuilderService 的实现类会通过 ServiceLoader 加载执行，因此还需要在 classpath 的 META-INF/services 目录中提供 ModelBuilderService 的配置文件，如代码清单 7-9 所示。

代码清单 7-9 ModelBuilderService 的配置文件

```
//文件: org.jetbrains.plugins.gradle.tooling.ModelBuilderService
org.jetbrains.kotlin.idea.gradleTooling.model.allopen.AllOpenModelBuilderService
```

AllOpenModelBuilderService 在 Gradle 的进程中执行，因此可以轻松获取到 Gradle 工程中的 Gradle 插件以及参数信息，进而创建出 AllOpenModelImpl。AllOpenModelImpl 会被序列化，以实现进程间传输。至此，Gradle 进程侧的任务就完成了。

接下来考虑如何在 IntelliJ IDEA 的进程当中获取 AllOpenModelImpl。为此，我们需要在 IntelliJ 插件当中注册一个项目解析扩展（Project Resolver Extension），如代码清单 7-10 所示。

代码清单 7-10 注册项目解析扩展

```
<extensions defaultExtensionNs="org.jetbrains.plugins.gradle">
  <projectResolve
  implementation="<省略包名>.AllOpenProjectResolverExtension"
  order="last" />
</extensions>
```

这样当 Gradle 工程被加载时，AllOpenProjectResolverExtension 就会被 IntelliJ IDEA 实例化了。AllOpenProjectResolverExtension 的定义如代码清单 7-11 所示。

代码清单 7-11　　AllOpenProjectResolverExtension 的定义

```
class AllOpenProjectResolverExtension
  : AnnotationBasedPluginProjectResolverExtension<AllOpenModel>() {
  companion object {
    //关联AllOpen项目的数据模型实例的键
    val KEY = Key<AllOpenModel>("AllOpenModel")
  }

  //AllOpen项目的数据模型类
  override val modelClass get() = AllOpenModel::class.java
  override val userDataKey get() = KEY
}
```

如代码清单 7-11 所示，这个类最核心的功能就是提供数据模型类和用于关联数据模型实例的 KEY。其中 AllOpenModel 是 AllOpenModelImpl 的接口，它们的定义如代码清单 7-12 所示。

代码清单 7-12　　AllOpenModel 及其实现类的定义

```
interface AllOpenModel : AnnotationBasedPluginModel {
  override fun dump(): DumpedPluginModel {
    return DumpedPluginModelImpl(
      AllOpenModelImpl::class.java, //模型实现类
      //模型实现类的构造函数参数
      annotations.toList(), presets.toList()
    )
  }
}

class AllOpenModelImpl(
  override val annotations: List<String>,
  override val presets: List<String>
) : AllOpenModel
```

注意这个 dump 函数，我们待会儿就会看到它。

在工程解析的时候，IntelliJ 插件会通过 Gradle 工具接口（Tooling API）与 Gradle 进程通信，获取我们刚刚创建出来的 AllOpenModelImpl 类的实例。具体逻辑可以在 AllOpen-ProjectResolverExtension 的父类当中看到，如代码清单 7-13 所示。

代码清单 7-13　　在 IntelliJ 插件当中获取 AllOpenModelImpl 类的实例

```
abstract class AnnotationBasedPluginProjectResolverExtension
    <T : AnnotationBasedPluginModel>
    : AbstractProjectResolverExtension() {
  ...
  override fun populateModuleExtraModels(
    gradleModule: IdeaModule, ideModule: DataNode<ModuleData>) {
    //在AllOpen插件中，model是AllOpenModel的子类的实例
    val model = resolverCtx.getExtraProject(gradleModule, modelClass)
```

```
    if (model != null) {
      //调用AllOpenModel#dump()返回模型类和构造函数参数
      val (className, args) = model.dump()
      //通过className和args构造refurbishedModel
      //AllOpen插件中的className的值是AllOpenModelImpl
      val refurbishedModel = Class.forName(className)
        .constructors.single().newInstance(*args) as T
      //存入ideModule，方便后续读取
      ideModule.putCopyableUserData(userDataKey, refurbishedModel)
    }
    super.populateModuleExtraModels(gradleModule, ideModule)
  }
}
```

将 AllOpenModelImpl 类的实例存入 ideModule，后续可以通过读取这个实例来判断 AllOpen 的 Gradle 插件是否被启用，并获取其中的参数，如代码清单 7-14 所示。

代码清单 7-14 在 IntelliJ 插件当中判断 Gradle 插件是否被启用

```
abstract class AbstractCompilerPluginGradleImportHandler<T>
  : GradleProjectImportHandler {
  ...
  private fun getPluginSetupByModule(
    moduleNode: DataNode<ModuleData>
  ): CompilerPluginSetup? {
    //获取数据模型实例，即AllOpenModelImpl的实例
    val model = moduleNode.getCopyableUserData(modelKey)?.takeIf {
      isEnabled(it) //判断插件是否启用
    } ?: return null
    ...
  }
  ...
}
```

我们把整个流程简单整理一下，如图 7-3 所示。

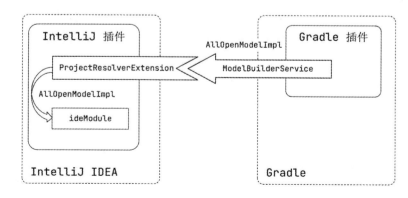

图 7-3 获取 Gradle 插件的启用状态和参数配置

2. 实现插件的核心功能

有了前面的基础，聪明的读者可能已经想到，我们只需要在 IntelliJ 插件当中实现一套与编译器插件相同的逻辑就可以让 IntelliJ IDEA 为我们提供代码提示了。

接下来就是如何注册扩展的问题。尽管我们无法在 IntelliJ 插件当中找到类似 Compiler-PluginRegistrar 的类，但是 IntelliJ 插件提供了通过配置文件注册扩展点的机制，如代码清单 7-15 所示。

代码清单 7-15　在 IntelliJ 插件当中注册扩展

```
<extensions defaultExtensionNs="org.jetbrains.kotlin">
  <declarationAttributeAltererExtension
    implementation="<省略包名>.IdeAllOpenDeclarationAttributeAltererExtension"/>
</extensions>
```

IdeAllOpenDeclarationAttributeAltererExtension 正 是 AbstractAllOpenDeclarationAttribu-teAltererExtension 的子类，AllOpen 插件的核心逻辑已经在前面做过分析，此处不再赘述。

 提示　AllOpen 的 IntelliJ 插件源代码地址为 https://github.com/JetBrains/intellij-community/tree/master/plugins/kotlin/compiler-plugins/allopen。

7.3　案例：trimIndent 函数的编译时实现

在了解了编译器插件的基本结构之后，我们就可以尝试编写一款自己的编译器插件了。本节将基于编译器插件为 Kotlin 的字符串提供一个 trimIndent 函数的编译时实现项目案例，并将这个项目命名为 TrimIndent。

7.3.1　案例背景

Kotlin 为字符串提供了一个名为 trimIndent 的扩展函数，其作用就是移除多行字符串的公共缩进，如代码清单 7-16 所示。

代码清单 7-16　trimIndent 函数的使用示例

```
val string = """
  items:
    - 1
    - 2
    - 3
""".trimIndent()
```

变量 string 的值会在运行时通过计算得到：

```
items:
  - 1
  - 2
  - 3
```

trimIndent 函数会在运行时移除每一行的公共空白字符以实现缩进。这么看来，trimIndent 函数的实现看上去并没有什么问题。不过如果我们在多行字符串当中嵌入了其他变量，情况就可能不太符合预期了，如代码清单 7-17 所示。

代码清单 7-17　在多行字符串中嵌入变量

```
val items = listOf(1, 2, 3)
val string = """
  items:
  ${items.joinToString("\n") { "  - $it" }}
""".trimIndent()
```

这次我们没有直接硬编码 items 的值，而是使用字符串模板将其嵌入 string 当中，这也更符合我们的实际应用场景。直觉上代码清单 7-17 的运行结果应当与代码清单 7-16 的结果相同，可实际上并非如此：

```
items:
  - 1
- 2
- 3
```

原因很简单，trimIndent 函数会在运行时执行，执行时前面的字符串的值已经完全计算出来，嵌入的换行符同样会对 trimIndent 函数的结果有影响。

此外，trimIndent 函数也会占用运行时的资源，如果程序中存在大量对 trimIndent 函数的调用，性能影响也是值得考虑的问题。

7.3.2　需求分析

我们希望 trimIndent 函数在编译时执行，避免占用运行时的资源。更加关键的是，如果 trimIndent 函数在编译时执行，那么字符串内嵌变量导致的问题也可以得到解决。这是因为编译器在编译时只能处理字符串字面量的部分，不会处理内部嵌入的变量。也就是说，我们希望代码清单 7-17 在经过编译器插件处理之后得到的结果等价于代码清单 7-18 的结果。

代码清单 7-18　编译时执行 trimIndent 函数后的结果

```
val items = listOf(1, 2, 3)
val string = """
items:
${items.joinToString("\n") { "  - $it" }}
"""
```

为了实现这个目标，在编译时修改 Kotlin IR 是最佳方案，理由如下：

1）Kotlin IR 与 Kotlin 代码相对应，定位 trimIndent 函数的调用以及待处理的字符串非常容易；

（2）使用 Kotlin 编译器插件修改 IR 的操作适用于 Kotlin 支持的所有平台，这意味着我们实现的编译器插件可以同样适用于 Kotlin JS 或者 Kotlin Native。

7.3.3 案例实现

在明确了需求背景和实现思路之后，我们就可以按照前面提到的项目结构来搭建一个 Kotlin 编译器插件的工程了。由于本例不会对 Kotlin 源代码造成影响，因此我们无须提供配套的开发工具插件。TrimIndent 的项目结构如图 7-4 所示。

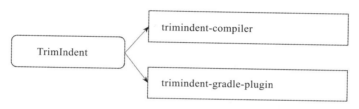

图 7-4　TrimIndent 的项目结构

本节将专注于介绍 TrimIndent 项目的核心逻辑，编译器插件所涉及的入口配置可以参考 AllOpen 插件的实现，这里不再列出。

1. 注册 IrGenerationExtension 扩展

接下来我们重点谈论如何修改 trimIndent 函数的 IR。想要修改 IR，我们就需要注册 IrGenerationExtension 扩展，如代码清单 7-19 所示。

代码清单 7-19　注册 IrGenerationExtension 扩展

```
IrGenerationExtension.registerExtension(TrimIndentIrGenerator())
```

TrimIndentIrGenerator 的功能示意图如图 7-5 所示，其需要处理的工作也比较简单、直接：

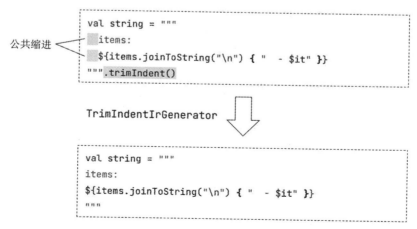

图 7-5　TrimIndentIrGenerator 的功能示意图

❑ 找到 trimIndent 函数调用，并找到它的调用者（即待处理的字符串）。

❑ 计算字符串的公共缩进，移除后更新 IR 当中的字符串。

❑ 去掉 trimIndent 函数调用。

2. 定位 trimIndent 函数调用

在 Kotlin IR 当中，任何函数调用都是 IrCall 的实例，因此我们可以通过访问者模式来实现对 IrCall 实例的处理。定位 trimIndent 函数调用，如代码清单 7-20 所示。

代码清单 7-20　定位 trimIndent 函数调用

```
//类: TrimIndentIrGenerator
override fun generate(
  moduleFragment: IrModuleFragment, //模块的IR数据结构
  pluginContext: IrPluginContext //插件上下文，可以用来获取符号表等信息
) {
  //注册访问者
  moduleFragment.transformChildrenVoid(object: IrElementTransformerVoid() {
    override fun visitCall(irCall: IrCall): IrExpression {
      if (irCall.isTrimIndent()) {
        //去除缩进并返回一个新的IrExpression来替代之前的IrCall
        return ...
      }
      //不处理
      return super.visitCall(irCall)
    }
  })
}
```

其中，判断 IrCall 是不是 trimIndent 函数调用的函数 isTrimIndent 的实现如代码清单 7-21 所示。

代码清单 7-21　isTrimIndent 的实现

```
fun IrCall.isTrimIndent(): Boolean {
  return symbol.owner.name == Name.identifier("trimIndent")
    //dispatchReceiver为null，表示该函数不是类内部定义的函数
    && dispatchReceiver == null
    //extensionReceiver为String，表示该函数是String的扩展函数
    && extensionReceiver?.type?.classFqName?.asString() == "kotlin.String"
    //包名是kotlin.text
    && symbol.owner.getPackageFragment()?.fqName?.asString() == "kotlin.text"
}
```

3. 处理字符串字面量

一旦找到 trimIndent 函数，那么它的 extensionReceiver 就是我们要去除缩进的字符串了。 extensionReceiver 是 IrExpression 类型，为了进一步搞清楚它的内部细节，我们可以借助 IR 的 dump 函数将 IR 元素的内部结构打印出来，如代码清单 7-22 所示。

代码清单 7-22　打印 IR 元素

```
println(extensionReceiver!!.dump())
```

当 extensionReceiver 是字符串字面量时，示例代码如代码清单 7-23 所示。

代码清单 7-23　extensionReceiver 是字符串字面量的示例

```
val string = """
  items:
    - 1
    - 2
    - 3
""".trimIndent()
```

它的 IR 结构如代码清单 7-24 所示。

代码清单 7-24　字符串字面量的 IR 结构

```
CONST String type=String value="\n  items:\n    - 1\n    - 2\n    - 3\n"
```

通过分析 IrExpression 的子类不难知道，CONST 对应的类型是 IrConst，它的成员 value 包含的正好是我们想要移除缩进的字符串。这样问题就简单了，我们直接取出 value 的值，去除缩进之后再构造一个新的 IrExpression 就可以了，如代码清单 7-25 所示。

代码清单 7-25　编译时对字符串字面量的处理

```
val receiver = irCall.extensionReceiver!!
if(receiver is IrConst<*> && receiver.kind == IrConstKind.String) {
  receiver as IrConst<String>
  //copyWithNewValue会用新的value来构造一个新的IrConst
  //receiver.value.trimIndent会直接去除value的缩进
  return receiver.copyWithNewValue(receiver.value.trimIndent())
}
```

4. 处理字符串模板

接下来我们再看一下 extensionReceiver 是内嵌了变量的字符串模板的情况，如代码清单 7-26 所示。

代码清单 7-26　extensionReceiver 是字符串模板

```
val string = """
  items:
  ${items.joinToString("\n") { "  - $it" }}
""".trimIndent()
```

它的 IR 结构如代码清单 7-27 所示。

代码清单 7-27　字符串模板的 IR 结构

```
STRING_CONCATENATION type=String
```

```
CONST String type=String value="\n  items: \n  "
CALL 'public final fun joinToString <T> (...): String ...
  <T>: Int
  $receiver: CALL 'public final fun <get-items> (): List<Int>' ...
  separator: CONST String type=String value="\n"
  transform: FUN_EXPR type=Function1<Int, CharSequence> origin=LAMBDA
    ...
CONST String type=String value="\n"
```

为了方便阅读，这里做了一些省略。字符串模板的 IR 结构为 STRING_CONCATENATION，它对应的类型是 IrStringConcatenation。如图 7-6 所示，这个字符串模板包含三个值：

❏ IrConst: "items: "

❏ IrCall: items.joinToString(⋯)

❏ IrConst: " "

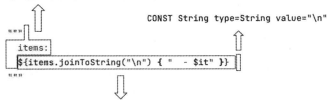

图 7-6 字符串模板的 IR 结构

在计算缩进时，我们可以先忽略 IrCall，把剩下的字符串连接起来，执行完去缩进操作之后再把 IrCall 恢复到原来的位置。

这里有一个细节，标准库当中的 trimIndent 函数会将首尾的空白行去掉，如代码清单 7-28 所示。

代码清单 7-28 去掉多行字符串的首尾空白行

```
val string = """ <- 注意换行
  items:
  ${items.joinToString("\n") { "  - $it" }} <- 注意换行
""".trimIndent()
```

这是因为这两个换行之外的字符串直觉上不属于字符串内容本身，因此需要在去除缩进时直接去掉。

基于上述讨论，去除缩进之后最终可以得到以下结果：

```
IrConst: "items: \n"
IrCall: items.joinToString(...)
```

效果如图 7-7 所示。

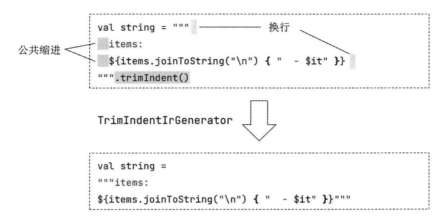

图 7-7　去除公共缩进及首尾空白行的效果

对于字符串模板的处理逻辑就相当于先把嵌入其中的变量去掉，再将剩下的字符串字面量拼接起来并去除缩进，最后将嵌入的变量插入原来的位置。

为了方便处理，我们先将字符串模板的内部结构抽象成 IrStringElement，其中 IrConstStringElement 是对 IrConst<String> 的封装，它提供字符串按行拆分和移除首尾空白行的基本功能，IrExpressionElement 则主要对应字符串模板当中的变量，如代码清单 7-29 所示。

代码清单 7-29　　IrStringElement 的定义

```
sealed interface IrStringElement
//字符串当中的字符串字面量部分
class IrConstStringElement(val irConst: IrConst<String>): IrStringElement {
  val values = irConst.value.split("\n").toMutableList()
  fun trimFirstEmptyLine() {
    if (values.firstOrNull()?.isBlank() == true) values.removeFirst()
  }
  fun trimLastEmptyLine() {
    if (values.lastOrNull()?.isBlank() == true) values.removeLast()
  }
}
//字符串模板当中的其他部分，例如IrCall
class IrExpressionElement(val irExpression: IrExpression): IrStringElement
```

接下来就是去除缩进的主流程了，如代码清单 7-30 所示。

代码清单 7-30　去除缩进的主流程

```
if (extensionReceiver is IrStringConcatenation) {
  //toStringElement将IrExpression包装成IrStringElement
  val elements = extensionReceiver.arguments.map { it.toStringElement() }
  //公共缩进，minCommonIndent是字符串的公共空白字符数
  val minCommonIndent: Int = ...
```

```
//移除首尾空白行
elements.first().safeAs<IrConstStringElement>()?.trimFirstEmptyLine()
elements.last().safeAs<IrConstStringElement>()?.trimLastEmptyLine()

val args = elements.map { element ->
  when (element) {
    is IrConstStringElement -> {
      //移除公共缩进之后的字符串字面量
      val newValue = ...
      element.irConst.copyWithNewValue(newValue)
    }
    else -> element.irExpression
  }
}

return extensionReceiver.copyWithNewValues(args)
}
```

7.3.4 插件的发布

编译器插件的功能实现已经完成，接下来就要考虑发布的问题了。

1. 依赖包名重定向

Kotlin 团队在发布 Kotlin 编译器时，除了发布 kotlin-compiler 这个构件以外，还发布了一个 kotlin-compiler-embeddable 构件。这两个构件都是 Kotlin 的编译器，二者有什么区别呢？

原来，为了确保编译器的完整性和独立性，Kotlin 团队将 Kotlin 编译器的一些第三方依赖也一并打包到了编译器的构件当中，如图 7-8 所示。

这样做确实可以解决编译器的完整性和独立性的问题，不过也会引入新的问题。例如，如果一个程序同时引入了 Kotlin 编译器和 Proto Buffer，那么编译时就会因 Kotlin 编译器中也存在 Proto Buffer 类而导致冲突。

```
com.intellij

com.google

org.apache

......

kotlin-compiler
```

图 7-8　Kotlin 编译器的构件

为了解决这个问题，Kotlin 编译器在构建时会对这些第三方依赖的包名做重定向，例如 com.intellij 就被重定向为 org.jetbrains.kotlin.com.intellij，如图 7-9 所示。

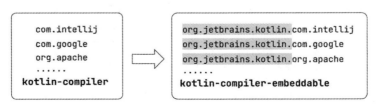

图 7-9　Kotlin 编译器当中的包名重定向

因此，如果大家在调试 Kotlin 编译器插件时遇到类似代码清单 7-31 当中的报错时，在确认自己的代码没有明显问题的情况下，通常只需要考虑两种可能：一种是插件依赖的 Kotlin 版本与使用者的 Kotlin 版本是否存在兼容性问题；另一种是插件发布时是否与 Kotlin 编译器处理了相同的包名重定向逻辑？

代码清单 7-31　包名重定向导致的错误

```
// 为了方便阅读，这里对异常信息做了格式调整
Receiver class ... does not define or inherit an implementation of the resolved method
'abstract void registerProjectComponents(
  org.jetbrains.kotlin.com.intellij.mock.MockProject,
  org.jetbrains.kotlin.config.CompilerConfiguration
)' of interface org.jetbrains.kotlin.compiler.plugin.ComponentRegistrar.
```

 说明　ComponentRegistrar 从 Kotlin 1.8.0 开始已经被废弃了。从 Kotlin 1.8.0 对编译器插件的 API 的修改来看，Kotlin 官方可能也在试图解决包名重定向对编译器插件开发带来的问题，例如去掉了新的扩展注册入口 CompilerPluginRegistrar 中对 MockProject 的依赖。不过，Kotlin 编译器当中内置的 PSI 的实现类也会被重定向，因此想要彻底去除包名重定向的影响，可能需要在 FIR 完全替代 PSI 之后了。

2. 在插件当中应用包名重定向

为了在插件当中应用包名重定向，最常见的做法就是新建一个空模块，依赖之前写好的编译器插件，并通过修改编译逻辑来实现包名的重定向。新增包名重定向模块之后的项目结构如图 7-10 所示。

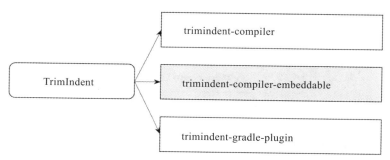

图 7-10　新增包名重定向模块之后的项目结构

对于包名重定向的具体实现细节，我们不在书中展开，读者可以直接使用我封装好的 Gradle 插件来实现这一点，如代码清单 7-32 所示。

代码清单 7-32　封装好的 Gradle 插件

```
plugins {
  java
```

```
                      //包名重定向插件
                      id("com.bennyhuo.kotlin.plugin.embeddable") version "$version"
}

dependencies {
    //使用embedded来添加编译器插件依赖
    embedded(project(":trimindent-compiler"))
}
```

这样我们就可以把 trimindent-compiler-embeddable 模块的产物作为最终的编译器插件产物发布到 Maven 供外部使用了。

3. 直接依赖 embeddable 的编译器

读到这里，可能会有读者会有疑问：既然 kotlin-compiler-embeddable 当中已经对这些第三方的类做了重定向，我们直接依赖它并基于重定向之后的类做开发不就可以了吗？这当然是可以的，不过前提是我们的编译器插件项目不需要同时提供 IntelliJ 插件。

由于 IntelliJ 插件的运行环境是确定的，不会存在依赖冲突的问题，因此运行在 IntelliJ 环境当中的 Kotlin 编译器是没有经过包名重定向的。换句话说，我们为了让 IntelliJ 插件能够共享编译器插件当中的逻辑，就必须让编译器插件依赖 kotlin-compiler，而不是对应的 embeddable 版本，如图 7-11 所示。

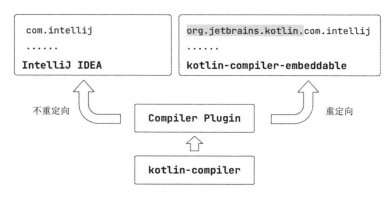

图 7-11　编译器插件中的包名重定向

就本例而言，我们确实不需要发布 IntelliJ 插件，因此直接在开发编译器插件的时候就使用 kotlin-compiler-embeddable 是没有问题的。

> 提示　包名重定向是一个很常见的类冲突问题的解决方案。在实际的业务开发中，我们甚至会直接使用 Proguard 等类似的工具将可能产生冲突的包直接混淆掉。有兴趣的读者可以阅读 Proguard 的文档来了解 -repackageclasses [package_name]、-flattenpackagehierarchy [package_name] 等参数的具体使用方法。

7.3.5 案例小结

至此，trimIndent 函数的编译时实现的核心逻辑就呈现给大家了。完整的实现可以参考 https://github.com/bennyhuo/Kotlin-Trim-Indent。

7.4 案例：使用编译器插件实现 DeepCopy

现在我们又学到了一种新的元编程技术，接下来就使用它来解决一下贯穿本书的数据类深复制问题。

7.4.1 案例背景

我们已经在 5.6 节基于符号处理为数据类生成了 deepCopy 扩展函数，解决了很多 3.4 节介绍的反射方案所无法解决的问题。

之前受技术手段的限制，我们只能通过生成扩展函数的方式来解决问题，但在了解了 Kotlin 编译器插件的工作机制和适用场景之后，我们希望直接为数据类生成一个名为 deepCopy 的成员函数来满足深复制的需求。

7.4.2 需求分析

由于不是所有的项目都会应用我们开发的数据类深复制插件，也不是所有的数据类都会有 deepCopy 这个函数，因此，尽管我们解锁了完整的编译器能力，但还是需要明确一下支持深复制的数据类的范围。结合我们之前的经验，我们可以通过以下两种方式限定支持深复制的数据类：

- ❑ 为 @DeepCopy 注解标注的数据类生成 deepCopy 函数，生成的 deepCopy 函数与 copy 函数的形式基本一致。
- ❑ 为实现了 DeepCopyable 接口的数据类生成 deepCopy 函数。

其中，DeepCopyable 接口的定义如代码清单 7-33 所示。

代码清单 7-33 DeepCopyable 接口的定义

```
interface DeepCopyable<T> {
  fun deepCopy(): T
}
```

由于 Kotlin 在语法上不支持自身类型（Self Type），我们无法在父类或者接口当中直接获取到实际对象的具体子类型，因此需要通过泛型参数 T 在子类定义时传入自身类型，如代码清单 7-34 所示。

代码清单 7-34 在 DeepCopyable 中使用泛型参数获取自身类型

```
class A: DeepCopyable<A> {
```

```
    override fun deepCopy(): A {
      return A()
    }
  }
```

对于实现了 DeepCopyable 接口的数据类，我们可以直接根据它的成员来生成 deepCopy 函数。但对于非数据类，例如前面的 A 类型，我们就需要手动实现。如此一来，支持深复制的类就可以定义为：被 @DeepCopy 标注的数据类型或者实现 DeepCopyable 接口的任意类型。

更进一步，我们还可以在编译时通过编译器插件为被 @DeepCopy 标注的数据类实现 DeepCopyable 接口，这样支持深复制的类型就一定是实现了 DeepCopyable 接口的类型，我们甚至可以利用类型系统，基于 DeepCopyable 接口实现一些扩展函数，如代码清单 7-35 所示。

代码清单 7-35　基于 DeepCopyable 接口为 List 实现深复制

```
fun <T> List<T>.deepCopy() = map {
  if(it is DeepCopyable<*>) {
    it.deepCopy() as T
  } else {
    it
  }
}
```

7.4.3　案例实现

在本例中，最核心的实现就是 deepCopy 函数的生成。要想通过编译器插件生成一个不存在的函数，首先需要解决两个问题：

1）在符号引用解析时提供函数的声明信息。

2）在编译产物中提供该函数的实现。

其中问题 1 可以通过注册 SyntheticResolveExtension 来解决，在这个扩展当中提供 deepCopy 函数的声明信息（包括函数名、参数列表、返回值等信息）即可。

问题 2 可以通过注册 IrGenerationExtension 来解决，我们可以在这个扩展中通过 IR 变换为 deepCopy 函数提供实现。

另外，在数据类被注解 @DeepCopy 标注之后，我们还需要为其隐式地添加 DeepCopyable 接口，这也可以通过 SyntheticResolveExtension 实现。

1. 添加 DeepCopyable 接口

通过扩展 SyntheticResolveExtension，除了可以生成类、函数、属性等声明信息之外，还可以为指定类型添加父类。例如，覆写 addSyntheticSupertypes，并将 DeepCopyable 接口添加到父类的列表当中，如代码清单 7-36 所示。

代码清单 7-36　为 @DeepCopy 标注的数据类自动添加 DeepCopyable 接口

```
//类: DeepCopyResolveExtension
override fun addSyntheticSupertypes(
  thisDescriptor: ClassDescriptor, //当前类型
  supertypes: MutableList<KotlinType> //父类列表
) {
  //如果是被@DeepCopy标注的数据类
  if (thisDescriptor.annotatedAsDeepCopyableDataClass()) {
    supertypes.add(
      //假设当前类型为A，构造DeepCopyable<A>类型
      KotlinTypeFactory.simpleNotNullType(
        TypeAttributes.Empty,
        //DeepCopyable的原始类型（没有泛型参数）
        thisDescriptor.module.deepCopyableType(),
        //当前类型作为DeepCopyable的泛型参数
        listOf(TypeProjectionImpl(thisDescriptor.defaultType))
      )
    )
  } else { ... }
}
```

2. 生成 deepCopy 函数的声明信息

deepCopy 函数的声明信息同样需要通过 SyntheticResolveExtension 来生成，这里我们只需要覆写相关的函数并将 deepCopy 的声明信息添加到结果当中。

getSyntheticFunctionNames 用于提供需要生成的函数名，这里只有被 @DeepCopy 标注的数据类需要额外添加 deepCopy 函数名，如代码清单 7-37 所示。

代码清单 7-37　为 @DeepCopy 标注的数据类生成 deepCopy 函数名

```
//类: DeepCopyResolveExtension
//用于提供函数名
override fun getSyntheticFunctionNames(
  thisDescriptor: ClassDescriptor
): List<Name> {
  //判断是否被@DeepCopy标注的数据类
  if (thisDescriptor.annotatedAsDeepCopyableDataClass()) {
    return listOf(Name.identifier(DEEP_COPY_FUNCTION_NAME))
  }
  return super.getSyntheticFunctionNames(thisDescriptor)
}
```

generateSyntheticMethods 用于提供 deepCopy 函数的完整声明，注解标注的数据类、实现 DeepCopyable 接口的数据类都需要在这里添加相应的函数声明，如代码清单 7-38 所示。

代码清单 7-38　为实现了 DeepCopyable 接口的数据类生成 deepCopy 函数声明

```
//类: DeepCopyResolveExtension
override fun generateSyntheticMethods(
```

```
    ... //省略其他参数
    //result当中包含已有的name变量的值的函数
    result: MutableCollection<SimpleFunctionDescriptor>
) {
    if (name.identifier == DEEP_COPY_FUNCTION_NAME) {
        //@DeepCopy标注的数据类
        if (thisDescriptor.annotatedAsDeepCopyableDataClass() &&
            result.none {
                //如果result当中已经存在相同的函数，则不再添加
                //与主构造函数的参数列表做比较，因为deepCopy的参数列表需要与主构造函数相同
                it.typeParameters.isEmpty() && it.valueParameters.zipWithDefault(
                    thisDescriptor.unsubstitutedPrimaryConstructor!!.valueParameters,
                    null
                ).all { it.first?.type == it.second.type }
            }) {
            //通过主构造函数参数创建深复制函数声明
            result += ...
        }

        //只有实现了DeepCopyable接口的数据类才能自动实现deepCopy函数
        //要想让普通类实现DeepCopyable接口，需要手动实现deepCopy函数
        if (thisDescriptor.isData &&
            thisDescriptor.implementsDeepCopyableInterface() &&
            result.none {
                //DeepCopyable接口的deepCopy没有任何参数
                it.typeParameters.isEmpty() && it.valueParameters.isEmpty()
            }
        ) {
            result += ...
        }
    }
}
```

由于生成的 deepCopy 函数的声明信息是不相同的，这里分别针对 @DeepCopy 标注的数据类和实现 DeepCopyable 接口的数据类这两种情况做了处理。另外，在生成函数时一定要注意处理函数已经存在的情况，因为开发者很可能直接在代码当中提供了相同声明的函数实现，此时就无须额外生成新函数了。

3. 生成函数的实现

接下来考虑如何为 deepCopy 函数生成函数体。为了方便理解，我们来看一个具体的例子，如代码清单 7-39 所示。

代码清单 7-39 数据类示例

```
@DeepCopy
data class User(val id: Long, val name: String)
```

生成的 deepCopy 函数包括两个版本，如代码清单 7-40 所示。

代码清单 7-40　生成的 deepCopy 函数

```
// 形似copy的deepCopy函数
fun deepCopy(id: Long = this.id, name: String = this.name): User {
  return User(id, name)
}

// 实现DeepCopyable接口的deepCopy函数
override fun deepCopy(): User {
  return User(this.id, this.name)
}
```

这两个函数除了参数列表以及函数体内部调用构造函数时传入的参数不同以外，其他完全相同。由于参数列表在函数声明时就已经确定，因此对于有参数的版本，我们再为每一个参数生成参数默认值即可。

我们提供了 DeepCopyFunctionBuilder 类型以更方便地构造 deepCopy 函数体。以有参数的版本为例，具体实现如代码清单 7-41 所示。

代码清单 7-41　为有参数的 deepCopy 生成函数体

```
// 类: DeepCopyClassTransformer
private fun generateDeepCopyFunctionForDataClass(
  irClass: IrClass,
  irFunction: IrFunction
) { // 构造函数体的Builder
  DeepCopyFunctionBuilder(
    irClass, // 数据类
    irFunction, // deepCopy函数
    pluginContext
  )
  // 生成函数体，调用数据类的主构造函数构造新实例
  .generateBody { ctorParameter ->
    // 取deepCopy对应位置的形参
    val irValueParameter = irFunction.valueParameters[ctorParameter.index]
    // 获取该形参的值并返回，在generateBody内部经过深复制之后作为构造函数的实参传入
    irGet(irValueParameter.type, irValueParameter.symbol)
  }
  // 生成函数参数的默认值
  .generateDefaultParameter { functionParameter ->
    // functionParameter是deepCopy函数的参数
    // 创建一个表达式体作为对应参数的默认值
    pluginContext.irFactory.createExpressionBody(
      // 获取与该参数同名的属性值
      irGetProperty(
        irFunction.irThis(),
        irClass.properties.single { it.name == functionParameter.name })
    )
  }
}
```

　　其中，generateBody 用于定制构造函数调用时传入的参数。这里先获取 deepCopy 函数的形参，如果参数类型支持深复制，则调用参数对应的 deepCopy 函数并将返回值作为构造函数的实参传入；否则，直接将该形参作为构造函数的实参传入。generateDefaultParameter 用于为 deepCopy 函数的参数生成默认值，默认值就是与参数同名的属性值。

　　接下来，我们看一下 DeepCopyFunctionBuilder 的内部实现，这其中包含了生成函数体最关键的逻辑，如代码清单 7-42 所示。

代码清单 7-42　DeepCopyFunctionBuilder 的内部实现

```
class DeepCopyFunctionBuilder(
  private val irClass: IrClass, //数据类
  private val irFunction: IrFunction, //deepCopy函数
  ...
) : IrBlockBodyBuilder(...) {

  init {
    //doBuild返回的是body的引用，因此可以在构造时直接赋值
    //后续对body的修改都会直接作用在该实例上
    irFunction.body = doBuild()
  }

  fun generateDefaultParameter(
    block: DeepCopyFunctionBuilder.(IrValueParameter) -> IrExpressionBody?
  ): DeepCopyFunctionBuilder {
    irFunction.valueParameters.forEach { irValueParameter ->
      //遍历参数，并设置默认值
      irValueParameter.defaultValue = block(irValueParameter)
    }
    return this
  }

  fun generateBody(
    block: DeepCopyFunctionBuilder.(IrValueParameter) -> IrExpression
  ): DeepCopyFunctionBuilder {
    val primaryConstructor = irClass.primaryConstructor!!
    +irReturn( //+irReturn，相当于源代码当中的return
      irCall( //返回一个函数调用
        primaryConstructor.symbol, //构造函数的符号
        irClass.defaultType, //函数的返回值类型
        constructedClass = irClass //构造的类型
      ).apply {
        //遍历参数，计算传入构造函数的实参
        symbol.owner.valueParameters.forEachIndexed { index, param ->
          putValueArgument(
            index, //参数的位置
            param.type.tryDeepCopy(block(param)) //构造函数的实参
          )
        }
```

```
    }
  )
  return this
}

private fun IrType.tryDeepCopy(
  irExpression: IrExpression
): IrExpression {
  //若IrType支持深复制，则调用其deepCopy函数，receiver即irExpression
  //否则，直接返回irExpression
  ...
  }
}
```

现在我们已经知道如何为函数生成函数体了，接下来只需要把这段逻辑接入 IR 变换当中。与 trimIndent 案例的做法类似，在注册了 IrGenerationExtension 扩展之后，我们就可以通过访问 IR 树来对 IR 进行变换了。访问 IrClass 并生成 deepCopy 的函数体的代码如代码清单 7-43 所示。

代码清单 7-43　访问 IrClass 并生成 deepCopy 的函数体

```
class DeepCopyClassTransformer(
  private val pluginContext: IrPluginContext
) : IrElementTransformerVoidWithContext() {
  override fun visitClassNew(declaration: IrClass): IrStatement {
    //@DeepCopy标注的数据类
    if (declaration.annotatedAsDeepCopyableDataClass()) {
      //找到符合条件的deepCopy函数，为其生成函数体
      declaration.deepCopyFunctionForDataClass()?.takeIf {
        it.body == null //只处理没有函数体的deepCopy函数
      }?.let { function ->
        //生成函数体
        generateDeepCopyFunctionForDataClass(declaration, function)
      }
    }
    //实现了DeepCopyable接口的数据类
    if (declaration.isData &&
        declaration.implementsDeepCopyableInterface()) {
      //与trimIndent案例类似
      ...
    }
    return super.visitClassNew(declaration)
  }
}
```

在 visitClassNew 中，我们分别对被 @DeepCopy 标注或者实现了 DeepCopyable 接口的类进行了处理，实现了 deepCopy 函数体的生成。

至此，deepCopy 函数生成的核心逻辑也就介绍完毕了。

7.4.4 案例小结

在本例中，我们通过运用编译器插件的能力为数据类生成新的 deepCopy 成员函数，也为被注解 @DeepCopy 标注的数据类隐式地实现了 DeepCopyable 接口。

限于篇幅，书中只对最核心的部分做了介绍。除了前文提及的功能以外，我们实际上还需要开发一款配套的集成开发环境的插件为开发者提供代码提示，以及进一步为集合框架提供深复制的支持。开源项目 KotlinDeepCopy(https://github.com/bennyhuo/KotlinDeepCopy) 为这些功能提供了相应的实现，感兴趣的读者可以参阅源代码来了解更多内容。

7.5 符号处理器的实现原理

现在我们已经对 Kotlin 的编译器插件有了一定的认识，也了解了几个常见的扩展的基本用法。不过，还有一个非常重要的扩展没有介绍到，即 AnalysisHandlerExtension。该扩展在编译器做语义分析时调用，第 5 章提到的 KAPT 和 KSP 都是基于这个扩展实现的。

KSP 和 KAPT 的实现思路非常类似，KSP 有很多特性实际上也正是对照 KAPT 实现的。接下来我们就以 KAPT 为主来介绍它们的实现原理。

7.5.1 Java 存根的生成

前面我们已经介绍过，KAPT 本质上是通过实现 Kotlin 编译器插件支持了 Java 编译器提供的符号处理器。在 KAPT 执行时，Kotlin 编译器会将 Kotlin 源代码转译成 Java 存根，这其中就包含符号处理过程当中必需的 Java 符号信息。

Java 存根的转译流程主要包含 Kotlin 代码编译生成 JVM 字节码、JVM 字节码转换成 Java 语法树、打印 Java 语法树等关键环节，如图 7-12 所示。

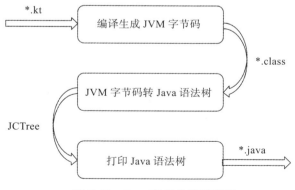

图 7-12 Java 存根的转译流程

Kotlin 代码编译生成 JVM 字节码这一步比较容易理解，即完整的 Kotlin 代码的编译流程。如果 Kotlin 源代码当中引用了待生成的类型，那么这些类型在编译时会被替换成 NonExistentClass。

假设我们实现了一个 KAPT 处理器，用于为被注解 @Serializable 标注的类生成序列化工具类。以代码清单 7-44 为例，User 类被注解 @Serializable 标注，编译时 KAPT 会生成 UserSerializer 作为 User 类的序列化工具类。

代码清单 7-44　为被标注的 User 类生成序列化工具类

```
@Serializable
class User(...)

class UserStore {
  //UserSerializer
  private val serializer = UserSerializer()
  ...
}
```

由于在 Java 存根生成时，UserSerializer 尚不存在，因此生成的 Java 存根当中使用 NonExistentClass 来替代它，如代码清单 7-45 所示。

代码清单 7-45　在 Java 存根中使用 NonExistentClass 替代 UserSerializer

```
[Java]
//生成的Java存根
public final class UserStore {
  //注意类型
  private final error.NonExistentClass serializer = null;
  ...
}
```

这也意味着我们在实现符号处理器时要避免对待生成类型的符号进行处理。

在 Kotlin 源代码经过编译得到 JVM 字节码后，下一步就是将 JVM 字节码转换成 Java 语法树，相关实现主要在 ClassFileToSourceStubConverter 文件当中。这一步完成了顶级类从 ASM 的 ClassNode 结构到 Java 语法树的 JCCompilationUnit 结构的转换。此外，这一步还会根据实际需要生成 NonExistentClass。

最后一步就比较简单了，就是单纯地将 JCCompilationUnit 以文本的形式输出到文件中，得到最终的 Java 存根。

不难发现，生成 Java 存根这一步是非常耗时的，很多时候甚至会远超符号处理器本身的执行时间。相比之下，KSP 则不需要生成 Java 存根。实际上，KSP 的编译性能优势很大程度上都源自这一点。

7.5.2　Java 编译器的调用

生成 Java 存根之后，KAPT 会将原本的 Java 源代码和新生成的 Java 存根一起作为 Java 编译器的输入，以执行符号处理的逻辑。KAPT 在调用 Java 编译器时对很多原有的类型都做了包装，如果开发者想要使用 Java 编译器内部的一些特性，就需要对这些类型格外小心。

例如，我们希望在处理器中访问 Java 编译器内部的语法树，会用到 Trees 这个类型的实例。获取实例的方法如代码清单 7-46 所示。

代码清单 7-46　获取 Trees 的实例

```
val trees = Trees.instance(processingEnv)
```

这里的 processingEnv 就是处理器在 init 函数调用时传入的 ProcessingEnvironment。Trees#instance(ProcessingEnvironment) 在内部限制了 processingEnv 必须为 JavacProcessing-Environment 类型，而在 KAPT 中，processingEnv 的实际类型为 IncrementalProcessingEnvironment，因此代码清单 7-46 会在运行时抛出异常。

7.5.3　增量编译的支持

符号处理通常会比较耗时，支持增量编译对于提升开发效率有重要的意义。

1. Java 存根的增量生成

当只有部分 Kotlin 源代码发生修改时，编译时可以利用 Kotlin 编译器的增量特性对发生修改的源文件进行编译，并生成 JVM 字节码。这一步编译的结果默认保存于 build/tmp/kapt3/incrementalData 目录。后续的处理流程则以类为单位一一进行处理。由此可见，Java 存根的增量生成只依赖于第一步的 Kotlin 源代码的增量编译。

简而言之，通常情况下只有发生变化的 Kotlin 源文件才需要重新生成 Java 存根。需要注意的是，实际的项目往往有着较为复杂的依赖关系，部分模块的小范围改动也可能导致其他模块的全量编译。此时，这些触发全量编译的模块的 Java 存根也会被重新生成，进而极大地增加编译耗时。

2. 处理器的增量执行

Java 编译器本身没有对增量编译直接提供支持，因而也不会对符号处理提供增量支持。这一点其实很容易看出来，因为我们曾在 5.5.4 节提到符号处理器的增量编译取决于生成的目标文件和源文件的依赖关系，即在创建目标文件时传入的 originatingElements，如代码清单 7-47 所示。

代码清单 7-47　创建目标文件的 createSourceFile 方法声明

```
[Java]
// 类: Filer
JavaFileObject createSourceFile(
  CharSequence name,
  // 依赖的源文件的符号
  Element... originatingElements
) throws IOException;
```

而 Java 编译器的默认实现 JavacFiler 却没有用到这个参数。因此，为了支持 Java 注解处理器的增量编译，Gradle 提供了自己的 IncrementalFiler 实现；为了兼容 Gradle 的增量编译机制，KAPT 也提供了自己的 IncrementalFiler 实现。

由此可见，如果我们在 Gradle 中使用 KAPT 提供的 kapt 函数引入处理器，则使用 KAPT 提供的增量编译机制；而如果我们使用 Gradle 提供的 annotationProcessor 函数引入处理器，则使用 Gradle 提供的增量编译机制。二者的增量策略基本一致，不同之处在于后者只能处理 Java 源代码。

7.5.4　多轮次符号处理

在多轮次符号处理的实现上，KAPT 和 KSP 差异较大。

KAPT 调用了 Java 编译器，多轮次处理过程由 Java 编译器负责，而 KAPT 的 Kotlin 编译器插件对此完全不需要关心。这也能很好地解释为什么 KAPT 的处理器无法在后续轮次的符号处理中处理新生成的 Kotlin 源文件了，因为整个符号处理过程由 Java 编译器全权负责，KAPT 没有合适的时机为新生成的 Kotlin 源文件生成 Java 存根。

而 KSP 作为一款纯粹的 Kotlin 编译器插件，可以充分利用 Kotlin 编译器的能力来实现多轮次的符号处理。Kotlin 编译器能够支持 KSP 实现多轮次符号处理的关键在于 AnalysisHandlerExtension 的 doAnalysis 和 analysisCompleted 的返回值类型 AnalysisResult。AnalysisResult 有一个子类 RetryWithAdditionalRoots，通过它的名字我们大致可以猜出上述两个函数返回这个类型的实例会把新生成的文件作为新的输入并触发处理器的重新执行。

如代码清单 7-48 所示，else 分支会在 KSP 的符号处理尚未结束且准备进入下一轮次时或者符号处理结束后需要继续执行后续的编译流程时执行。

代码清单 7-48　　KSP 返回 RetryWithAdditionalRoots 的情况

```
//AbstractKotlinSymbolProcessingExtension#doAnalysis(...)
return if (finished && !options.withCompilation) {
  ...
} else {
  AnalysisResult.RetryWithAdditionalRoots(
    ...
    //生成的Java源代码的目录
    additionalJavaRoots = listOf(options.javaOutputDir),
    //生成的Kotlin源代码的目录
    additionalKotlinRoots = listOf(options.kotlinOutputDir),
    //生成的class文件的目录
    additionalClassPathRoots = listOf(options.classOutputDir)
  )
}
```

相比之下，KAPT 只有在处理器执行结束后需要继续执行后续的编译流程时才会返回 RetryWithAdditionalRoots，如代码清单 7-49 所示。

代码清单 7-49　　KAPT 返回 RetryWithAdditionalRoots 的情况

```
//AbstractKapt3Extension#analysisCompleted(...)
return if (options.mode != WITH_COMPILATION) {
```

```
    doNotGenerateCode()
} else {
    AnalysisResult.RetryWithAdditionalRoots(...)
}
```

不难发现，KSP 是支持在多轮次符号处理中对新生成的 Java 和 Kotlin 源文件进行处理的。这也是 KSP 比 KAPT 更有优势的一个细节。

7.5.5 注解实例的构造

APT 和 KSP 都提供了获取注解实例的 API，如代码清单 7-50 所示。

代码清单 7-50　在 APT 中获取注解实例

```
//在APT中获取注解实例
val serialName = element.getAnnotation(SerialName::class.java)
```

这个注解的实例是从哪儿来的呢？

一般而言，我们在 Java 代码中是无法直接构造注解的实例的，因为从 Java 的角度来看，注解类型是一个接口类型。Kotlin 虽然从语法上把注解归为类，并且从 Kotlin 1.6 版本开始提供了直接构造注解实例的能力，但本质上还是通过在编译时生成了注解类型的子类来实现的。

要基于接口构造实例，有经验的读者也许很快就能想到答案：Java 动态代理。在 APT 中通过 Java 动态代理构造注解实例的代码如代码清单 7-51 所示。

代码清单 7-51　在 APT 中通过 Java 动态代理构造注解实例

```
[Java]
//类：AnnotationParser(模块：Javac)
public static Annotation annotationForMap(
    final Class<? extends Annotation> type,
    final Map<String, Object> memberValues
) {
    return AccessController.doPrivileged(new PrivilegedAction<Annotation>() {
        public Annotation run() {
            //构造动态代理
            return (Annotation) Proxy.newProxyInstance(
                type.getClassLoader(), new Class<?>[] { type },
                new AnnotationInvocationHandler(type, memberValues));
        }});
}
```

因此，我们访问注解的参数，实际上调用的就是对应的注解接口当中的方法，最终会访问到 AnnotationInvocationHandler 的 invoke 方法。

KSP 的实现也是如此，这里就不展开分析了。

7.5.6　延伸：依赖关系分析

通过分析 KAPT 和 KSP 的编译器插件的实现逻辑，相信读者可以对 AnalysisHandlerExtension 的使用场景有进一步的认识。

实际上，除了实现代码的生成以外，我们还可以基于这个扩展分析源代码之间的依赖关系。我们所需要的信息包括每个源文件声明的符号，例如类、函数等，以及每个源文件当中引用的符号。通过建立符号的声明和引用之间的联系，分析出源文件之间，甚至模块之间的依赖关系，如图 7-13 所示。

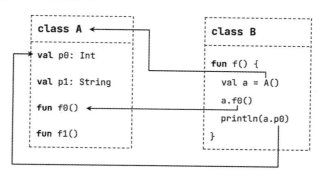

图 7-13　符号的声明和引用之间的联系

声明的符号比较容易获取，符号处理器也提供了这些信息。不过，由于符号引用的解析涉及语义分析的结果，同时分析符号引用需要对表达式进行分析，因此基于 AnalysisHandlerExtension 来实现依赖分析就成了更合适的选择。

限于篇幅，我不打算在书中展开介绍依赖分析的相关实现，有兴趣的读者可以按照上述思路自行尝试。

7.6　本章小结

本章通过 TrimIndent、DeepCopy 项目案例介绍了编译器插件的适用场景以及开发方式。作为复杂度最高却灵活性最强的元编程技术，编译器插件在通常情况下并不是解决问题的首选方案。不过，在需要修改编译产物行为的场景下，编译器插件往往是唯一的选择。

尽管 Kotlin 官方目前仍然没有对外正式发布编译器插件的 API，不过这不会成为编译器插件流行的障碍。目前已经有很多有影响力的项目采用编译器插件实现了特定的功能，本书第 9 章介绍的 Jetpack Compose 就是编译器插件的最重要的使用者之一。基于这一点，我们有理由相信 Kotlin 编译器插件 API 的最终版本与现在的差异不会很大。

Chapter 8 | 第 8 章

元程序的开发和调试

为了加深理解，书中提供了丰富的案例供读者参考，这些案例都是经过反复调试和优化之后的结果。换句话说，想要真正开发一款自己的符号处理器或者编译器插件，还需要了解如何高效地调试这些元程序。

前面介绍案例时，我们总会先花一些篇幅介绍案例的背景和需求，并设计一些用例，这对于任何程序的设计和开发都是必要的。元编程的处理目标也是程序，因此我们在开发元程序之前很容易设计出具体的用例，并且基于这些用例设计单元测试，以实现测试驱动开发（Test-Driven Development，TDD）。

本章我们仍然以 DeepCopy 项目为例，介绍开发和调试元程序的详细过程。

8.1 使用 kotlin-compile-testing 编写单元测试

元编程的逻辑通常较为抽象，我们可以通过单元测试将各种边界用例记录下来，并在功能迭代时不断对元程序进行验证，为元程序提供可靠性保证。同时，我们也可以在运行单元测试时通过断点调试、日志输出的方式对编译器内部的结构和逻辑进行深入分析，以加深对编译器内部细节的认识和理解，降低开发难度和成本。

8.1.1 编译器的调用和调试

在实现支持数据类深复制的符号处理器时，我们曾直接给出过一个用例，如代码清单 8-1 所示。

代码清单 8-1　数据类深复制的用例

```
import com.bennyhuo.kotlin.deepcopy.annotations.DeepCopy
```

```
@DeepCopy
data class Point(var x: Int, var y: Int)
```

通过符号处理器为 Point 类生成的 deepCopy 函数如代码清单 8-2 所示。

代码清单 8-2　通过符号处理器为 Point 类生成的 deepCopy 函数

```
fun Point.deepCopy(
  x: Int = this.x,
  y: Int = this.y,
) = Point(x, y)
```

输入输出准备好后，接下来我们要怎么配置处理器运行的环境呢？

为了在单元测试的运行环境当中搭建符号处理器或者编译器插件的执行环境，我们需要在单元测试当中实现对 Kotlin 编译器的调用。

Java 编译器和 Kotlin 编译器都是 Java 程序，只要把它们添加到我们的 classpath 中，我们就能访问到它们的类型。detekt 也已经为我们充分展示了如何调用 Kotlin 编译器并执行代码扫描和检查，它的背后正是 kotlin-compiler-embeddable 构件。因此，我们完全可以在单元测试环境引入这个构件，并实现对 Kotlin 编译器的调用。

要想直接调用 Kotlin 编译器并服务于单元测试，我们还需要做一些额外的工作，包括创建工作目录、复制源代码、管理编译输出等。幸运的是，已经有成熟的框架 kotlin-compile-testing(https://github.com/tschuchortdev/kotlin-compile-testing) 帮我们完成了这些工作。

在项目中引入单元测试的依赖 kotlin-compile-testing，如代码清单 8-3 所示。

代码清单 8-3　引入单元测试的依赖

```
// 使用JUnit执行单元测试
testImplementation(kotlin("test-junit"))
// 引入Kotlin编译器的封装框架kotlin-compile-testing
testImplementation("com.github.tschuchortdev:kotlin-compile-testing:$version")
```

使用方法也非常直接，以文本的形式构造 SourceFile，调用 Kotlin 编译器并检查编译结果，如代码清单 8-4 所示。

代码清单 8-4　在单元测试中调用 Kotlin 编译器

```
@Test
fun helloWorld() {
  // 构造源代码，作为编译器的输入
  val kotlinSource = SourceFile.kotlin(
    "Main.kt",
    """
    fun main() {
      println("Hello World!")
    }
    """
```

```
)

val result = KotlinCompilation().apply {
    //添加源代码
    sources = listOf(kotlinSource)
    //继承单元测试环境的classpath
    inheritClassPath = true
}.compile() //执行编译

assertEquals(result.exitCode, KotlinCompilation.ExitCode.OK)
}
```

源代码输入也支持 Java，如代码清单 8-5 所示。

代码清单 8-5　为 Kotlin 编译器输入 Java 源代码

```
val javaSource = SourceFile.java(
    "User.java",
    """
    package com.bennyhuo.test;

    public class User {
        public int id;
        public String name;

        public User(int id, String name) {
            this.id = id;
            this.name = name;
        }
    }
    """
)
```

我们也可以在 Kotlin 代码当中使用输入的这个 Java 类，如代码清单 8-6 所示。

代码清单 8-6　源代码之间相互引用

```
val kotlinSource = SourceFile.kotlin(
    "Main.kt",
    """
    import com.bennyhuo.test.User

    fun main() {
        val user = User(0, "Benny Huo")
        println(user.id)
    }
    """
)
```

当然最关键的是，我们还可以为编译器配置符号处理器和编译器插件，如代码清单 8-7 所示。

代码清单 8-7　为 Kotlin 编译器配置符号处理器

```
val result = KotlinCompilation().apply {
  //添加数据类深复制的Java注解处理器
  annotationProcessors = listOf(DeepCopyProcessor())
  ...
}.compile()
```

这样一来，整个编译过程就执行在单元测试的环境当中了。除了可以直接对开发中的符号处理器或者编译器插件进行单步调试以外，我们还可以轻松地对 Kotlin 编译器进行单步调试，如图 8-1 所示。

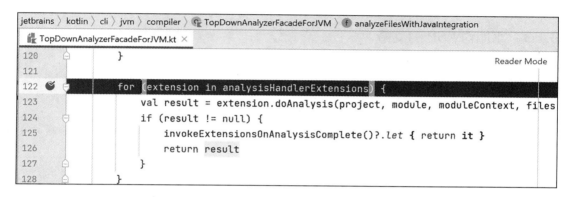

图 8-1　单步调试 Kotlin 编译器

在图 8-1 中，断点打在 Kotlin 编译器完成语义分析之后，即将调用 AnalysisHandler-Extension 扩展的位置。不难想到，KAPT 和 KSP 都是在这个 for 循环当中被调用的。

8.1.2　检查 KAPT 的输出

现在我们已经知道如何调用编译器，接下来就是检查处理器生成的结果了。

对于 KAPT 而言，生成的文件存储在 kaptSourceDir 和 kaptKotlinGeneratedDir 中，我们可以遍历这两个目录找到 KAPT 生成的所有文件，如代码清单 8-8 所示。

代码清单 8-8　获取 KAPT 生成的所有文件

```
//得到文件名为key，文件内容为value的Map
val generatedFiles = listOf(
  compilation.kaptSourceDir,
  compilation.kaptKotlinGeneratedDir
).flatMap { it.walk() }.filter { it.isFile }.associate {
  it.name to it.readText()
}
```

接下来的工作就是单纯地对字符串进行比较了，如代码清单 8-9 所示。

代码清单 8-9　检查生成的文件内容

```
assertEquals(
    """
    ...省略期望的文件内容...
    """.trimIndent().trimEnd(),
    generatedFiles["Point\$\$DeepCopy.kt"]?.trimEnd()
)
```

 提示　对比的结果常常会因为开头和结尾的空白字符而不同，我们可以使用 String#trimStart() 和 String#trimEnd() 将这些空白字符移除掉，以减少麻烦。

8.1.3　添加对 KSP 的支持

kotlin-compile-testing 同样提供了对 KSP 的支持，在 Gradle 当中引入依赖，如代码清单 8-10 所示。

代码清单 8-10　添加 KSP 的单元测试依赖

```
testImplementation("com.github.tschuchortdev:kotlin-compile-testing-
    ksp:$version")
```

对之前 KAPT 的单元测试稍作修改，即可将其用于 KSP 的测试，如代码清单 8-11 所示。

代码清单 8-11　添加 KSP 的处理器并检查编译生成的目标程序

```
val kotlinSource = SourceFile.kotlin(...)
val compilation = KotlinCompilation().apply {
    //添加KSP的处理器
    symbolProcessorProviders = listOf(DeepCopySymbolProcessorProvider())
    ...
}
...
//kspSourcesDir当中包含KSP生成的代码
val generatedFiles = compilation.kspSourcesDir.walk().filter { it.isFile }
    .associate {
        it.name to it.readText()
    }
...
```

可见，KSP 与 KAPT 的单元测试的编写思路完全相同。

 提示　由于 KSP 和 KAPT 的工作机制有所不同，二者生成的代码可能会有细微的差异。在不对二者的输出做专门的统一化处理的情况下，我们在编写单元测试时通常需要区别对待。例如 Kotlin 源代码当中的 kotlin.collections.Map 在 KAPT 当中对应 Java 的 java.util.Map，而在 KSP 中仍然是 kotlin.collections.Map。

8.1.4　运行编译后的程序

某些情况下，对编译时生成的代码进行检查时会比较困难或者检查得不够充分，这时我们就希望在单元测试当中运行目标程序来进行检查，以确保目标程序在运行时的正确性。

例如待测试的编译器插件为某个类添加了接口、生成了新函数或者属性等，直接检查生成的编译产物（例如 JVM 字节码）往往不够直观。这时就可以将目标程序运行起来，通过检查其运行时的表现来验证编译器插件逻辑的正确性。DeepCopy 项目的编译器插件案例就是这样的情况。我们通过修改 IR 来生成 deepCopy 函数，并为所有被 @DeepCopy 标注的类型都添加了 DeepCopyable 接口，这些逻辑完全可以通过运行目标程序进行验证。

在 JVM 上加载运行目标程序并不复杂。首先，我们在测试用例也就是源程序当中添加一个入口函数 main，在 main 函数内部通过调用 Point#deepCopy() 函数来验证它的功能，同时输出 point 类型是否为 DeepCopyable 的实例，如代码清单 8-12 所示。

代码清单 8-12　为源程序添加入口函数 main

```
val mainSource = SourceFile.kotlin(
  "Main.kt",
  """
  import com.bennyhuo.kotlin.deepcopy.DeepCopyable

  fun main() {
    val point = Point(0, 1)
    val deepCopy = point.deepCopy()
    point.x = 1
    point.y = 2
    println(deepCopy)
    println(point is DeepCopyable<*>)
  }
  """
)
```

接下来将这段代码作为编译器的输入，并配置编译器插件，如代码清单 8-13 所示。

代码清单 8-13　配置编译器插件

```
val compilation = KotlinCompilation().apply {
  sources = listOf(kotlinSource, mainSource)
  compilerPlugins = listOf(DeepCopyComponentRegistrar())
  //继承单元测试环境的classpath，方便访问DeepCopyable类型
  inheritClassPath = true
}
```

在编译完成之后，如果编译成功，我们就可以通过反射来访问并调用 main 函数，如代码清单 8-14 所示。

代码清单 8-14　运行编译产物并检查控制台输出结果

```
assertEquals(
```

```
"""
Point(x=0, y=1)
true
""".trimIndent(),
//重定向标准输出作为字符串返回
captureStdOut {
    //Main.kt文件内的顶级函数都会被编译到MainKt类当中
    val entryClass = result.classLoader.loadClass("MainKt")
    val entryFunction = entryClass.getDeclaredMethod("main")
    entryFunction.invoke(null)
}
)
```

> 提
> 示　入口函数的名字不受限制，我们甚至可以为它传递参数，检查它的返回值是否符合预期。

需要注意的是，如果想要运行 KSP 生成的目标程序，我们还需要额外做一些处理。这是因为 KSP 自身是一次独立的 Kotlin 编译过程，它在逻辑执行完之后会默认不再执行编译器后续的逻辑了。这一点我们可以在 KSP 的源代码当中得到证实，如代码清单 8-15 所示。

代码清单 8-15　当逻辑执行完之后，KSP 不会触发后续编译

```
//AbstractKotlinSymbolProcessingExtension#doAnalysis(...)
if (finished) {
  //当withCompilation为true时，最后一次调用会直接返回null
  return null // （②）
}
...
return if (finished && !options.withCompilation) {
  if (!options.returnOkOnError && logger.hasError()) {
    AnalysisResult.compilationError(BindingContext.EMPTY)
  } else {
    //处理器执行完成，shouldGenerateCode为false，则不再执行后续编译
    AnalysisResult.success(
      BindingContext.EMPTY, module,
      shouldGenerateCode = false
    )
  }
} else {
  //withCompilation为true时，需要再次调用处理器
  AnalysisResult.RetryWithAdditionalRoots(...) // （①）
}
```

只要将 withCompilation 设置为 true，那么 KSP 执行完成时就会落入①处返回 RetryWithAdditionalRoots 这个分支。稍后 doAnalysis 函数会被 Kotlin 编译器再次调用，并在②处直接返回 null 以执行后续的编译流程。

我之前给 kotlin-compile-testing 提过一个 PR，添加了 kspWithCompilation 参数用于配

置 KSP 的 withCompilation，现在我们可以直接使用该参数，如代码清单 8-16 所示。

代码清单 8-16　配置 withCompilation

```
val compilation = KotlinCompilation().apply {
  symbolProcessorProviders = listOf(DeepCopySymbolProcessorProvider())
  kspWithCompilation = true
  ...
}
```

这样处理仍然有一个小问题，即 KSP 生成的 Java 源代码将不会被编译。因为 kotlin-compile-testing 在调用 Java 编译器编译 Java 源代码时没有将 KSP 生成的源代码路径传入其中。

针对这种情况，目前最好的解决方案是分两次进行编译，即第一次只执行 KSP 完成代码生成，第二次将原始输入的源代码与 KSP 生成的源代码合并作为编译器输入，最终得到完整的编译结果，如代码清单 8-17 所示。这实际上已经非常接近生产环境中的编译流程了。

代码清单 8-17　依次执行 KSP 处理和 Kotlin 编译过程

```
//步骤一，只执行KSP的处理器，不执行后续编译
val kspCompilation = KotlinCompilation().apply {
  symbolProcessorProviders = listOf(DeepCopySymbolProcessorProvider())
  ...
}
//步骤二，只执行编译，不配置KSP的处理器
val compilation = KotlinCompilation().apply {
  //把KSP生成的文件也作为源代码输入
  sources += kspCompilation.kspSourcesDir..walkTopDown()
    .filter { !it.isDirectory }
    .map { SourceFile.new(it.name, it.readText()) }
  ...
}
```

> 提示　KSP 不支持 withCompilation 与 incremental 两个参数同时为 true，即加载了 KSP 插件的 Kotlin 编译器不能同时支持增量符号处理和执行完整的编译。由于一些实现细节上的差异，目前 KSP 无法直接使用 Kotlin 编译器提供的增量编译能力，因此 KSP 自己实现了一套增量编译机制，并且禁用了 Kotlin 编译器内置的增量编译能力。这使得同时支持执行完整的编译与增量编译变得极其复杂，也正因为如此，通常在生产环境中的 KSP 的处理器和编译器后续的编译逻辑会分开执行，以确保各自都可以实现增量编译。

8.1.5　打印变换之后的 IR

尽管经过 IR 变换之后的程序可以通过检查运行时的结果来验证其正确性，但这种"曲

线救国"的做法并不能直接反映 IR 变换的结果。在某些情况下,我们需要直接对经过变换的 IR 的细节进行验证,这时把 IR 打印出来是一个更好的选择。

Kotlin 编译器内置了两种打印 IR 的方式,一种是通过调用 IrElement#dump(...) 来直接打印 IR 的内部结构,另一种是通过调用 IrElement#dumpKotlinLike(...) 将 IR 转换成 Kotlin 源代码风格的形式予以输出。两种方式如代码清单 8-18 所示。

代码清单 8-18　Kotlin 编译器内置的两种打印 IR 的方式

```
//IrGenerationExtension#generate
override fun generate(moduleFragment: IrModuleFragment, ...) {
  //直接输出IR
  val rawIr = moduleFragment.dump()
  //将IR转换成Kotlin源代码风格的形式
  val kotlinLikeIr = moduleFragment.dumpKotlinLike()
}
```

以生成的 Point#deepCopy(...) 函数为例,得到的 IR 如代码清单 8-19 所示。

代码清单 8-19　deepCopy 函数的 IR

```
FUN name:deepCopy
  //修饰符: public final
  visibility:public modality:FINAL
  //泛型参数、值参数和返回值
  < > ($this:Point, x:Int, y:Int) returnType: Point
  //隐式参数this
  $this: VALUE_PARAMETER name:<this> type:Point
  //第一个参数x
  VALUE_PARAMETER name:x index:0 type:Int
    //默认值表达式, this.x
    EXPRESSION_BODY
      GET_FIELD 'FIELD PROPERTY_BACKING_FIELD name:x type:Int' type=Int
        receiver: GET_VAR '<this>: Point declared in Point.deepCopy' type=Point

  VALUE_PARAMETER name:y index:1 type:Int
    ... //与x类似
  BLOCK_BODY
    ...
```

为了方便阅读,我们已经对输出的 IR 内容做了一定的简化。不过即便如此,它看起来也并不简单。

相比直接输出 IR,deepCopy 函数的 Kotlin 源代码风格的输出看起来就轻松多了,如代码清单 8-20 所示。

代码清单 8-20　deepCopy 函数的 Kotlin 源代码风格的输出

```
fun deepCopy(x: Int = <this>.#x, y: Int = <this>.#y): Point {
  return Point(x = x, y = y)
}
```

不难发现，尽管 Kotlin 源代码风格的形式并不是完全合法的 Kotlin 源代码，不过它的可读性比直接打印出来的 IR 的可读性要好得多。

由于我们只需要实现 IrGenerationExtension 扩展就可以获取到 IR，因此为编译器专门配置一个打印 IR 用的插件即可。我们可以根据自身的实际需求选择合适的 IR 打印方式来设计单元测试用例。具体实现比较容易想到，书中不再赘述。

8.1.6 多模块编译

对于一些稍微复杂的场景而言，除了要考虑对模块内部源代码的处理以外，还需要考虑对 classpath 中引入的其他类型进行专门的处理。

以 DeepCopy 项目的符号处理器实现为例，为了对外部依赖当中的数据类提供深复制的支持，我们提供了 @DeepCopyConfig 注解，编译时会为注解参数中的类型生成 deepCopy 扩展函数。

假设我们有三个模块，分别是 lib-a、lib-b、main，它们的依赖关系和类定义如图 8-2 所示。

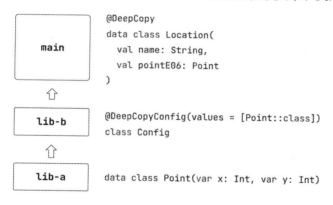

图 8-2　多模块的依赖关系和类定义

其中，模块 lib-a 定义了 Point 类，并在模块 lib-b 中为 Point 添加深复制的支持。模块 lib-b 编译时会为 Point 生成 deepCopy 函数。在模块 main 当中，Point 类需要被当作支持深复制的类型，因此生成的 Location#deepCopy(...) 如代码清单 8-21 所示，请注意其中的 pointE06.deepCopy()。

代码清单 8-21　Location 类的 deepCopy 函数

```
public fun Location.deepCopy(
  name: String = this.name,
  pointE06: Point = this.pointE06
): Location = Location(name, pointE06.deepCopy())
```

为了验证这个逻辑，我们需要编写一个包含三个编译模块的单元测试，如代码清单 8-22 所示。

代码清单 8-22　包含三个编译模块的单元测试

```
val libACompilation = KotlinCompilation().apply { ... }
val libBCompilation = KotlinCompilation().apply {
  //把libACompilation的编译输出加入classpath
  classpaths += libACompilation.classesDir
  ...
}
val mainCompilation = KotlinCompilation().apply {
  //将前面两个模块的编译输出加入classpath
  classpaths += listOf(
    libACompilation.classesDir,
    libBCompilation.classesDir
  )
  ...
}
```

多模块编译的关键之处在于依赖关系的建立。只要将一个模块的编译输出加入另一个模块的 classpath，就可以为二者建立依赖关系。

8.2　使用 kotlin-compile-testing-extensions 简化单元测试

通过前面的介绍，我们已经知道使用 kotlin-compile-testing 可以实现多单元测试。不过，由于它在设计和实现上只关注提供 Kotlin 编译器的调用支持，因此在应用到具体的业务场景时，还需要做一些额外的处理。

为了简化 Kotlin 元程序的单元测试的编写复杂度，我对 kotlin-compile-testing 做了一层封装，实现了 kotlin-compile-testing-extensions(https://github.com/bennyhuo/kotlin-compile-testing-extensions) 这个框架，为了方便叙述，下文称它为 extensions。接下来我们就通过示例介绍 extensions 的使用方法。

8.2.1　测试数据的组织形式

首先是测试输入的组织。我们可以将所有模块的源代码即依赖关系写入一个单独的文件当中，如代码清单 8-23 所示。

代码清单 8-23　单文件形式的测试输入

```
//SOURCE
//MODULE: lib-a
//FILE: Point.kt
data class Point(var x: Int, var y: Int)
//MODULE: lib-b  / lib-a
//FILE: Config.kt
import com.bennyhuo.kotlin.deepcopy.annotations.DeepCopyConfig

@DeepCopyConfig(values = [Point::class])
```

```
class Config
//MODULE: main / lib-a, lib-b
//FILE: Location.kt
import com.bennyhuo.kotlin.deepcopy.annotations.DeepCopy
@DeepCopy
data class Location(val name: String, val pointE06: Point)
//EXPECT
//MODULE: main
//FILE: Location$$DeepCopy.kt
import deepCopy
import kotlin.String
import kotlin.jvm.JvmOverloads

@JvmOverloads
public fun Location.deepCopy(name: String = this.name, pointE06: Point = this.
pointE06): Location =
    Location(name, pointE06.deepCopy())
```

这个文件主要包含两部分，即源代码（SOURCE）和期望输出（EXPECT）。源代码和期望输出都是按照"模块 – 文件"的结构组织起来的，如图 8-3 所示。

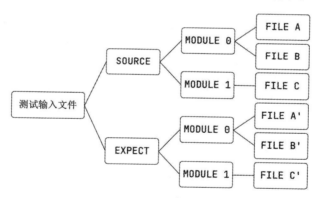

图 8-3　单文件形式的测试输入基本结构

其中，从"// SOURCE"开始直到"// EXPECT"中间的部分为源代码。形如 //MODULE: main / lib-a, lib-b 的注释标示了一个模块的开始，这里的模块名为 main，它依赖于 lib-a 和 lib-b 两个模块。如果需要为模块单独配置符号处理器、处理器的参数以及编译器插件，可以在后面添加相应的配置，如代码清单 8-24 所示。

代码清单 8-24　配置 KAPT、KSP 和 Kotlin 编译器插件

```
//MODULE: app
//KSP: com.bennyhuo.MySymbolProcessorProvider
//KSP_ARGS: module.name=app
//KAPT: com.bennyhuo.MyProcessor
//KAPT_ARGS: module.name=app
//KCP: com.bennyhuo.MyComponentRegistrar
```

这里配置的是处理器或者编译器插件的全限定类名，多个类名使用逗号分隔。KSP_ARGS 和 KAPT_ARGS 分别用于配置 KSP 和 KAPT 的参数，我们也可以使用 ARGS 同时为 KSP 和 KAPT 配置相同的参数。

形如 // FILE: Location.kt 的注释标示了一个文件的开始，这里的文件名为 Location.kt。如果需要在 JVM 上运行某个函数，可以添加如代码清单 8-25 所示的配置。

代码清单 8-25　配置程序执行入口

```
//FILE: Main.kt [MainKt#main]
```

这表示调用 MainKt 类的 main 函数，注意，main 函数必须没有参数。如果你希望配置多个程序执行入口，可以采用如代码清单 8-26 所示的写法。

代码清单 8-26　配置多个程序执行入口

```
//FILE: Main.kt
//ENTRY: MainKt#main
//ENTRY: MainKt#main2(1, b, hello world)
```

这种方式支持简单的基本类型参数的传递，参数个数必须与函数实际的参数匹配，运行时会尝试按照函数的参数类型进行转换，转换失败则运行失败。

从 // EXPECT 开始的部分为期望输出。与源代码部分类似，// MODULE: main 后面是模块 main 的输出，// FILE: Location$$DeepCopy.kt 后面是生成的 Location$$DeepCopy.kt 文件的内容。期望的运行时输出和 IR 打印结果也可以在这里配置，具体方法参见 8.2.3 节和 8.2.4 节。

8.2.2　测试数据的加载

现在我们已经将所有用于单元测试的数据整理到了一个独立的文件中，接下来就可以使用 exensions 内置的 FileBasedModuleInfoLoader 来加载它们了，如代码清单 8-27 所示。

代码清单 8-27　从文件中加载测试数据

```
//加载所有测试数据的文件testData.txt
val loader = FileBasedModuleInfoLoader("testData.txt")
//解析输入，对应SOURCE部分
val sources: Collection<SourceModuleInfo> = loader.loadSourceModuleInfos()
//解析输出，对应EXPECT部分
val expects: Collection<ExpectModuleInfo> = loader.loadExpectModuleInfos()
```

SourceModuleInfo 实例包含了用于构造一个 Kotlin 编译模块的完整信息，例如模块名、源代码文件、处理器参数等。在这些信息中，除了模块名不能修改（防止依赖关系被破坏）以外，其他数据均可以修改，以满足更灵活的配置需求。

ExpectModuleInfo 则用于结果检查，它的定义比 SourceModuleInfo 的定义要简单得多，只包含模块名以及输出的文件清单。

当然，开发者也可以自己实现 ModuleInfoLoader 接口以满足更加灵活的测试数据组织的需求，如代码清单 8-28 所示。

代码清单 8-28　ModuleInfoLoader 接口

```
interface ModuleInfoLoader {
  fun loadSourceModuleInfos(): Collection<SourceModuleInfo>

  fun loadExpectModuleInfos(): Collection<ExpectModuleInfo>
}
```

8.2.3　编译运行并检查结果

接下来就是单元测试的核心步骤了，如代码清单 8-29 所示。

代码清单 8-29　编译运行并检查结果

```
//使用SourceModuleInfo创建KotlinModule
val modules = sources.map { moduleInfo ->
  KotlinModule(
    moduleInfo,
    //统一添加处理器，也可以在测试数据文件当中分别配置
    symbolProcessorProviders = listOf(DeepCopySymbolProcessorProvider())
  )
}

//检查运行结果
modules.checkResult(
  expects,
  checkExitCode = true,
  checkGeneratedFiles = true
)
```

其中，KotlinModule 类型是对 Kotlin 模块的抽象。extensions 将模块内部的代码生成、编译、加载运行、IR 打印等细节封装到了 KotlinModule 中，使得我们不用再关心这些细节，只需要知道输入是什么，以及我们需要对输出做哪些检查即可。

checkResult 有非常多用于不同场景的结果检查的参数，这里只用到了 checkExitCode（检查编译是否成功）和 checkGeneratedFiles（检查生成的文件是否符合预期）。

此外，它还包括如下参数。

❑ exitCode：编译器的运行结果期望值，默认是 OK，在 checkExitCode 为 true 时，将编译器的实际运行结果与该值进行比较。

❑ executeEntries：运行配置好的函数入口，将其输出重定向并与测试数据当中的期望值进行比较。

❑ checkGeneratedIr：检查生成的 IR。IR 打印的输出类型通过 irOutputType 来配置。

❑ irOutputType：IR 打印的输出类型。支持直接打印 IR 或者将 IR 转换成 Kotlin 源代

码风格的形式进行打印。除了支持编译器内置的 IR 转源代码的实现以外，我们还从
Jetpack Compose 的单元测试当中移植了一套输出结果更贴合 Kotlin 语法的转换实现。

❑ irSourceIndent：配置 IR 打印输出的缩进，默认为 4 个空格。
❑ checkCompilerOutput：检查编译器的输出，包括 WARNING、ERROR 等信息。
❑ compilerOutputName：编译器输出内容对应的文件名，用于匹配测试数据输入，默
认为 compiles.log。
❑ compilerOutputLevel：编译器输出内容的级别，默认为 ERROR。

8.2.4　检查 IR 和运行时输出

下面我们再通过一个小例子来展示如何进行 IR 和运行时输出检查。在这个例子中，我
们会用到 DeepCopy 项目的编译器插件实现。

先把测试数据配置好，如代码清单 8-30 所示。

代码清单 8-30　配置测试数据

```
//SOURCE
//FILE: Main.kt [MainKt#main]
import com.bennyhuo.kotlin.deepcopy.annotations.DeepCopy
import com.bennyhuo.kotlin.deepcopy.DeepCopyable

@DeepCopy
data class DataClass(var value: String)

fun main() {
  val dataClass = DataClass("hello")
  println(dataClass.deepCopy("world").value == "world")
  println(dataClass is DeepCopyable<*>)
}
//EXPECT
//FILE: MainKt.main.stdout
true
true
//FILE: Main.kt.ir
```

其中，MainKt.main.stdout 对应的是 MainKt#main 的运行输出。Main.kt.ir 对应的是
Main.kt 生成的 IR 经过变换之后最终打印出来的结果。注意这里只给出了文件名，没有给
出具体内容。因为像 IR 结果这样的输出内容往往不太容易提前准备好，所以我们可以先运
行一次单元测试，观察输出的结果。

接下来编写单元测试代码，注意配置好 DeepCopy 项目的编译器插件，在检查时需要
通过参数指定检查生成的 IR 以及测试程序的运行结果，如代码清单 8-31 所示。

代码清单 8-31　配置编译器插件并检查编译运行的结果

```
val loader = FileBasedModuleInfoLoader("testData/$fileName")
loader.loadSourceModuleInfos().map {
```

```
//添加DeepCopy的编译器插件
KotlinModule(it, componentRegistrars = listOf(DeepCopyComponentRegistrar()))
}.checkResult(
  loader.loadExpectModuleInfos(),
  //检查生成的IR，默认采用Jetpack Compose的输出风格
  checkGeneratedIr = true,
  //检查运行时输出
  executeEntries = true
)
```

变换之后 DataClass 的 IR 的打印结果（Jetpack Compose 风格）如代码清单 8-32 所示。

代码清单 8-32　经过编译器插件变换后的 DataClass（Jetpack Compose 风格）

```
@DeepCopy
data class DataClass(var value: String) : DeepCopyable<DataClass> {
  ...
  fun deepCopy(value: String = <this>.value): DataClass {
    return DataClass(value)
  }
  override fun deepCopy(): DataClass {
    return DataClass(<this>.value)
  }
}
...
```

通过阅读这段打印之后的 IR，我们可以非常容易地确认编译器插件确实按照我们的设计生成了 deepCopy 函数，并且为 DataClass 添加了父接口 DeepCopyable。将 IR 转换成 Kotlin 风格的源代码既可以降低开发的难度，又可以方便单元测试的编写，进而方便后续的持续迭代。

 提示　Jetpack Compose 的编译器插件源代码非常具有参考价值，本书将在第 9 章专门对其进行介绍。Jetpack Compose 的编译器插件的单元测试中使用的 IR 源代码转换方案的结果比 Kotlin 编译器内置的转换方案的结果更加接近实际的 Kotlin 源代码，因此这里也将它作为默认选项。

8.3　在实际项目中集成

在元编程项目的开发过程中，采用本章前面提到的方法编写单元测试可以应对绝大多数的调试和测试场景。不过，在实际项目中集成也是比较重要的开发和调试手段。有些时候我们希望能够快速结合实际项目完成一些想法的验证，直接集成开发似乎是一个更好的办法。

本节我们将就元程序集成到实际项目中可能遇到的问题，以及一些常见的技巧进行简单介绍。

8.3.1　工程的组织形式

　　一般而言，我们编写的元程序都是独立的项目，想要在业务项目当中集成，就需要考虑将元程序的产物发布到 Maven 仓库当中。

　　以 DeepCopy 项目的编译器插件为例，目标程序需要通过配置 Gradle 插件来引入编译器插件，如代码清单 8-33 所示。

代码清单 8-33　在 plugins 块中引入 DeepCopy 项目的 Gradle 插件

```
plugins {
  ...
  id("com.bennyhuo.kotlin.plugin.deepcopy") version "$version"
}
```

　　Gradle 会查找 GroupId 为 com.bennyhuo.kotlin.plugin.deepcopy，ArtifactId 为 com.bennyhuo.kotlin.plugin.deepcopy.gradle.plugin 的构件，再通过这个构件的依赖找到 GroupId 为 com.bennyhuo.kotlin，ArtifactId 为 deepcopy-gradle-plugin-kcp 的构件，这就是我们为 DeepCopy 项目的编译器插件配套编写的 Gradle 插件了。

　　换句话说，代码清单 8-33 与代码清单 8-34 是等价的。

代码清单 8-34　通过 buildscript 引入 DeepCopy 项目的 Gradle 插件

```
buildscript {
  ...
  dependencies {
    classpath("com.bennyhuo.kotlin:deepcopy-gradle-plugin-kcp:$version")
  }
}
```

　　在本地开发时，为了实现集成调试，通常我们最容易想到的做法就是先将元程序发布到 Maven 的本地仓库，然后在业务项目引入该仓库。这种做法足够简单，但对于需要频繁修改元程序进行功能验证的场景又显得比较笨重。

　　为了解决这个问题，Gradle 提供了一套混合编译（Composite Build）机制，使得我们无须修改业务代码当中的依赖配置即可实现与依赖项目的源代码依赖。

　　例如我们现在有一个业务项目 Sample，需要依赖 DeepCopy 项目的编译器插件进行集成开发调试，DeepCopy 项目的源码路径为 /path/to/DeepCopy，编译器插件的模块名为 compiler-kcp-embeddable，Gradle 插件的模块名为 plugin-gradle。我们只需要在 Sample 项目的 settings.gradle 当中添加如代码清单 8-35 所示的配置，就可以启用混合编译机制了。

代码清单 8-35　使用 Gradle 的混合编译机制实现源代码集成

```
includeBuild("/path/to/DeepCopy") {
    //配置依赖替换关系
```

```
dependencySubstitution {
  substitute(
    module("com.bennyhuo.kotlin:deepcopy-gradle-plugin-kcp")
  ).using(project(":deepcopy-plugin-gradle"))

  substitute(
    module("com.bennyhuo.kotlin:deepcopy-compiler-kcp-embeddable")
  ).using(project(":compiler-kcp-embeddable"))
}
}
```

dependencySubstitution 将符合条件的 Maven 依赖替换成对应的本地模块，于是代码清单 8-34 当中引入的 Maven 依赖就会被替换为本地工程依赖，如图 8-4 所示。

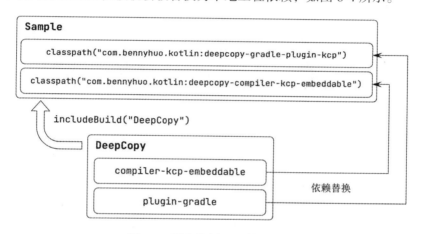

图 8-4　混合编译工程结构示意

当然，如果我们的元程序项目当中配置的 GroupId 模块名称与业务代码当中配置的 Maven 依赖的 GroupId 和 ArtifactId 相对应，那么依赖替换会自动发生，无须额外配置依赖替换关系。

如此一来，DeepCopy 项目的代码修改会在编译 Sample 项目时立即生效，无须执行任何发布操作。

这一功能同样适用于运行时依赖。不仅如此，IntelliJ IDEA 也能根据这项配置实现源码的正确跳转，使得两个独立项目如同在同一个项目当中一样。

8.3.2　单步调试 Kotlin 编译器

集成开发的时候，通常我们会通过调试 Gradle 进程的方式来调试整个编译流程。调试 Gradle 时我们可以对 Gradle 自身和 Gradle 插件进行单步调试。

在 IntelliJ IDEA 当中调试 Gradle 非常简单，我们只需要在相应的源代码当中打好断点，然后选择合适的 Gradle 任务，单击如图 8-5 所示的调试运行按钮即可。

图 8-5　单击调试运行按钮

程序运行到断点位置时会停下来，如图 8-6 所示。

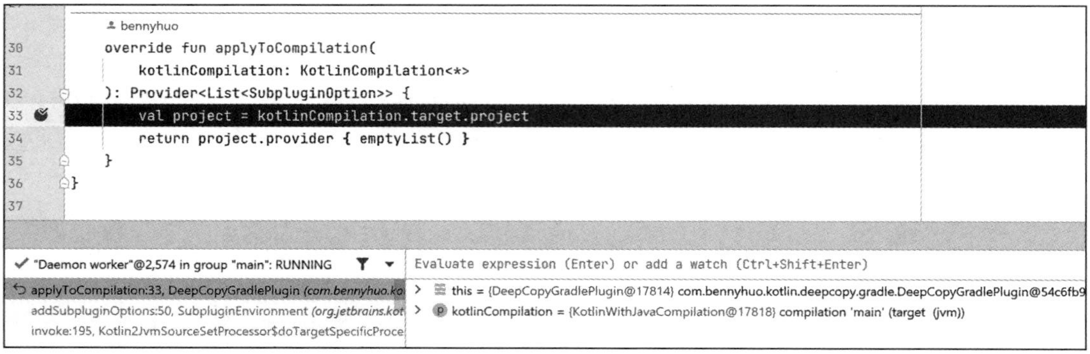

```
       ≗ bennyhuo
30    override fun applyToCompilation(
31        kotlinCompilation: KotlinCompilation<*>
32    ): Provider<List<SubpluginOption>> {
33        val project = kotlinCompilation.target.project
34        return project.provider { emptyList() }
35    }
36 }
37
```

图 8-6　单步调试 Gradle 插件

Java 编译器也运行在 Gradle 的进程当中，因此我们也可以通过在 Java 编译器的源代码中打断点对 Java 编译器进行单步调试，如图 8-7 所示。

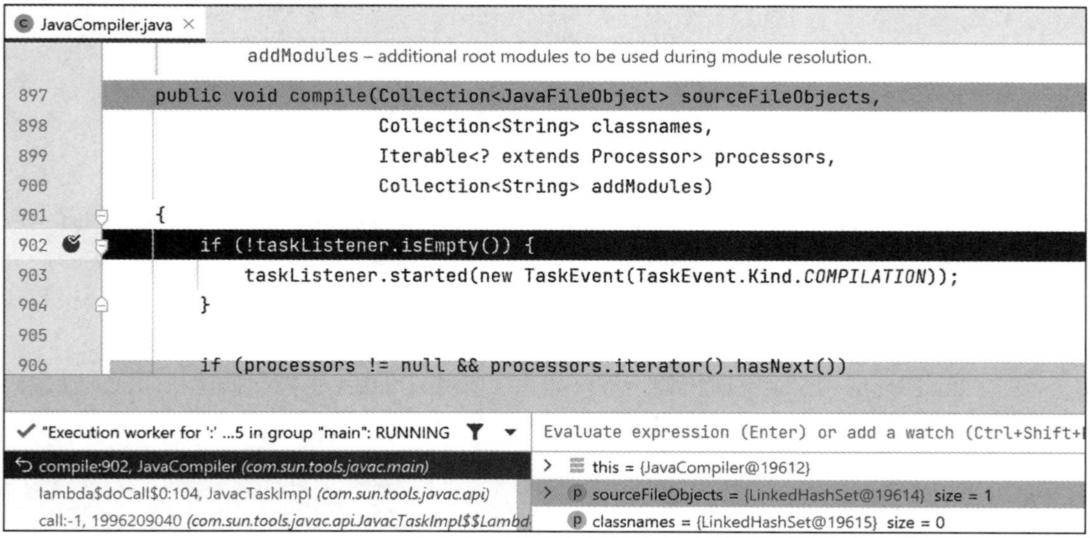

```
© JavaCompiler.java ×
              addModules – additional root modules to be used during module resolution.
897    public void compile(Collection<JavaFileObject> sourceFileObjects,
898                Collection<String> classnames,
899                Iterable<? extends Processor> processors,
900                Collection<String> addModules)
901    {
902        if (!taskListener.isEmpty()) {
903            taskListener.started(new TaskEvent(TaskEvent.Kind.COMPILATION));
904        }
905
906        if (processors != null && processors.iterator().hasNext())
```

图 8-7　单步调试 Java 编译器

不过，默认情况下我们不能直接对 Kotlin 编译器进行单步调试，因为 Kotlin 编译器默认运行在一个独立的进程当中。Kotlin 编译器一共有三种运行策略，如表 8-1 所示。

表 8-1 Kotlin 编译器的运行策略

策略	编译器运行环境	是否支持增量
Daemon	编译器自己的独立守护进程	是
In process	Gradle 进程当中	否
Out of process	每次编译都有独立的进程	否

Daemon 是默认策略，因此默认情况下我们无法通过调试 Gradle 进程来调试 Kotlin 编译器。不过，我们只需要将 Kotlin 编译器的运行策略配置为 In process，就可以解决问题。最常见的配置方法就是在 gradle.properties 文件当中添加如代码清单 8-36 所示的配置。

代码清单 8-36　配置 Kotlin 编译器运行在 Gradle 进程内

```
kotlin.compiler.execution.strategy=in-process
```

接下来运行 ./gradlew --stop 命令终止 Gradle 守护进程。再次调试运行 Gradle 任务时，我们可以看到打在 Kotlin 编译器插件中的断点生效了，如图 8-8 所示。

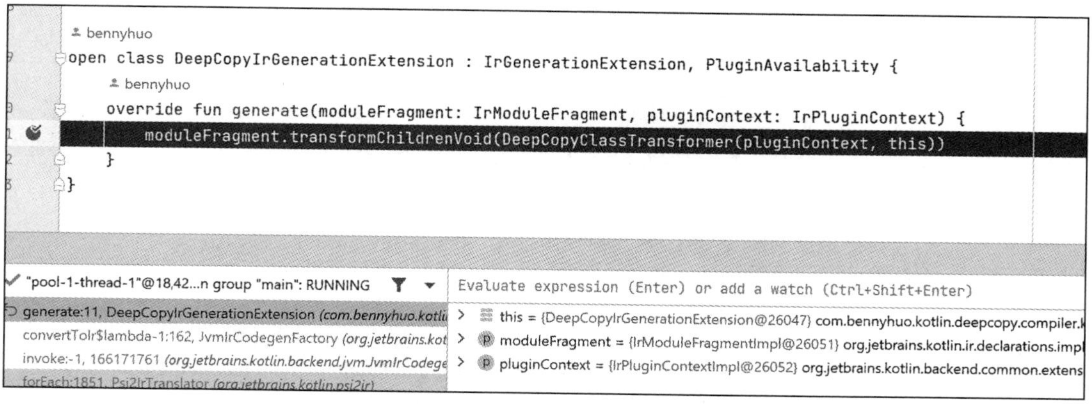

图 8-8　单步调试 Kotlin 编译器

8.3.3　Kotlin 编译器的日志输出

在默认的 Kotlin 编译器运行策略下，除了无法单步调试以外，通过 println(...) 打印到标准输出流的内容也不会出现在 Gradle 的输出当中。

这其实不难理解，默认情况下 println(...) 会将内容打印到 Kotlin 编译器守护进程的标准输出流，我们自然无法在 Gradle 的运行输出中看到它们。在将 Kotlin 的编译器运行策略修改为 In process 之后，Kotlin 编译器会运行在 Gradle 的进程中，这样问题就可以得到解决了。

不过，修改 Kotlin 编译器运行策略的方法只适用于开发调试场景。当我们将符号处理器或者编译器插件发布之后，Kotlin 编译器的运行策略由接入方决定。如果我们希望输出一些日志以方便接入方查看符号处理器或者编译器插件的运行状态，就需要使用对应的日志收集器。

在 KAPT 当中，我们可以通过使用 ProcessingEnvironment#getMessager() 获取到 Messager 的实例，并用它来打印日志，如代码清单 8-37 所示。

代码清单 8-37　在 KAPT 当中使用 Messager 打印日志

```
//打印普通的WARNING信息
messager.printMessage(Diagnostic.Kind.WARNING, message)
//打印指定了符号的WARNING信息，输出当中会包含符号的具体位置
messager.printMessage(Diagnostic.Kind.WARNING, message, element)
```

在 KSP 当中，我们可以通过使用 SymbolProcessorEnvironment#logger 获取到 KSPLogger 的实例，并用它来打印日志，如代码清单 8-38 所示。

代码清单 8-38　在 KSP 当中使用 KSPLogger 打印日志

```
//打印普通的WARNING信息
logger.warn(message)
//打印指定了符号的WARNING信息，输出当中会包含符号的具体位置
logger.warn(message, declaration)
```

在编译器插件当中，我们可以使用 CompilerConfiguration#get(...) 来获取 key 为 CLIConfigurationKeys#ORIGINAL_MESSAGE_COLLECTOR_KEY 的值，得到的是 Message-Collector 的实例，并用它来打印日志，如代码清单 8-39 所示。

代码清单 8-39　在编译器插件当中使用 MessageCollector 打印日志

```
//打印普通的WARNING信息
messageCollector.report(CompilerMessageSeverity.WARNING, message)
//打印指定了源代码位置的WARNING信息，源代码文件路径为filePath，在第10行第12列处
val location = CompilerMessageLocation.create(filePath, 10, 12, "val a = 1")
messageCollector.report(CompilerMessageSeverity.WARNING, message, location)
```

8.4　本章小结

本章介绍了如何为元程序编写单元测试以及如何对元程序进行调试。元编程的场景通常较为抽象，掌握便捷的途径对程序结果进行有效的验证，往往可以有事半功倍的效果。

第三部分 *Part 3*

综合案例

■ 第 9 章　Jetpack Compose 的编译时处理
■ 第 10 章　AtomicFU 的编译产物处理

Jetpack Compose 的编译时处理

Jetpack Compose（下文简称 Compose）是 Android 官方推出的新一代声明式 UI 开发框架，它一经推出便受到了广大开发者的密切关注。Compose 将 Kotlin 的 DSL 能力发挥到了极致，其中基于 Kotlin 编译器插件实现的编译时代码检查和变换发挥了巨大的作用。

本章将对 Compose 的编译器插件的源代码进行详细剖析，在了解 Compose 的工作机制的同时深入理解编译器插件的适用场景。

9.1 Jetpack Compose 简介

在深入剖析 Compose 的编译器插件之前，我们需要先搞清楚它是怎么工作的。如代码清单 9-1 所示，这一个非常简单的例子。

代码清单 9-1　Jetpack Compose 的使用示例

```
@Composable
fun Greeting(name: String) {
  Text(text = "Hello $name!")
}
```

熟悉 Compose 的读者一看便知，这是一个 Composable 函数，它包含了一个文本组件，文本组件的内容通过参数 text 来指定。

不过，我们很快就发现了问题。Greeting 明明是个函数，首字母怎么大写呢？如果我们将一个普通的 Kotlin 函数的首字母大写，IntelliJ IDEA 或者 Android Studio 都会给出如图 9-1 所示的提示。

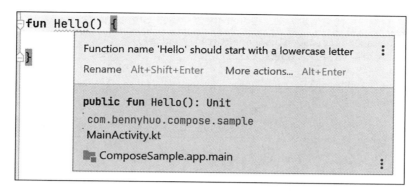

```
fun Hello() {

    Function name 'Hello' should start with a lowercase letter       ⋮

    Rename  Alt+Shift+Enter      More actions... Alt+Enter

    public fun Hello(): Unit
     com.bennyhuo.compose.sample
     MainActivity.kt

        ■ ComposeSample.app.main                                     ⋮
}
```

图 9-1　普通函数首字母大写的提示

Composable 函数首字母大写时就没有这样的提示，如图 9-2 所示。这是怎么做到的呢？

```
@Composable
fun Hello() {

        @Composable
        public fun Hello(): Unit
         com.bennyhuo.compose.sample
         MainActivity.kt

            ■ ComposeSample.app.main                    ⋮
}
```

图 9-2　Composable 函数首字母大写

更有趣的是，普通函数调用通常是黑色字体，Composable 函数调用时却是绿色的，如图 9-3 所示。

```
setContent {
    Greeting( name: "Android")
    Hello()
}
```

图 9-3　Composable 函数调用颜色

> 提示　setContent 与 Greeting 的颜色不同，书中的印刷效果可能看起来不明显，读者可以在 IntelliJ IDEA 当中对比。

当然，这些都只是 IntelliJ IDEA 的交互效果，读者如果对 IntelliJ 插件比较熟悉的话，大致可以猜到其中的实现机制。

然而最令人费解的是，如果我们在 Activity 当中调用 Greeting 函数，如代码清单 9-2 所示。

代码清单 9-2 在 Activity 当中调用 Greeting 函数

```
override fun onCreate(savedInstanceState: Bundle?) {
  super.onCreate(savedInstanceState)
  setContent {
    Greeting("Android")
    Hello()
  }
}
```

Activity 的 UI 就会包含 Greeting(...) 函数声明的文本内容，如图 9-4 所示。

图 9-4 Activity 的 UI 效果

这就更奇怪了。一个返回 Unit 的函数 Greeting(...) 调用了另一个返回 Unit 的函数 Text(...)，没有返回值，也没有类似于 ViewGroup 的父组件添加子组件的过程。这个文本组件是如何添加到 UI 视图当中的呢？

如果我们直接在 Activity#onCreate 当中调用 Greeting 函数，还会出现如图 9-5 所示的错误提示。

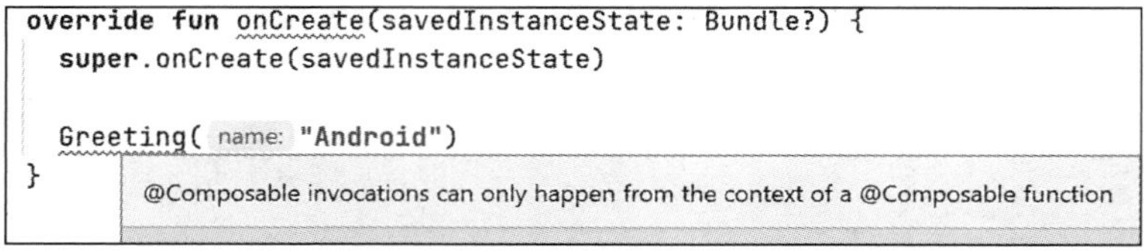

```
override fun onCreate(savedInstanceState: Bundle?) {
  super.onCreate(savedInstanceState)

  Greeting( name: "Android")
}
        @Composable invocations can only happen from the context of a @Composable function
```

图 9-5 直接在 onCreate 当中调用 Greeting 函数

错误提示的意思是 Composable 函数只能在另一个 Composable 函数当中调用。

刚开始接触 Compose 的时候，相信不少读者都或多或少地有过类似的疑问：@Composable 看上去只是一个普通的注解，为什么会有这么多限制？

没错，正如在本节开头我们提到的，上述这些不同寻常的现象主要源自对 Kotlin 编译器的充分利用。当然，这其中也会涉及 IntelliJ 插件的能力，比如函数调用时的颜色问题。

接下来，我们将一起浏览一下 Compose 的编译器插件和 IntelliJ 插件的源代码，运用前面学习到的知识来一探究竟。

提示 Compose 的编译器插件的源代码复杂度较高，同时由于编译器本身的逻辑比较抽象，因此本章阅读起来可能不会很轻松，建议读者参照 1.4.3 节和 1.4.4 节配置好相

应的源代码环境，自行参照书中内容进行调试。相信我，我在撰写本章内容的时候
也不轻松。

9.2　静态检查

我们在前面看到的 Composable 函数相关的代码提示，其实都是编译器在静态检查时
给出的错误信息。Kotlin 编译器插件支持开发者提供自定义的错误信息，接下来我们看看
Compose 的编译器插件是如何实现这样的功能的。

9.2.1　错误信息

静态检查的目的就是发现错误，而了解静态检查范围的最便捷的方式就是查看错误信
息。Kotlin 编译器插件的错误信息通常由两部分构成：

❑ DiagnosticFactory 实例，定义在 ComposeErrors 中。
❑ DiagnosticFactory 与提示信息文案组成的映射表，定义在 ComposeErrorMessages 中。

例如，当我们在普通函数中调用 Composable 函数时，编译器会提示如图 9-6 所示的错
误信息。

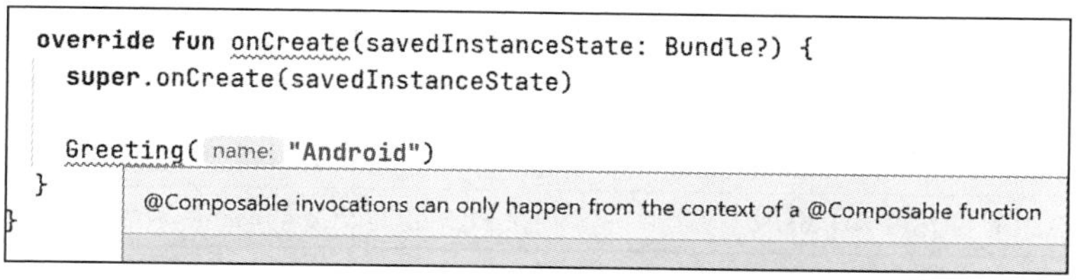

```
override fun onCreate(savedInstanceState: Bundle?) {
    super.onCreate(savedInstanceState)

    Greeting( name: "Android")
}
        @Composable invocations can only happen from the context of a @Composable function
}
```

图 9-6　在普通函数中调用 Composable 函数

它对应的错误信息（DiagnosticFactory）定义如代码清单 9-3 所示。

代码清单 9-3　错误信息定义

```
object ComposeErrors {
  @JvmField
  val COMPOSABLE_INVOCATION =
    DiagnosticFactory0.create<PsiElement>(Severity.ERROR)
  ...
}
```

对应的错误信息映射关系如代码清单 9-4 所示。

代码清单 9-4　错误信息映射关系

```
class ComposeErrorMessages : DefaultErrorMessages.Extension {
  //错误信息映射表
  private val MAP = DiagnosticFactoryToRendererMap("Compose")
```

```
init {
  MAP.put(
    ComposeErrors.COMPOSABLE_INVOCATION,
    "@Composable invocations can only happen from ..." //省略部分内容
  )
  ...
  }
}
```

读者可以将代码编写过程中出现的错误提示记录下来，通过这种方式找到该错误信息产生的位置，进而快速定位到错误提示的具体实现逻辑。

我们将本书撰写时 Compose 编译器插件提供的所有错误信息都列举到表 9-1 中，以便读者查询。

表 9-1　Compose 编译器插件提供的所有错误信息

序号	名称	级别	触发条件
1	COMPOSABLE_INVOCATION	ERROR	Composable 函数在普通函数中调用
2	COMPOSABLE_EXPECTED	ERROR	调用 Composable 函数的普通函数
3	COMPOSABLE_FUNCTION_REFERENCE	ERROR	获取 Composable 函数的引用
4	COMPOSABLE_PROPERTY_BACKING_FIELD	ERROR	Getter 是 Composable 函数且属性存在幕后字段
5	COMPOSABLE_VAR	ERROR	Getter 是 Composable 函数且属性为可读写属性
6	COMPOSABLE_SUSPEND_FUN	ERROR	Composable 函数是 suspend 函数
7	ABSTRACT_COMPOSABLE_DEFAULT_PARAMETER_VALUE	ERROR	抽象的 Composable 函数有参数默认值
8	COMPOSABLE_FUN_MAIN	ERROR	main 函数是 Composable 函数
9	CAPTURED_COMPOSABLE_INVOCATION	ERROR	在禁止调用 Composable 函数的 Lambda 表达式内调用了 Composable 函数
10	MISSING_DISALLOW_COMPOSABLE_CALLS_ANNOTATION	ERROR	在 Composable 函数的被标注为禁止调用 Composable 函数的 Lambda 表达式实参内调用了另一个内联 Composable 函数的非禁止调用 Composable 函数的函数参数
11	NONREADONLY_CALL_IN_READONLY_COMPOSABLE	ERROR	只读 Composable 函数内部调用了非只读的 Composable 函数
12	CONFLICTING_OVERLOADS	ERROR	函数覆写冲突
13	ILLEGAL_TRY_CATCH_AROUND_COMPOSABLE	ERROR	Composable 函数在 try ... catch 当中被调用
14	TYPE_MISMATCH	ERROR	类型不匹配，将 Composable 函数类型的变量赋值给普通函数类型，或者反之

（续）

序号	名称	级别	触发条件
15	COMPOSE_APPLIER_CALL_MISMATCH	WARNING	被调用的 Composable 函数与所在的函数的适用目标不匹配
16	COMPOSE_APPLIER_PARAMETER_MISMATCH	WARNING	同一个调用环境中的多个 Composable 函数的参数适用目标不匹配
17	COMPOSE_APPLIER_DECLARATION_MISMATCH	WARNING	Composable 函数与被覆写的父类函数的适用目标不匹配

说明：

1）禁止调用 Composable 函数的 Lambda 表达式的类型为被注解 @DisallowComposableCalls 标注的函数类型。

2）只读 Composable 函数为被注解 @ReadOnlyComposable 标注的 Composable 函数。

3）Composable 函数的适用目标可以通过注解 @ComposableTarget("<ApplierName>") 指定。通常情况下，Composable 函数的适用目标可自动推导，无须显式指定。

4）表中列出的错误提示会随版本的变化而变化，仅供参考。

5）由于 Compose 编译器插件和 IntelliJ 插件的源代码不同步，因此有些错误提示不会在 IntelliJ IDEA 或者 Android Studio 当中出现。

9.2.2　声明检查

声明检查（Declaration Check）就是检查 Composable 函数声明时的写法是否符合 Compose 的设计规范。编译器插件需要实现 DeclarationChecker 接口来提供自定义的检查逻辑，如代码清单 9-5 所示。

代码清单 9-5　DeclarationChecker 接口

```
interface DeclarationChecker {
  fun check(
    declaration: KtDeclaration, //语法声明
    descriptor: DeclarationDescriptor, //语义描述
    context: DeclarationCheckerContext //上下文
  )
}
```

DeclarationChecker#check(...) 的第一个参数是 KtDeclaration 类型，它直接对应源代码当中的声明信息；第二个参数是 DeclarationDescriptor 类型，它包含了语义分析的结果。这两个参数是对某个声明在不同维度的抽象。如果我们希望判断代码当中是否显式地声明了可见性 public，可以通过 KtDeclaration 来实现；而如果我们希望获取这个声明对应的类或者函数的可见性最终解析后是否为 public，则需要通过 DeclarationDescriptor 来实现。

接下来我们分析一下 Compose 的编译器插件提供了哪些声明检查，相关实现可以在

ComposableDeclarationChecker 当中找到。

1. 函数检查

函数检查的逻辑全部位于 ComposableDeclarationChecker#checkFunction(...) 函数当中，此时 check 函数的前两个参数 declaration 和 descriptor 的类型分别为 KtFunction 和 FunctionDescriptor。

首先要做的就是判断待检查的函数是否为 Composable 函数。判断的方法就是判断函数是否被 @Composable 标注。

刚开始接触 Kotlin 编译器的开发者通常会纠结于用 declaration 和 descriptor 其中的哪一个来获取注解，因为二者都提供了获取注解的函数或者属性。不过，我们始终要记住前者是描述源代码的语法声明信息的，通过它我们只能获取到在源代码当中可以看到的信息。

如代码清单 9-6 所示，假设现在我们要检查的是 Hello 函数，我们通过 declaraton 只能拿到 Composable 这个名字，至于这个 Composable 是 com.bennyhuo.Composable 还是 androidx. compose.runtime.Composable，是无法得知的。

代码清单 9-6　Composable 函数示例

```
@Composable
fun Hello() {
    ...
}
```

想要确定 @Composable 的类型，必须借助语义分析的结果。因此，要判断一个函数是否为 Composable 函数，只能使用 descriptor，如代码清单 9-7 所示。

代码清单 9-7　Composable 函数的判断

```
//ComposableDeclarationChecker#checkFunction(...)
//是否有Composable注解
val hasComposableAnnotation = descriptor.hasComposableAnnotation()

//文件: ComposeFqNames.kt
fun Annotated.hasComposableAnnotation(): Boolean =
  annotations.findAnnotation(ComposeFqNames.Composable) != null
```

这样我们就可以确定 declaration 是不是 Composable 函数了。接下来就是对 Composable 函数的一些检查，每一条检查都有对应的错误信息，对应表 9-1 中的第 6、7、8、12、17 条。

接下来我们对第 12、17 条检查逻辑稍加剖析，如代码清单 9-8 所示。

代码清单 9-8　Composable 函数与父类函数的一致性检查

```
//表示当前函数存在对父类的函数的覆写
if (descriptor.overriddenDescriptors.isNotEmpty()) {
  //取第一个被覆写的函数用来做检查（①）
  val override = descriptor.overriddenDescriptors.first()
  if (override.hasComposableAnnotation() != hasComposableAnnotation) {
    ... //命中第12条CONFLICTING_OVERLOADS（②）
```

```
    } else if (!descriptor.toScheme(null).canOverride(
                override.toScheme(null)
            )) {
      ... //命中第17条COMPOSE_APPLIER_DECLARATION_MISMATCH （③）
    }

    //遍历参数，比较是否存在Composable函数
    descriptor.valueParameters.forEach { valueParameter ->
      valueParameter.overriddenDescriptors.firstOrNull()?.let { param ->
        val overrideIsComposable = param.type.hasComposableAnnotation()
        val paramIsComposable = valueParameter.type.hasComposableAnnotation()
        if (paramIsComposable != overrideIsComposable) {
          ... //命中第12条CONFLICTING_OVERLOADS （④）
        }
      }
    }
  }
}
```

其中，①处 overriddenDescriptors 包含了被检查的函数所在类或接口的父类或者父接口当中相同声明的函数，按照声明顺序返回，如代码清单 9-9 所示。

代码清单 9-9　父类对应的函数不是 Composable 函数的情况

```
interface S1 {
  fun F()
}

interface S2 {
  @Composable
  fun F()
}

interface C1: S1, S2 {
  override fun F()
}

interface C2: S2, S1 {
  override fun F()
  ^^^^^^^^^^^^^^^^^
  --------------------------------------------------------
  Conflicting overloads:
    public abstract fun F(): Unit defined in C2,
    @Composable public abstract fun F(): Unit defined in S2
  --------------------------------------------------------
}
```

对于 C1#F 而言，overriddenDescriptors 是 [S1#F, S2#F]，而对于 C2#F 而言，overridden-Descriptors 是 [S2#F, S1#F]。这样看来，这里还是会有一些问题，即 C2#F 会命中第 12 条，而 C1#F 不会。

严格来讲，如果父类函数存在冲突，也应该给出报错信息。作为对比，可以参考父类中 suspend 函数冲突时编译器给出的错误信息。不过，这个场景可能不多见，因此没有被覆盖到。

②处是比较自身与被覆写的函数是否都是 Composable 函数，C2#F 命中的就是这个分支。

④与②命中的规则相同，④是比较自身与被覆写的函数的参数类型当中是否存在 Composable 函数之间的差异。代码清单 9-10 命中④这个分支。

代码清单 9-10　有 Composable 函数类型的参数的情况

```
interface S {
  fun f(b: () -> Unit)
}

interface C : S {
  override fun f(b: @Composable () -> Unit)
  ^^^^^^^^^^^^^^^^^^^^^^^^^^^^^^^^^^^^^^^^^^
  ------------------------------------------------------
  Conflicting overloads:
    value-parameter b: @Composable () -> Unit defined in C.f,
    value-parameter b: () -> Unit defined in S.f
  ------------------------------------------------------
}
```

③处的条件不能直接从源代码当中看出来，因为这里涉及一个我们还不清楚的概念：Scheme。实际上，第 15、16、17 条警告都与 Composable 函数的适用目标有关，我们可以通过 @ComposableTarget 注解为 Composable 函数添加适用目标，如代码清单 9-11 所示。

代码清单 9-11　为 Composable 函数添加适用目标

```
@Composable
@ComposableTarget("X")
fun F1() { }

@Composable
@ComposableTarget("Y")
fun F2() { }
```

其中，适用目标可以是任意字符串，不过 Compose 还是更希望我们使用语义更加明确的注解来声明适用目标，如代码清单 9-12 所示。

代码清单 9-12　使用注解为 Composable 函数添加适用目标

```
@ComposableTargetMarker("X")
annotation class X

@Composable @X
fun F() { }
```

使用适用目标可以将 Composable 函数分类以服务不同的目的。编译时对适用目标的检

查则可以防止不一致的情况出现。代码清单 9-8 中③处针对的主要是代码清单 9-13 所示的
Applier 不一致的情况。

代码清单 9-13　Applier 不一致的情况

```
interface S {
  @Composable
  @ComposableTarget("X")
  fun F()
}

interface C : S {
  @Composable
  @ComposableTarget("Y")
  override fun F()
  ^^^^^^^^^^^^^^^^
  ---------------------------------------------------------------
  The composition target of an override must match the ancestor target
  ---------------------------------------------------------------
}
```

第 6、7、8 条规则的检查逻辑比较简单，读者可以自行分析。

2. 属性检查

属性检查的逻辑相对简单，主要包括对第 4、5、12 条规则的检查，定义在 Composable-
DeclarationChecker 的 checkProperty 和 checkPropertyAccessor 两个函数当中。

属性之所以需要被检查，是因为它的 Getter 可以被 @Composable 标注，如代码清
单 9-14 所示。

代码清单 9-14　Composable 属性

```
val p: Boolean
  @Composable get() = false
```

因此对于第 12 条规则的检查实际上是对属性的 Getter 的检查，逻辑与函数检查的思路
相同。我们看一个例子，Composable 属性与父类对应的属性不一致的情况如代码清单 9-15
所示。

代码清单 9-15　父类对应的属性不是 Composable 属性的情况

```
interface S {
  val p: Boolean
}

interface C : S {
  override val p: Boolean
    @Composable get() = false
  ^^^^^^^^^^^^^^^^^^^^^^^^^^
  ---------------------------------------------------------------
  Conflicting overloads:
```

```
@Composable public open fun `<get-p>`(): Boolean defined in C,
public abstract fun `<get-p>`(): Boolean defined in S
--------------------------------------------------------------
}
```

接下来就是两个专门针对属性的检查，代码清单 9-16 命中第 4 条检查规则。

代码清单 9-16　Composable 属性有幕后字段的情况

```
@get:Composable
val p0 = 1
    ^^
    --------------------------------------------------------
    Composable properties are not able to have backing fields
    --------------------------------------------------------
```

代码清单 9-17 命中第 5 条检查规则。

代码清单 9-17　Composable 属性是可读写的属性的情况

```
@get:Composable
var p1: Boolean
    ^^
    --------------------------------------------------------
    Composable properties are not able to have backing fields
    --------------------------------------------------------
set(value) {}
get() = true
```

第 5 条规则本质上检查的是 var，但错误信息却与第 4 条相同，这可能是个意外。如图 9-7 所示，属性 p2 同时命中了第 4、5 条规则，会出现两行一模一样的错误提示。

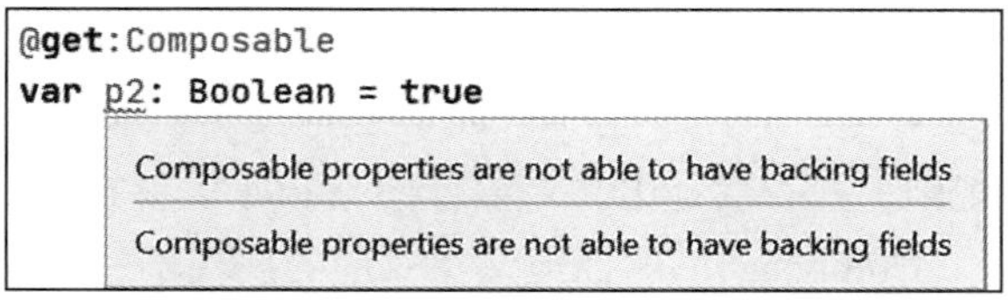

```
@get:Composable
var p2: Boolean = true
        Composable properties are not able to have backing fields
        Composable properties are not able to have backing fields
```

图 9-7　同时命中第 4、5 条规则的错误提示

如果我们打开 IntelliJ IDEA 或者 Android Studio 的内部模式，则可以看到如图 9-8 所示的提示。

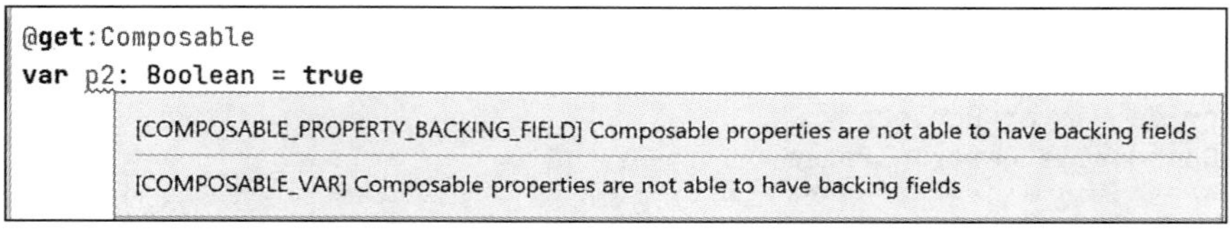

```
@get:Composable
var p2: Boolean = true
        [COMPOSABLE_PROPERTY_BACKING_FIELD] Composable properties are not able to have backing fields
        [COMPOSABLE_VAR] Composable properties are not able to have backing fields
```

图 9-8　内部模式下的错误提示

可见，这两条提示确实是源自于第 4、5 条规则。

针对属性的检查逻辑不难理解，读者可以自行分析源代码，书中就不专门列出了。顺便提一句，除了属性检查以外，Compose 的编译器插件也对属性访问器（即属性的 Getter/Setter）做了检查。属性访问器与属性的检查逻辑非常接近，由于属性访问器必然定义在属性之后，这意味着检查属性访问器之前必然会先检查属性，因此在现有检查需求的背景下也许可以将二者合并，以减少检查逻辑的重复执行。

 可以在 IntelliJ IDEA 或者 Android Studio 的启动参数当中配置 -Didea.is.internal=true 来开启内部模式，详细请参考 IntelliJ 平台文档：https://plugins.jetbrains.com/docs/intellij/enabling-internal.html。

9.2.3　调用检查

调用检查（Call Check）就是检查 Composable 函数的调用环境是否符合 Compose 的设计规范。编译器插件需要实现 CallChecker 来实现调用检查的逻辑。CallChecker 的定义如代码清单 9-18 所示。

代码清单 9-18　　CallChecker 接口

```
interface CallChecker {
  fun check(
    resolvedCall: ResolvedCall<*>, //已解析的函数调用
    reportOn: PsiElement,
    context: CallCheckerContext //上下文
  )
}
```

check 函数的第一个参数 resolvedCall 是已经解析完成的函数调用，这里的函数调用解析就是在语义分析时确定函数调用究竟对应的是哪个函数的过程。

调用检查涉及对第 1、2、3、9、10、11、13、14 等多条规则的检查。值得注意的是，第 1、2 条主要检查普通函数的 Composable 函数调用；第 9、10 条主要检查 @Disallow-ComposableCalls 的使用情况；第 11 条检查 @ReadOnlyComposable 的使用情况。

接下来，我们只对其中比较关键的检查逻辑做剖析，书中没有涉及的规则请读者自行阅读 Compose 编译器插件源代码来了解更多细节。

1. Composable 函数调用的判断

与声明检查类似，在对一个函数调用做检查之前，我们必须要搞清楚它是不是 Composable 函数调用。一个函数调用在解析之后可能会有若干候选的结果，结合 Kotlin 语法的多样性，函数调用也可能存在多种不同的写法，因此要逐一判断。判断方法如代码清单 9-19 所示。

代码清单 9-19　　Composable 函数的调用检查

```kotlin
// 文件: ComposableCallChecker.kt
fun ResolvedCall<*>.isComposableInvocation(): Boolean {
    // 把变量当成函数调用，包括invoke运算符和函数类型（①）
    if (this is VariableAsFunctionResolvedCall) {
        // 判断变量本身是否为Composable函数（②）
        if (variableCall.candidateDescriptor.type.hasComposableAnnotation())
            return true
        // invoke函数是否为Composable函数（③）
        if (functionCall.resultingDescriptor.hasComposableAnnotation())
            return true
        return false
    }
    val candidateDescriptor = candidateDescriptor
    if (candidateDescriptor is FunctionDescriptor) {
        // 处理直接调用invoke函数的情况，判断receiver是否被@Composable标注（④）
        // 其他函数的处理见分支⑦
        if (candidateDescriptor.isOperator &&
            candidateDescriptor.name == OperatorNameConventions.INVOKE
        ) {
            if (dispatchReceiver?.type?.hasComposableAnnotation() == true) {
                return true
            }
        }
    }
    return when (candidateDescriptor) {
        // 访问函数形参，不是调用，不涉及函数（⑤）
        is ValueParameterDescriptor -> false
        // 访问局部变量，不是调用，不涉及函数（⑥）
        is LocalVariableDescriptor -> false
        is PropertyDescriptor -> {
            ... // 判断Getter是否为Composable函数
        }
        is PropertyGetterDescriptor -> {
            // 本身就是属性的Getter，返回是否为Composable函数
            candidateDescriptor.hasComposableAnnotation()
        }
        // 剩下的就是函数了，判断是否被标注为@Composable （⑦）
        else -> candidateDescriptor.hasComposableAnnotation()
    }
}
```

其中，①与④情况类似，分支①的子分支②和③的关系也非常微妙，我们给出具体的
用例，读者可以仔细揣摩其中的差异，如代码清单 9-20 所示。

代码清单 9-20　　Composable 函数调用示例

```kotlin
val x: @Composable () -> Unit = {}
x() // 命中分支①和②
x.invoke() // 命中分支④
```

```
@Composable fun Int.invoke() {}
val y = 0
y() //命中分支①和③
```

分支⑤和⑥是两个不需要处理的情况，因为它们就是单纯的变量访问，如代码清单 9-21 所示。

代码清单 9-21　访问函数参数和局部变量

```
@Composable
fun F0(a: () -> Unit) {
  a() //'a'部分命中分支⑤

  val b = {}
  b() //'b'部分命中分支⑥
}
```

其中，a 命中分支⑤，但 a() 作为整体命中分支①；同理，b 命中分支⑥，但 b() 作为整体命中①。

剩下的对属性和函数的判断就比较直接了，我们在声明检查当中已经见到了非常多的用例，这里就不再展开讨论了。

> 提示　程序语言设计是一件非常复杂的工作，开发编译器插件也同样如此。随着 Kotlin 特性的日益复杂，我们在设计实现编译器插件的过程中需要考虑的情况也会逐渐增加。因此开发过程中一定要将遇到的不同情况沉淀下来，以便后续的功能迭代。

2. 向上查找函数调用环境

在执行函数调用检查时，能够直接获取到的就是待检查的代码元素。为了判断当前所在的调用环境是不是 Composable 函数，需要沿着语法树不断向上查找，因此 check 函数的实现中存在一个循环，如代码清单 9-22 所示。

代码清单 9-22　判断函数是否在 Composable 函数当中调用

```
//类: ComposableCallChecker
override fun check(
  resolvedCall: ResolvedCall<*>,
  reportOn: PsiElement,
  context: CallCheckerContext
) {
  ... //省略部分（暂时）无关的逻辑
  //只有是Composable函数调用才会执行下面的逻辑
  val bindingContext = context.trace.bindingContext
  //reportOn就是待检查的代码元素
  var node: PsiElement? = reportOn
  loop@while (node != null) {
    when (node) {
```

```
      ...
    }
    //没有找到外层函数，因此向上从父级元素中查找
    node = node.parent as? KtElement
  }
}
```

为了便于理解，我们给出具体的用例来分析这个过程，如代码清单 9-23 所示。

代码清单 9-23　函数的调用环境查找示例

```
@Composable
fun F(
  enabled: Boolean, size: Int,
  block: @Composable () -> Unit
) {                    ←      ④
  if (enabled) {        ↖      ③
    repeat(size) {       ↑      ②
      block()            ↗      ①
    }
  }
}
```

这里要检查 block() 调用的合法性，找到它的调用环境。注意 repeat 是个内联函数，因此 block() 真正的调用环境是函数 F。

3. 在函数当中调用 Composable 函数

我们先看第 1、2 条规则的检查。第 1 条针对函数调用本身，表示当前环境下不能调用 Composable 函数；第 2 条则是针对函数调用的环境，如果当前环境当中存在 Composable 函数调用，那么当前的函数调用环境也应该是一个 Composable 函数。

前面已经提到，当我们检查一个函数调用时，会向上查找它所在的环境。当它所在的环境是一个函数时，命中如代码清单 9-24 所示的分支。

代码清单 9-24　检查 Composable 函数调用处所在的函数

```
//ComposableCallChecker#check
when(node) {
  is KtFunction -> {
    ...//省略获取descriptor的逻辑
    val composable = descriptor.isComposableCallable(bindingContext)
    if (!composable) {
      //所在函数不是Composable函数，命中规则1、2
      //规则1的报错位置为待检查的函数（reportOn）
      //规则2的报错位置为所在的调用环境对应的函数（node）
      illegalCall(context, reportOn, node.nameIdentifier ?: node)
    }
    if (descriptor.hasReadonlyComposableAnnotation()) {
      if (!resolvedCall.isReadOnlyComposableInvocation()) {
        ...//只能在只读Composable当中调用只读Composable，命中规则11
```

```
      }
    }
    return
  }
  ...
}
```

如代码清单 9-25 所示，ComposableFunc 是一个 Composable 函数，在 nonComposableFunc 函数当中调用就会命中 KtFunction 分支，并检查 nonComposableFunc 函数是不是 Composable 函数。

代码清单 9-25　在函数当中调用 Composable 函数

```
@Composable
fun ComposableFunc() { }

fun nonComposableFunc() {
    ^^^^^^^^^^^^^^^^
    --------------------------------------------------------------
    [COMPOSABLE_EXPECTED]
    Functions which invoke @Composable functions must be marked with the
    @Composable annotation
    --------------------------------------------------------------
    ComposableFunc()
    ^^^^^^^^^^^^^
    --------------------------------------------------------------
    [COMPOSABLE_INVOCATION]
    @Composable invocations can only happen from the context of a
    @Composable function
    --------------------------------------------------------------
}
```

Composable 函数的调用环境为属性访问器的情况与此类似，这里就不再展开讨论了。

4. 在 Lambda 表达式当中调用 Composable 函数

当调用环境为 Lambda 表达式时，也存在与函数相同的检查逻辑，即该 Lambda 表达式也需要是 Composable 类型才能调用其他 Composable 函数。除此之外，由于 Lambda 表达式可以被声明为不允许调用 Composable 函数的类型，因此这里对于 Lambda 表达式还需要做一些额外的检查，对应第 9、10 条规则，如代码清单 9-26 所示。

代码清单 9-26　检查 Composable 函数调用处所在的 Lambda 表达式

```
//ComposableCallChecker#check
when(node) {
  is KtLambdaExpression -> {
    ... //省略获取descriptor的逻辑
    val composable = descriptor.isComposableCallable(bindingContext)
    //Lambda是Composable函数，调用合法 （①）
    if (composable) return
```

```
//Lambda不是Composable函数，那么需要进一步分析
//从该Lambda表达式的调用处获取该Lambda的类型（②）
val arg = getArgumentDescriptor(node.functionLiteral, bindingContext)
if (arg?.type?.hasDisallowComposableCallsAnnotation() == true) {
  ... //声明为禁止调用，但调用了Composable函数，命中规则9
  return
}
//检查当前Lambda表达式是否为内联函数的参数
val isInlined = isInlinedArgument(
  node.functionLiteral,
  bindingContext,
  true
)
if (!isInlined) {
  ... //不是内联函数的参数，则一定不可能是Composable函数，命中规则1 （③）
  return
} else {
  ...
  }
  }
  ...
}
```

这段代码的逻辑有些抽象，我们用几个具体的例子来加以说明。

①处，如果 Lambda 的类型是 Composable 函数，其中调用 Composable 函数自然是合法的，这个逻辑与代码清单 9-24 中的情况完全一致。不过，由于 Lambda 表达式可以被声明为禁止调用 Composable 函数的类型，因此这里的检查可能存在一些问题。代码清单 9-27 所示的用例就显得比较尴尬。

代码清单 9-27　不允许调用其他 Composable 函数的 Composable 函数

```
@Composable
fun F0(f0: @Composable () -> Unit) {
  F1 { f0() }
}

@Composable
fun F1(f1: @Composable @DisallowComposableCalls () -> Unit) {}
```

F1 的参数 f1 虽然被声明为 @DisallowComposableCalls，但在其中调用 f0 却没有任何问题。在 @DisallowComposableCalls 与 @Composable 同时存在的情况下，可能优先判断是否禁止调用 Composable 函数更为合理。

②处获取 Lambda 表达式的类型时，假定了该 Lambda 是某个函数的参数，这样我们就可以通过这个函数的参数列表来获取 Lambda 表达式的类型。

以代码清单 9-27 当中的 F1 { f0() } 为例，我们在检查 f0 的调用是否合法时，会向上找到它所在的 Lambda 表达式，这个 Lambda 表达式的类型实际上就是 F1 的参数 f1 的类型。

　　如果 Lambda 表达式既不是 Composable 函数（①），也没有禁用 Composable 调用（②），那么还得检查一下它是不是会被内联到调用它的函数内部。如果是内联调用的话，那么就检查一下它内联之后所在的函数是不是 Composable 函数。这就是③处对应的逻辑。具体用例如代码清单 9-28 所示。

代码清单 9-28　内联函数示例

```
@Composable
fun F() {}

@Composable
fun F0() {
  F1 { F() }
  F2 { F() }
      ^^
      ------------------------------------------------------------
      [COMPOSABLE_INVOCATION]
        @Composable invocations can only happen from the context of
        a @Composable function
      ------------------------------------------------------------
}

@Composable
inline fun F1(f1: () -> Unit) {}
@Composable
inline fun F2(crossinline f2: () -> Unit) {}
```

　　F1 的情况比较简单，参数 f1 必然会内联到 F1 内部直接调用，因此只要判断 F1 是不是 Composable 函数即可；F2 禁用了 non-local return，这意味着参数 f2 可能不会直接内联到 F2 内部，因此不好判断它内联到的具体环境是不是 Composable 函数，这种情况就会命中规则 1。

5. 检查内联 Lambda 调用

　　至此，我们已经探讨了很多函数调用检查的实现细节了，但在调用检查最开始的位置其实还有一个分支我们没有分析，如代码清单 9-29 所示。

代码清单 9-29　检查内联函数调用的分支

```
//类: ComposableCallChecker
override fun check(...) {
  if (!resolvedCall.isComposableInvocation()) {
    //不是Composable函数调用，检查一下它是不是内联函数
    checkInlineLambdaCall(resolvedCall, reportOn, context)
    return
  }
  ...//省略后面的向上检查调用环境的逻辑
}
```

如果被检查的函数调用不是 Composable 函数，通常我们就不需要关心它了。但有一种情况比较特殊，那就是内联函数，它会把它的内容直接内联到调用处，因此我们需要检查一下函数内部的情况。

我们来看一个具体的用例，如代码清单 9-30 所示。

代码清单 9-30　内联函数示例

```
@Composable
inline fun F1(f1: () -> Unit) {
  F2 { f1() }
}

@Composable
inline fun F2(f2: @DisallowComposableCalls () -> Unit) {
  f2()
}
```

F1 和 F2 都是内联函数，调用它们时会发生一系列函数内联。

如代码清单 9-31 所示，F 是一个 Composable 函数。如果不清楚 F1 的内部实现，只看 F1 的函数声明的话，在 F1 的参数 Lambda 中调用 F 似乎没有什么问题。

代码清单 9-31　调用内联函数 F1

```
@Composable
fun F() { ... }

@Composable
fun F0() {
  F1 { F() }
}
```

接下来我们将 F1 内联之后的等价代码写出来，如代码清单 9-32 所示。

代码清单 9-32　将 F1 内联之后的等价代码

```
@Composable
fun F0() {
  F2 { F() }
}
```

请注意，内联过程包括 F1 自身的内联以及 F1 的参数 Lambda 表达式的内联。由于 F2 自身也是内联函数，这个内联操作是符合 Kotlin 语法的。

这样一来，我们很快就发现了问题，F() 是一个 Composable 函数调用，而 F2 的参数 f2 不允许调用 Composable 函数。因此这种情况下会命中规则 10，错误提示如代码清单 9-33 所示。

代码清单 9-33　f1 在内联过程中与 DisallowComposableCalls 产生冲突

```
@Composable inline
fun F1(f1: () -> Unit) {
```

```
^^^^^^^^^^^^
--------------------------------------------------------------------
[MISSING_DISALLOW_COMPOSABLE_CALLS_ANNOTATION]
 Parameter f1 cannot be inlined inside of lambda argument block of F2
 without also being annotated with @DisallowComposableCalls
--------------------------------------------------------------------
F2 { f1() }
}
```

　　了解了基本思路之后，我们来详细分析一下 checkInlineLambdaCall 的实现逻辑，如代码清单 9-34 所示。

代码清单 9-34　内联函数调用检查的实现逻辑

```
//类: ComposableCallChecker
private fun checkInlineLambdaCall(
  resolvedCall: ResolvedCall<*>,
  reportOn: PsiElement,
  context: CallCheckerContext
) {
  //确保被检查的调用是通过变量直接调用的形式，例如f1()
  if (resolvedCall !is VariableAsFunctionResolvedCall) return
  val descriptor = resolvedCall.variableCall.resultingDescriptor
  //被检查的调用来自函数的形参，例如f1
  if (descriptor !is ValueParameterDescriptor) return
  //如果f1禁用Composable调用，就不会有错误产生
  if (descriptor.type.hasDisallowComposableCallsAnnotation()) return
  //function对应用例中的F1
  val function = descriptor.containingDeclaration
  //必须是内联Composable函数
  if (
    function is FunctionDescriptor &&
    function.isInline &&
    function.isMarkedAsComposable()
  ) {
    //从调用处（用例中f1的调用处）向上查找
    val bindingContext = context.trace.bindingContext
    var node: PsiElement? = reportOn
    loop@while (node != null) {
      when (node) {
        is KtLambdaExpression -> {
          //调用处在一个禁用Composable调用的Lambda表达式当中
          //对应用例中的F2的参数
          val arg = getArgumentDescriptor(node.functionLiteral, bindingContext)
          if (arg?.type?.hasDisallowComposableCallsAnnotation() == true) {
            ... //命中规则10
          }
        }
        is KtFunction -> {
          ... //相当于f1直接在F1当中调用，符合要求，直接返回
        }
```

```
    }
        node = node.parent as? KtElement
    }
  }
}
```

实际上，如果代码清单 9-33 当中的 f1 被标记为 noinline，那么这个检查就不是必要的了，如代码清单 9-35 所示。

代码清单 9-35　f1 不会被内联的情况

```
@Composable inline fun F1(noinline f1: () -> Unit) {
  F2 { f1() }
}
```

当参数 f1 被标记为 noinline 时，代码清单 9-31 所示的 F0 当中的 F1 函数内联之后与代码清单 9-36 等价。

代码清单 9-36　将 F1 内联之后的等价代码

```
@Composable
fun F0() {
  F2 {
    { F() }()
    ^^^
    --------------------------------------------------
    [COMPOSABLE_INVOCATION]
      @Composable invocations can only happen from the context
      of a @Composable function
    --------------------------------------------------
  }
}
```

这时由于 f1 不是 Composable 函数，因此会命中规则 1。

也许有读者会问，如果 f1 是 noinline 的 Composable 函数呢？这种情况下在 f1 内部调用函数 F 倒没有什么关系，不过 f1 就不能在 f2 内部调用了，因为 f2 被标记为 @Disallow-ComposableCalls，是不允许调用 Composable 函数的。

简而言之，被标记为 noinline 的参数 f1 是没有必要进行如代码清单 9-34 所示的检查的。

9.2.4　目标检查

前面我们详细介绍了 Compose 的编译器插件对代码声明和函数调用实现的静态检查逻辑。完善的静态检查可以让 Composable 函数的声明和调用的语义更为明确，帮助开发者正确地使用 Compose 的 API。

Compose 的编译器插件除了提供声明检查、调用检查以外，还提供了目标检查。目标检查是指对 Composable 函数的适用目标做检查，这些适用目标可以通过 @ComposableTarget

注解配置，我们在介绍声明检查时也顺带提到过目标检查相关的规则的触发条件。

目标检查也是基于 Kotlin 编译器的调用检查的 API 实现的，本质上是一种调用检查。现有的目标检查主要是根据 Composable 函数的适用目标来给出第 15、16、17 条警告。

篇幅所限，书中不再针对目标检查的逻辑做详细介绍，有兴趣的读者可以基于前面的思路自行分析。

9.3　案例：为 DeepCopy 添加代码检查

本节我们将继续完善 DeepCopy 项目的编译器插件版本的实现。所谓学以致用，在学习了 Compose 的编译器插件对代码提供的代码检查之后，我们可以依样画葫芦，在自己的项目当中提供类似的检查。

9.3.1　案例背景

对于数据类而言，如果想要实现深复制，我们需要让这个数据类的所有 component 的类型支持深复制，这其中又包含以下几种情况。

- ❑ 基本数值类型：值类型，浅复制与深复制相同，不需要额外提供支持。
- ❑ 字符串类型：不可变类型，浅复制与深复制相同，不需要额外提供支持。
- ❑ 实现了 DeepCopyable 接口的类型：包括显式实现和通过 @DeepCopy 隐式实现的情况，这些类型支持深复制。
- ❑ 其他类型：不支持深复制，无法在生成 deepCopy 函数时为其提供深复制的支持。

第 4 种情况实际上对于试图支持深复制的数据类来讲是一种意外，开发者很可能没有意识到这是个错误而写出不符合预期的代码。因此，我们需要对一些特定的用例提供相应的编译时提示，最好还能提供修改建议。

9.3.2　需求分析

为了明确问题，我们先来看一个具体的用例，如代码清单 9-37 所示。

代码清单 9-37　不支持深复制的 component 类型

```
class UserInfo(var name: String, var age: Int, var bio: String)
data class User(var id: Long, var info: UserInfo)

@DeepCopy
data class Project(var name: String, var owner: User)
```

User 是数据类，不过由于它没有实现 DeepCopyable 接口，也没有被 @DeepCopy 标注，因此在 Project 深复制时，User 无法实现深复制。既然如此，我们就有义务警告开发者，User 需要实现 DeepCopyable 接口以支持深复制。

此外，为了提升开发体验，我们还应该告诉开发者如何修改 User。User 是数据类，最简单的修改方法就是添加 @DeepCopy 注解。

对于非数据类而言，情况可能会稍微麻烦一些。针对 UserInfo 这样已经具备了改成数据类的基本条件的非数据类，即存在主构造函数，主构造函数的参数列表不为空且所有参数都是属性，我们可以提示开发者将 UserInfo 改为数据类，并添加 @DeepCopy 注解。如果非数据类不具备改成数据类的条件，那就只能手动实现 DeepCopyable 接口了。

9.3.3 案例实现

基于前面的分析，我们需要做的就是检查需要支持深复制的数据类的 component 类型，对不符合要求的类型给出警告，并根据类型的实际情况在 IDE 当中提供代码快捷修复提示。

1. 代码的静态检查

首先，我们需要像 Compose 插件那样提供错误信息映射表，由于我们要检查的情况非常简单，因此映射表实际上也只有一个警告信息。源代码比较简单，我们就不在书中列出了。

接下来，实现一个声明检查的实现类，提供代码声明的检查逻辑，如代码清单 9-38 所示。

代码清单 9-38　数据类深复制的声明检查

```
class DeepCopyDeclarationChecker : DeclarationChecker {
  override fun check(
    declaration: KtDeclaration,
    descriptor: DeclarationDescriptor,
    context: DeclarationCheckerContext
  ) {
    if (
      descriptor is ClassDescriptor
      && declaration is KtClass
      && descriptor.isData
      && (descriptor.implementsDeepCopyableInterface()
        || descriptor.annotatedAsDeepCopyableDataClass())
    ) {
      val parameterDeclarations = declaration.primaryConstructorParameters
      descriptor.unsubstitutedPrimaryConstructor
        ?.valueParameters
        ?.forEachIndexed { index, value ->
          // 获取主构造函数参数的类型声明元素，用于提供错误提示的位置
          val userType = parameterDeclarations[index].typeReference?.userType()
          checkType(value.type, context, userType)
        }
    }
  }
}
```

这段代码的逻辑非常简单，唯一的 if 条件说明我们只对实现了 DeepCopyable 接口或者

被 @DeepCopy 标注的数据类声明做检查。接下来就是遍历主构造函数的参数列表，检查参数的类型是否支持深复制。具体实现在 checkType 函数当中，如代码清单 9-39 所示。

代码清单 9-39 检查类型是否支持深复制

```
private fun checkType(
    type: KotlinType,
    context: DeclarationCheckerContext,
    userType: KtUserType?
) {
    if (userType == null) return
    //不检查基本数值类型
    if (KotlinBuiltIns.isPrimitiveTypeOrNullablePrimitiveType(type)) return
    //不检查字符串类型
    if (KotlinBuiltIns.isString(type)) return
    //只检查简单类型
    if (type !is SimpleType) return

    val fqName = type.getJetTypeFqName(false)
    //如果不支持深复制，则记录错误信息
    if (!type.isDeepCopyable()) {
        context.trace.report(
            //注意我们在这里将userType传入作为报错的目标元素
            ErrorsDeepCopy.TYPE_NOT_IMPLEMENT_DEEPCOPYABLE.on(userType, fqName)
        )
    }
}
```

2. IntelliJ 当中的快捷修复

如果想要真正让代码检查发挥效果，只在编译时输出警告是不够的，我们也应该像 Compose 那样提供一款 IntelliJ 插件在代码编写时给出提示。不仅如此，我们还应该想办法给出快捷修复的选项，方便开发者一键修复问题。

通过在 7.2.3 节对 AllOpen 的 IntelliJ 插件的分析，我们已经知道 IntelliJ 插件可以直接复用 Kotlin 编译器插件的能力，因此前面提供的代码检查无须重复实现。接下来我们介绍如何为这个代码检查添加相应的快捷修复功能。

首先，我们需要定义一个 QuickFixContributor 的实现类 DeepCopyQuickFixContributor，并在 IntelliJ 插件的配置文件 plugin.xml 当中添加快捷修复的配置，如代码清单 9-40 所示。

代码清单 9-40 快捷修复实现类配置

```
<extensions defaultExtensionNs="org.jetbrains.kotlin">
  <quickFixContributor implementation="<省略包名>.DeepCopyQuickFixContributor"/>
</extensions>
```

这样，IntelliJ 平台就可以发现 DeepCopyQuickFixContributor，并调用它的 registerQuickFixes 函数注册我们需要支持的快捷修复功能，如代码清单 9-41 所示。

代码清单 9-41 DeepCopyQuickFixContributor 的实现

```
class DeepCopyQuickFixContributor : QuickFixContributor {
  override fun registerQuickFixes(quickFixes: QuickFixes) {
    quickFixes.register(
      ErrorsDeepCopy.TYPE_NOT_IMPLEMENT_DEEPCOPYABLE,
      DeepCopyQuickFixFactory,
    )
  }
}
```

当错误 TYPE_NOT_IMPLEMENT_DEEPCOPYABLE 被触发时，IntelliJ 插件会调用 DeepCopyQuickFixFactory 的 createAction 函数来创建快捷修复实例，如代码清单 9-42 所示。

代码清单 9-42 DeepCopyQuickFixFactory 的实现

```
object DeepCopyQuickFixFactory : KotlinSingleIntentionActionFactory() {
  override fun createAction(diagnostic: Diagnostic): IntentionAction? {
    //diagnostic.psiElement对应报错时传入的元素
    val ktClass = diagnostic.psiElement.safeAs<KtUserType>()
      ?.referenceExpression?.resolve()?.safeAs<KtClass>()
      //如果代码来自无法修改的第三方库，则不可修改，不提供快捷修复
      ?.takeIf { it.containingFile.isWritable } ?: return null

    return if (ktClass.isData() || ktClass.isDataClassLike()) {
      //添加注解，如果不是数据类则同时添加data关键字
      DeepCopyAnnotationQuickFix(ktClass)
    } else {
      //添加父接口
      DeepCopyAddSupertypeQuickFix(ktClass)
    }
  }
}
```

接下来我们以 DeepCopyAnnotationQuickFix 为例给出快捷修复的具体实现，如代码清单 9-43 所示。

代码清单 9-43 DeepCopyAnnotationQuickFix 的实现

```
class DeepCopyAnnotationQuickFix(private val ktClass: KtClass)
  : KotlinQuickFixAction<KtClass>(ktClass) {

  override fun getFamilyName() = text

  override fun getText() = ... //返回提示语

  override fun invoke(project: Project, editor: Editor?, file: KtFile) {
    if (!ktClass.isData()) {
      //添加data关键字，使其成为数据类
      ktClass.addModifier(KtModifierKeywordToken.keywordModifier("data"))
```

```
    }
    //添加@DeepCopy注解
    ktClass.addAnnotation(FqName(DEEP_COPY_ANNOTATION_NAME))
  }
}
```

DeepCopyAddSupertypeQuickFix 的情况与此类似，我们就不单独列出分析了。

9.3.4　案例效果

编译时，对于代码清单 9-44 所示的用例，编译器会对 User 类给出警告。

代码清单 9-44　提示 User 需要实现 DeepCopyable 接口

```
class UserInfo(var name: String, var age: Int, var bio: String)
data class User(var id: Long, var info: UserInfo)

@DeepCopy
data class Project(
  var name: String,
  var owner: User
          ^^^^
          ------------------------------------------------------------
          [TYPE_NOT_IMPLEMENT_DEEPCOPYABLE]
          'User' should implement 'DeepCopyable<T>' to support deep copy.
          ------------------------------------------------------------
)
```

此时，我们可以使用 IntelliJ IDEA 的快捷修复功能，一键为 User 添加 @DeepCopy 注解，如图 9-9 所示。

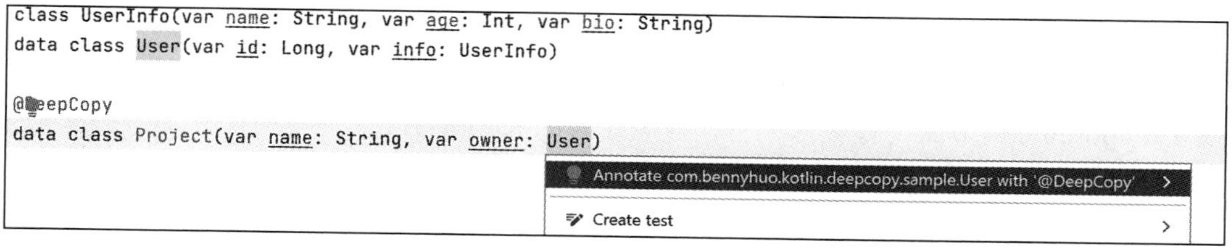

图 9-9　为数据类添加 @DeepCopy

再来看一个用例，如代码清单 9-45 所示。

代码清单 9-45　UserInfo 不是数据类的情况

```
class UserInfo(var name: String, var age: Int, var bio: String)

@DeepCopy
data class User(
  var id: Long,
  var info: UserInfo
```

```
            ^^^^^^^^
            ------------------------------------------------------------------
            [TYPE_NOT_IMPLEMENT_DEEPCOPYABLE]
            'UserInfo' should implement 'DeepCopyable<T>' to support deep copy.
            ------------------------------------------------------------------

    )
```

　　UserInfo 虽然不是数据类，但有参数列表不为空的主构造函数，且所有参数都为属性，因此会命中我们前面开发的快捷修复的触发条件。在编辑时，IntelliJ IDEA 会提示我们可以一键将 UserInfo 修改为数据类，并添加 @DeepCopy 注解，如图 9-10 所示。

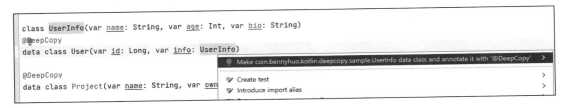

图 9-10　将非数据类改为数据类并添加 @DeepCopy

　　至于添加 DeepCopyable 接口的快捷修复功能，请读者自行尝试。

9.4　代码提示

　　现在我们已经了解了 Compose 的编译器插件是如何实现代码检查的，这些逻辑还是比较复杂的。接下来我们稍微放松一下，来分析一下本章开头提到的有关 Composable 函数的命名和调用颜色的小问题。

9.4.1　Composable 函数的命名

　　Composable 函数需要首字母大写，这与通常的 Kotlin 函数的命名习惯恰好相反。随之出现两个问题：

　　1）为什么 Composable 函数首字母大写时原来的提示失效呢？

　　2）为什么 Composable 函数首字母小写时还会提示应该使用大写字母呢？

　　我们先来看问题 1。IntelliJ IDEA 对首字母大写的普通函数的提示如图 9-11 所示。

图 9-11　对首字母大写的普通函数的提示

　　如果我们单击"More actions"，则可以看到"Suppress'FunctionName'for…"的提

示,如图 9-12 所示。

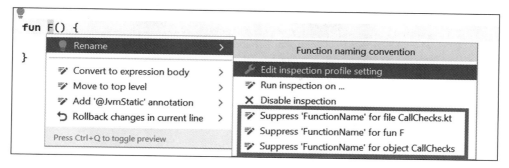

图 9-12　压制函数名检查的选项

而这个 FunctionName 实际上是 IntelliJ IDEA 的一个检查项,如图 9-13 所示。

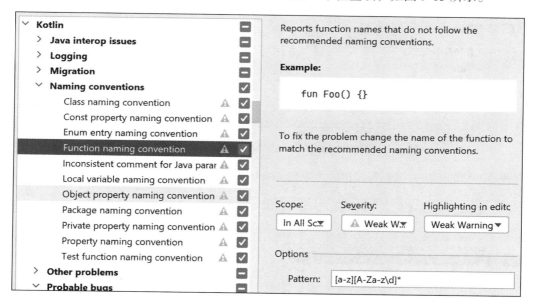

图 9-13　函数命名检查项

由此我们不难想到,Compose 函数首字母大写的提示失效的原因是 FunctionName 这个检查项被压制了。

Compose 的 IntelliJ 插件提供了一个 ComposeSuppressor 类,处理的正是这个问题,如代码清单 9-46 所示。

代码清单 9-46　ComposeSuppressor 的实现

```
class ComposeSuppressor : InspectionSuppressor {
  override fun isSuppressedFor(element: PsiElement, toolId: String): Boolean {
    //toolId就是检查项的id
```

```
        return StudioFlags.COMPOSE_EDITOR_SUPPORT.get() &&
                toolId == "FunctionName" &&
                element.language == KotlinLanguage.INSTANCE &&
                element.node.elementType == KtTokens.IDENTIFIER &&
                element.parent.isComposableFunction()
    }

    override fun getSuppressActions(
      element: PsiElement?,
      toolId: String
    ): Array<SuppressQuickFix> {
      //返回空表示没有任何快捷修复行为
      return SuppressQuickFix.EMPTY_ARRAY
    }
}
```

接下来我们一鼓作气，再分析一下问题 2，即 Composable 函数是如何给出首字母需要大写的提示的，如图 9-14 所示。

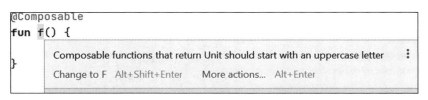

图 9-14　首字母小写的 Composable 函数

按照同样的方法，我们可以得知这源自 ComposableNaming 这个检查项，如图 9-15 所示。

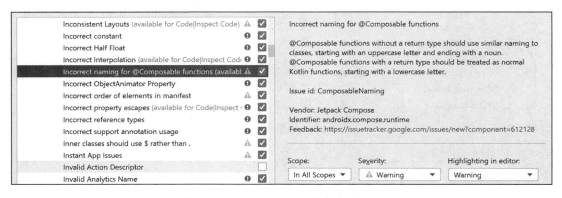

图 9-15　Composable 函数命名检查项

它是基于 Android Lint API 定义的，具体实现在 runtime-lint 模块中，如代码清单 9-47 所示。

代码清单 9-47　ComposableNamingDetector 的实现

```
class ComposableNamingDetector : Detector(), SourceCodeScanner {
    //只检查UMethod类型的元素
```

```
override fun getApplicableUastTypes() = listOf(UMethod::class.java)

override fun createUastHandler(
  context: JavaContext
) = object : UElementHandler() {
  override fun visitMethod(node: UMethod) {
    //忽略非Composable函数
    if (!node.isComposable) return
    //忽略运算符函数，例如invoke
    if (context.evaluator.isOperator(node)) return
    //忽略覆写的父类函数是运算符的函数
    if (node.findSuperMethods().any {
      context.evaluator.isOperator(it)
    }) return

    val name = node.name
    val capitalizedFunctionName = name.first().isUpperCase()
    if (node.returnsUnit) {
      //返回Unit类型，应当首字母大写
      if (!capitalizedFunctionName) {
        ... //函数首字母小写，命中提示规则
      }
    } else {
      //返回非Unit类型，应当首字母小写
      if (capitalizedFunctionName) {
        ... //函数首字母大写，命中提示规则
      }
    }
  }
}
```

通过阅读这段代码，我们大致了解到 Android Lint 的实现是基于 IntelliJ 平台提供的 UAST（Unified Abstract Syntax Tree，统一抽象语法树）的，是基于 PSI 实现的一套上层抽象，用于处理通用编程语言的语法元素，例如类、方法（函数）等。

Android Lint 使用 UAST 来实现自身的检查逻辑，自然是为了同时兼顾 Java 和 Kotlin。如此说来，如果我们在 Java 中定义一个用 @Composable 标注的方法，它同样会受到 ComposableNaming 这个检查项的检查，如图 9-16 所示。

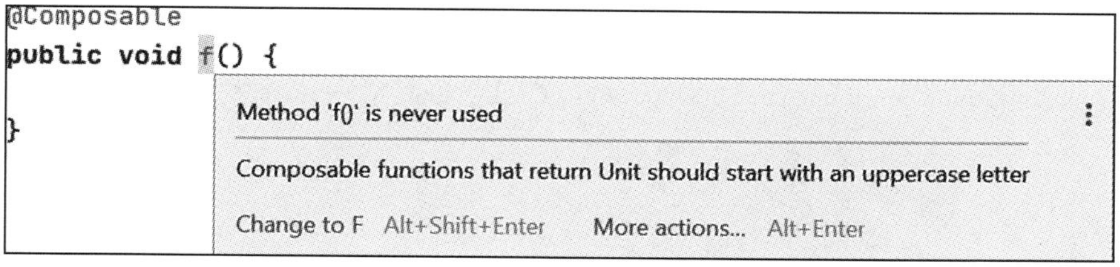

图 9-16　在 Java 中定义 Composable 函数

9.4.2 Composable 函数调用的颜色

函数调用的颜色是可以自定义的，我们可以在 IntelliJ IDEA 的设置当中找到配色方案（Color Scheme）来修改其中的配置。如果想要把函数调用的颜色改成红色，只需要找到 Function Call，将其前景色（Foreground Color）改成红色即可，如图 9-17 所示。

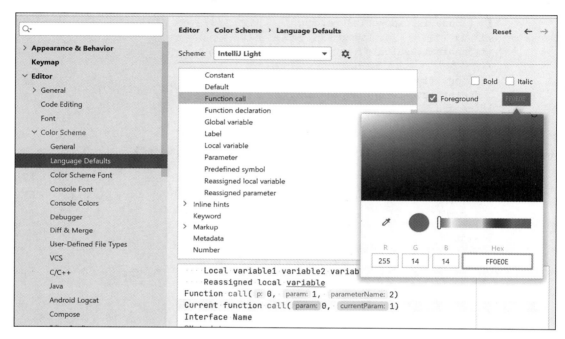

图 9-17　自定义函数调用的颜色

我们还可以发现一个名为 Compose 的配色方案，它只有一个函数调用的配色，颜色也正是我们之前观察到的绿色，如图 9-18 所示。

这个设置页面的源代码对应 ComposeColorSettingsPage，如代码清单 9-48 所示。

代码清单 9-48　ComposeColorSettingsPage 的实现

```
class ComposeColorSettingsPage : ColorSettingsPage {
  override fun getAttributeDescriptors(): Array<AttributesDescriptor> {
    return arrayOf(
      AttributesDescriptor(
        "Calls to @Compose functions",
        ComposableAnnotator.COMPOSABLE_CALL_TEXT_ATTRIBUTES_KEY
      )
    )
  }
  //标题
  override fun getDisplayName() = "Compose"
  //DEMO区域的内容
```

```
override fun getDemoText(): String = ...
    ...
}
```

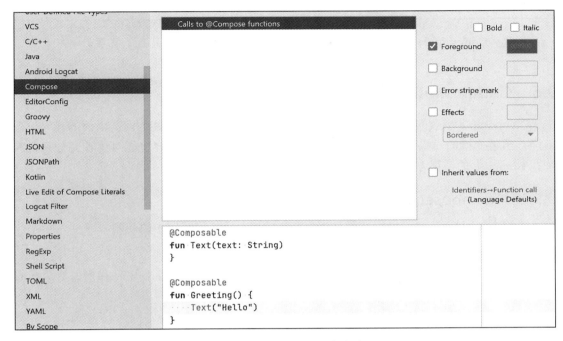

图 9-18　Compose 的配色方案

从这里我们可以发现一个关键信息：ComposableAnnotator.COMPOSABLE_CALL_
TEXT_ATTRIBUTES_KEY。如代码清单 9-49 所示，我们也可以通过它的实例化过程了解
到它继承自 Function Call 这个配置项，它的属性名为 ComposableCallTextAttributes。

代码清单 9-49　COMPOSABLE_CALL_TEXT_ATTRIBUTES_KEY 的实例化

```
COMPOSABLE_CALL_TEXT_ATTRIBUTES_KEY =
    TextAttributesKey.createTextAttributesKey(
        // 值为 ComposableCallTextAttributes
        COMPOSABLE_CALL_TEXT_ATTRIBUTES_NAME,
        DefaultLanguageHighlighterColors.FUNCTION_CALL
    )
```

接下来我们可以在一个配置文件当中找到这个属性名对应的配置，如代码清单 9-50
所示。

代码清单 9-50　ComposableCallTextAttributes 配置项

```
<list>
  <option name="ComposableCallTextAttributes">
```

```
    <value>
      <option name="FOREGROUND" value="009900"/>
    </value>
  </option>
</list>
```

至此，Composable 函数调用默认是绿色（#009900）的疑问也就有了答案。

9.5　Composable 函数的变换

Composable 函数的变换是 Compose 的编译器插件最为核心的能力。与前面的代码检查不同，函数变换的结果会真正作用于运行时，因此本节介绍的内容也能对读者充分理解和掌握 Compose 的使用方法提供非常大的帮助。

9.5.1　$composer 参数

我们先来回答 Composable 函数如何将其中的组件添加到视图中的问题。

1. 添加和传递 $composer 参数

在回答这个问题之前，我们不妨再来看一下 Composable 函数的样子，如代码清单 9-51 所示。

代码清单 9-51　一个简单的 Composable 函数

```
@Composable
fun Greeting(name: String) {
  Text(text = "Hello $name!")
}
```

这么一个非常简单直接的函数，没有返回值，也看不到副作用，怎么会影响外部状态呢？不可能，绝对不可能，一定是编译器在背后加了一些糖。

我们可以通过阅读这段代码生成的字节码来了解更多细节。为了方便理解，我们将最终生成的代码用 Kotlin 语法呈现出来，编译之后的 Composable 函数的等价代码如代码清单 9-52 所示。

代码清单 9-52　编译之后的 Composable 函数的等价代码示意

```
@Composable
fun Greeting(name: String, $composer: Composer?, $changed: Int) {
  ...
  Text("Hello testABC!", ..., $composer, ...)
  ...
}
```

最终生成的代码相比原始代码多出 $composer 和 $changed 两个参数，$composer 便是本节的主角了。此外，Text(...) 调用时也多了一些参数，其中就包括 $composer。

不难想到，Compose 的编译器插件完成的这些工作，包括为 Composable 函数声明新增一个 $composer 参数以及为 Composable 函数调用传入 $composer 参数。

我们先来看一下如何为 Composable 函数声明添加 $composer 参数。正如我们之前在 DeepCopy 项目案例当中了解到的，Compose 编译器插件也是通过访问 IR 树来实现 IR 变换的，如代码清单 9-53 所示。

代码清单 9-53　尝试为函数声明添加 $composer 参数

```
//类：ComposerParamTransformer
override fun visitSimpleFunction(declaration: IrSimpleFunction): IrStatement
  = super.visitSimpleFunction(
    //为符合条件的函数声明添加$composer参数
    declaration.withComposerParamIfNeeded()
  )
```

withComposerParamIfNeeded 内部会对满足条件的函数声明调用 copyWithComposer-Param 以完成参数的添加，如代码清单 9-54 所示。

代码清单 9-54　　withComposerParamIfNeeded 的实现

```
//类：ComposerParamTransformer
//为Composable函数声明增加$composer参数时调用
private fun IrSimpleFunction.withComposerParamIfNeeded(): IrSimpleFunction {
  if (transformedFunctionSet.contains(this)) return this
  ... //省略一些不需要生成$composer参数的情况
  return transformedFunctions[this] ?: copyWithComposerParam()
}
```

如代码清单 9-54 所示，我们省略掉了一些不需要处理的情况，主要包括：

❏ 已经处理过的函数。

❏ 诱饵（Decoy）函数。当编译产物为 klib 时，Compose 编译器插件会为 Composable 函数生成诱饵函数，诱饵函数无须再次处理。

❏ 在诱饵函数启用时，其他模块的 Composable 函数。

❏ 非 Composable 函数。

❏ expect 函数。

接下来我们看一下如何添加 $composer 参数，如代码清单 9-55 所示。

代码清单 9-55　　copyWithComposerParam 的实现

```
//类：ComposerParamTransformer
private fun IrSimpleFunction.copyWithComposerParam(): IrSimpleFunction {
  return copy().also { fn ->
    val oldFn = this

    //fn是变换之后的新函数，存起来为后续判断是否跳过提供依据
```

```
transformedFunctionSet.add(fn)
transformedFunctions[oldFn] = fn

//需要同时对子类中覆写的函数做变换
fn.overriddenSymbols = overriddenSymbols.map {
  it.owner.withComposerParamIfNeeded().symbol
}

... //省略为属性访问器添加JvmName的逻辑

val valueParametersMapping = explicitParameters
    .zip(fn.explicitParameters)
    .toMap()

val currentParams = fn.valueParameters.size
//减去context receiver的个数，剩下的是参数列表当中的参数个数
val realParams = currentParams - fn.contextReceiverParametersCount

//添加$composer参数
val composerParam = fn.addValueParameter {
  //字符串常量$composer
  name = KtxNameConventions.COMPOSER_PARAMETER
  type = composerType.makeNullable()
  origin = IrDeclarationOrigin.DEFINED
  isAssignable = true //请留意，参数可以被重新赋值（①）
}

... //省略添加$changed和$default的逻辑

//扫描并记录内联函数的内联函数参数，用于后续判断参数是否内联
inlineLambdaInfo.scan(fn)

//访问函数内部结构，处理参数传递
fn.transformChildrenVoid(object : IrElementTransformerVoid() {
  //判断是不是函数内部嵌套作用域
  var isNestedScope = false

  ... //省略对返回值的变换

  override fun visitFunction(declaration: IrFunction): IrStatement {
    val wasNested = isNestedScope
    try {
      //如果declaration是非Composable的内联函数，那么结果不变
      //内联函数不影响嵌套结果
      isNestedScope = if (declaration.isNonComposableInlinedLambda())
        wasNested else true
      return super.visitFunction(declaration)
    } finally {
      isNestedScope = wasNested
    }
```

```
    }
    override fun visitCall(expression: IrCall): IrExpression {
      val expr = if (!isNestedScope) {
        //将$composer参数传递给内部的Composable函数调用（②）
        expression.withComposerParamIfNeeded(composerParam)
      } else expression
      return super.visitCall(expr)
    }
  })
  }
}
```

　　copyWithComposerParam 的内部结构虽然复杂，思路却比较清晰。简单来说它做了两件事：添加参数，这里也包括我们即将要讲到的 $changed 和 $default 参数；传递参数，将新添加的 $composer 参数传给内部的 Composable 函数调用。

　　其中有两点我们再解释一下：

　　①处新增的 $composer 参数是可以被赋值的。尽管这不符合 Kotlin 语法，但却符合 Kotlin IR 的规则。在后续对 Composable 函数体的变换过程中，$composer 确实会被重新赋值，因此这一点非常重要。实际上，在 Kotlin 1.5 以前的版本中，非 JVM 平台上的函数参数的可赋值性还有一个 BUG，Compose 的编译器插件为了规避这个问题还专门提供了一个名为 KlibAssignableParamTransformer 的 IR 变换，有兴趣的读者可以自行阅读相关内容来了解其中的细节。

　　②处处理的就是传递参数的逻辑。withComposerParamIfNeeded 有 IrSimpleFunction 和 IrCall 两个不同的扩展版本，二者的不同之处在于对 IrSimpleFunction 的扩展版本添加的是函数形参声明，而对 IrCall 的扩展版本添加的是函数调用处的实参。

2. 获取当前 Composable 函数的 Composer 实例

　　现在我们已经知道 Composable 函数有一个名为 $composer 的参数，UI 组件能够被添加到视图当中一定与它有关。这里有一个小问题，我们在 IR 和最终的编译产物中是可以看到 $composer 的，可是如果想要在源代码编写时操作 $composer 以修改视图结构，应该怎么做呢？

　　实际上，Compose 的运行时提供了一个全局属性，即 currentComposer，来帮助我们获取 $composer，如代码清单 9-56 所示。

代码清单 9-56　currentComposer 的定义

```
val currentComposer: Composer
  @ReadOnlyComposable
  @Composable get() {
    throw NotImplementedError("Implemented as an intrinsic")
  }
```

　　currentComposer 是一个属性，它的 Getter 是一个有返回值的 Composable 函数。它

的实现看上去有些吓人，不过不用害怕，Compose 的编译器插件会将它替换成对应的 $composer。替换的逻辑在 ComposerIntrinsicTransformer 当中，currentComposer 的核心实现如代码清单 9-57 所示。

代码清单 9-57　currentComposer 的核心实现

```
override fun visitCall(expression: IrCall): IrExpression {
  //是currentComposer
  if (expression.symbol.owner.kotlinFqName == currentComposerIntrinsic) {
    //取Getter函数的第一个参数，即$composer，并返回
    return expression.getValueArgument(0)
      ?: error("Expected non-null composer argument")
  }
  return super.visitCall(expression)
}
```

我们来看一个具体的示例，如代码清单 9-58 所示。

代码清单 9-58　调用 currentComposer 的示例

```
@Composable
fun Greeting(name: String) {
  val composer = currentComposer
}
```

在添加 $composer 参数之后，这段示例代码会变换为如代码清单 9-59 所示的样子。

代码清单 9-59　添加 $composer 参数后的示意代码

```
@Composable
fun Greeting(name: String, $composer: Composer?, $changed: Int) {
  ...
  //第二个参数是$changed
  val composer = <get-currentComposer>($composer, 0)
  ...
}
```

接下来替换对 currentComposer 的调用，得到如代码清单 9-60 所示的结果。

代码清单 9-60　替换 currentComposer 的调用

```
@Composable
fun Greeting(name: String, $composer: Composer?, $changed: Int) {
  ...
  val composer = $composer
  ...
}
```

至此，想要知道文字组件 Text(...) 是如何将自己添加到视图结构当中的，只需要一直跟进源代码，直到遇到使用 currentComposer 的位置，如代码清单 9-61 所示。

代码清单 9-61　将 UI 节点添加到视图结构当中

```
@Composable
inline fun <T : Any, reified E : Applier<*>> ReusableComposeNode(
    noinline factory: () -> T,
    update: @DisallowComposableCalls Updater<T>.() -> Unit
) {
  ...
  if (currentComposer.inserting) {
      currentComposer.createNode { factory() }
  } else {
      currentComposer.useNode()
  }
  ...
}
```

Text 函数会调用 Layout 函数，并最终调用 ReusableComposeNode 函数在 Composer 实例上创建一个 LayoutNode 的实例，这样就完成了 UI 组件的添加工作。

 操作 Composer 实例添加节点属于 Compose 运行时的逻辑，有兴趣的读者可以阅读 Compose 源代码中的 runtime 模块来了解更多细节。

9.5.2　参数默认值

如果你曾试图调用过一些 Composable 的 UI 函数，你会发现它们都有大量的参数，而且绝大多数参数都有默认值。为了更高效地满足函数默认值的需求，Compose 的编译器插件专门为 Composable 函数的参数默认值做了定制实现。本节我们将为大家详细剖析 Composable 函数当中参数默认值的处理逻辑。

1. Kotlin 对函数参数默认值的原生支持

参数默认值是 Kotlin 直接支持的特性，为了更好地了解 Compose 编译器插件对函数参数默认值的处理逻辑，我们先通过一个例子看一下 Kotlin 本身是如何支持参数默认值的，如代码清单 9-62 所示。

代码清单 9-62　Kotlin 函数参数默认值示例

```
fun f(a: String, b: Int = 32, c: (String, Int) -> Unit = { s, i -> }) {
  c(a, b)
}
```

函数 f 有三个参数，参数 a 无默认值，参数 b、c 都有默认值。经过变换之后，函数 f 的编译产物如代码清单 9-63 所示。

代码清单 9-63　函数 f 的编译产物示意

```
fun f(a: String, b: Int, c: (String, Int) -> Unit) {
  c(a, b)
}
```

```
fun f$default(
  a: String, b: Int, c: ((String, Int) -> Unit)?,
  $mask0: Int, $handler: Any?
) {
  if ($mask0 and 0b10 != 0) {
    b = 32
  }
  if ($mask0 and 0b100 != 0) {
    c = {s, i -> }
  }
  f(a, b, c)
}
```

函数 f 的默认值在编译完成之后被去除了，Kotlin 编译器生成了一个新的函数 f$default 来实现对参数默认值的支持。f$default 当中新增了两个参数，介绍如下。

❑ $mask0：默认值掩码，用来指示函数是否使用默认值。注意，掩码参数可能会有多个，每一个值对应前面 32 个参数的默认值的使用情况，编译器会根据参数个数来决定生成几个掩码参数。

❑ $handler：如果是普通函数，则参数名为 $handler，对应的类型为 Any?；如果是类构造函数，则参数名为 $marker，对应的类型为 DefaultConstructorMarker?。这个参数只在 Kotlin JS 中用到，用于解决 JavaScript 中调用父类函数的问题。

代码中定义的函数 f 保留了原始的签名，主要目的是保证与平台语言（例如 Java）的兼容，因为 Kotlin 编译器无法控制平台语言的编译过程。

经过变换之后，Kotlin 源代码当中不使用参数默认值的函数调用仍然会直接调用原始定义的函数 f，而使用参数默认值的函数调用会被替换成对 f$default 的调用，如代码清单 9-64 所示。

代码清单 9-64　调用函数 f

```
f("Hello")
f("Hello", 1) { s, i ->
  println(s.length + i)
}
```

编译之后的变换结果如代码清单 9-65 所示。

代码清单 9-65　函数 f 调用处的变换结果示意

```
f$default("Hello", 0, null, $mask0 = 0b110, null)
f("Hello", 1) { s, i ->
  println(s.length + i)
}
```

注意 $mask0 的值实际上是 0b100 与 0b10 按位或的结果，表示第 2 个和第 3 个参数都使用默认值。

提示　Kotlin 对函数参数默认值的支持逻辑可以在 Kotlin 编译器源代码的 DefaultArgume-
ntStubGenerator.kt 文件当中找到。

2. Composable 函数对参数默认值的支持

通过前面的分析可知，Kotlin 为了兼顾对平台语言的互调用支持，通过多生成 f$default 这样的函数的方式来支持函数参数默认值，这是为通用使用场景提供的最优解。

而具体到 Compose 的使用场景中，由于 Composable 函数根本不需要支持平台语言的调用，因此限制原始函数签名不能修改且多生成一个函数的做法就显得没有必要了。

与 Kotlin 原生的做法类似，Compose 的编译器插件也会生成掩码参数来标识调用处是否使用了参数默认值，掩码参数的命名格式为 $default[n]，其中 n 表示第几个掩码参数。掩码参数是 Int 类型，每一位可以表示一个参数在调用时是否使用了默认值，不过不同之处在于 Composable 函数的掩码参数只使用了 31 位来表示 31 个参数的默认值使用情况，如图 9-19 所示。

图 9-19　$default 参数的内部结构

Composable 函数添加默认值掩码参数的逻辑与添加 $composer 参数的逻辑在同一个函数中，我们摘录出添加掩码参数的部分，如代码清单 9-66 所示。

代码清单 9-66　为 Composable 函数添加掩码参数

```
//IrSimpleFunction#copyWithComposerParam()
//$default[n]，在函数至少有一个参数默认值时生成该参数
if (oldFn.requiresDefaultParameter()) {
  //defaults的值为$default
  val defaults = KtxNameConventions.DEFAULT_PARAMETER.identifier
  for (i in 0 until defaultParamCount(currentParams)) {
    fn.addValueParameter(
      //如果需要添加多个掩码参数，则在参数名后面追加序号
      if (i == 0) defaults else "$defaults$i",
      context.irBuiltIns.intType,
      IrDeclarationOrigin.MASK_FOR_DEFAULT_FUNCTION
    )
  }
}
```

Composable 函数的调用处同样需要传入掩码参数，具体逻辑如代码清单 9-67 所示。

代码清单 9-67　在 Composable 函数调用处传入掩码参数

```
//i ∈ [0, n)，n为掩码参数的个数
for (i in 0 until defaultParamCount(valueParams)) {
  //每个掩码参数可以表示31个参数的默认值使用情况
  //start的取值为0, 31, 62, ...
  val start = i * BITS_PER_INT
  //end的取值为min(31,参数个数), min(62,参数个数), ...
  val end = min(start + BITS_PER_INT, valueParams)
  //遍历参数，计算对应的掩码的值
  if (argIndex < ownerFn.valueParameters.size) {
    val bits = ... //包含默认值使用与否的数组
    //添加参数
    it.putValueArgument(...)
  }
}
```

接下来我们给出一个具体的例子，如代码清单 9-68 所示。这个例子的函数 F 与代码清单 9-62 的函数 f 的形式完全一样，我们正好来对比一下 Kotlin 原生与 Compose 的处理方式的区别。

代码清单 9-68　Composable 函数参数默认值示例

```
@Composable
fun F(a: String, b: Int = 32, c: (String, Int) -> Unit = { s, i -> }) {
  c(a, b)
}
```

经过变换之后，得到的编译产物如代码清单 9-69 所示。

代码清单 9-69　函数 F 的编译产物示意

```
@Composable
fun F(
  a: String, b: Int, c: Function2<String, Int, Unit>?,
  $composer: Composer?, $changed: Int, $default: Int
) {
  ...
  if ($default and 0b0010 !== 0) {
    b = 32
  }
  if ($default and 0b0100 !== 0) {
    c = { s: String, i: Int -> }
  }
  ...
  c(a, b)
  ...
}
```

由此可见，Compose 的参数默认值掩码的比较逻辑与 Kotlin 原生的比较逻辑基本一致。不过由于 Compose 没有额外生成函数，因此实际调用时也不需要对函数重定向。函数 F 的

调用示例如代码清单 9-70 所示。

代码清单 9-70　函数 F 的调用示例

```
F("Hello")
F("Hello", 1) { s, i ->
  println(s.length + i)
}
```

经过变换之后得到的结果如代码清单 9-71 所示。

代码清单 9-71　函数 F 调用处的变换结果示意

```
F("Hello", 0, null, $composer, ..., $default = 0b0110) // (①)
F("Hello", 1, { s: String, i: Int ->
  println(s.length + i)
}, $composer, ..., $default = 0) // (②)
```

①处参数 b、c 都使用了默认值，因此 $default 的值是 0b0010 与 0b0100 按位或的结果，即 0b0110；②处由于没有使用默认值，因此 $default 的值为 0。

3. 函数参数的占位值

即使在调用时使用了参数默认值，函数调用处对应的参数位置仍然会有一个用于占位的实参传入。这个占位的实参是 Compose 的编译器插件根据参数类型统一给出的默认值。为了避免与函数参数默认值混淆，我们将占位的实参称为占位值。

例如 Int 类型的占位值为 0，非基本数值类型的占位值为 null，如代码清单 9-72 所示。

代码清单 9-72　调用函数 F 时传入的参数占位值

```
//调用F("Hello")时，b和c的占位值分别为0和null
F("Hello", b = 0, c = null, ...)
```

看到这里，读者可能会有疑问：c 的类型是不可空的 () -> Unit 类型，为什么可以传入 null 作为占位值？

实际上，非基本数值类型的参数会在函数变换之后成为可空类型，因此传入 null 是合法的。这个 null 值并不会真正用于函数内部，因此这个处理不会影响到函数的实际执行逻辑。在这一点上，Kotlin 原生的处理方法与 Compose 的编译器插件的处理方法基本一致，如代码清单 9-73 所示。

代码清单 9-73　非基本数值类型经过变换之后成为可空类型

```
//Compose的变换处理
@Composable
fun F(
  a: String, b: Int,
  c: Function2<String, Int, Unit>?,  //注意c的类型
  ...
)
```

```
//Kotlin原生的变换处理
fun f$default(
  a: String, b: Int,
  c: ((String, Int) -> Unit)?, //注意c的类型
  ...
)
```

如果参数类型是内联类型，情况会稍微复杂一些。接下来我们对前面的 f 和 F 两个函数做一些修改，如代码清单 9-74 所示。

代码清单 9-74　参数类型是内联类型的情况

```
@JvmInline
value class InlineInt(val value: Int)

@JvmInline
value class InlineFunc(val value: (String, InlineInt) -> Unit)

@Composable
fun F(
  a: String, b: InlineInt = InlineInt(32),
  c: InlineFunc = InlineFunc({s, i -> })
) {
  c.value(a, b)
}

fun f(
  a: String, b: InlineInt = InlineInt(32),
  c: InlineFunc = InlineFunc({s, i -> })
) {
  c.value(a, b)
}
```

经过编译之后，函数 F 的变换结果如代码清单 9-75 所示。

代码清单 9-75　函数 F 的变换结果示意

```
@Composable
fun F(a: String, b: InlineInt, c: InlineFunc, ...) {
  ...
  if ($default and 0b0010 !== 0) {
    b = InlineInt(32)
  }
  if ($default and 0b0100 !== 0) {
    c = InlineFunc { s: String, i: InlineInt ->
    }
  }
  ...
  c.value(a, b)
  ...
}
```

我们注意到 b 和 c 的类型没有发生变化。可见除了基本数据类型以外，内联类型也不会被转换为可空类型。

那调用处呢？F("Hello") 经过变换之后，在 JVM 上的结果如代码清单 9-76 所示。

代码清单 9-76　F("Hello") 在 JVM 上的变换结果示意

```
F(
    "Hello",
    coerce<Int, InlineInt>(0),
    coerce<(String, InlineInt) -> Unit, InlineFunc>(null),
    ...
)
```

其中 coerce<F, T>(value) 是 Kotlin JVM 上的一个内部函数，该函数的 JVM 符号名为 <unsafe-coerce>，它的功能是将参数 value 当作 F 类型，然后转换为 T 类型，转换的过程包括装箱和拆箱。在本例当中它主要用于表示尚未实质化（Materialize）的装箱操作。

请注意，这里的装箱操作最终并不会真正发生，就好像一个数学公式当中出现了 x−y 这样的运算，我们先不急着计算出其中的结果，因为完整的公式是 x−y…+ y。

在生成最终的 JVM 字节码时，Kotlin 编译器会将内联类型替换成对应的类型，因此最终的结果与代码清单 9-77 等价：

代码清单 9-77　在 JVM 上得到的最终的类型内联结果示意

```
//函数声明
fun F(a: String, b: Int, c: (() -> Unit)?, ...) { ... }
//函数调用
F("Hello", b = 0, c = null, ...)
```

这就能解释为什么内联类型的参数没有被修改为可空类型了。因为如果改成可空类型，就没办法实现类型拆箱。像 Int 到 int、Int? 到 Integer 这样的基本类型的拆箱逻辑也是如此。

 内联类型拆箱的具体逻辑可以参考 Kotlin 编译器源代码 InlineClassAbi#unboxType。

讨论完 JVM 上的实现，我们再来了解一下其他平台的情况。由于 JVM 以外的平台目前还没有对内联类型提供实质性支持，因此函数变换的结果也比较简单，就是直接调用内联类型的构造函数构造内联类型的实例，如代码清单 9-78 所示。

代码清单 9-78　非 JVM 平台的内联类型的变换结果

```
F("Hello", b = InlineInt(0),  c = InlineFunc(null), ...)
```

其中，c 的参数占位值将 null 直接传入 InlineFunc 的构造函数，这看上去似乎有些危险。不过，就算内联类型当中的属性是不可空类型也没有关系，因为最终的编译产物当中参数的空检查会被去除，占位值也不会被真正使用到，所以不会对函数的内部逻辑造成实际的影响。

现在我们已经搞清楚 Compose 是如何对内联类型的参数提供默认值的支持的了。Kotlin 原生的支持也是比较类似的，额外生成的 f$default 函数在 JVM 上也会将内联类型的参数尽量拆箱成对应的类型，而其他平台上则会在调用处统一使用 null 作为占位值。

 提示　Kotlin 原生对有默认值的函数参数计算占位值的逻辑参见 DefaultParameterInjector# parametersForCall。

9.5.3　参数的变化状态与重组的跳过机制

Compose 的上手难度不大，但想要编写高效的 Composable 函数，不了解其参数的变化状态与重组的跳过机制是不行的。

1. 用于描述参数变化的参数

Compose 的函数变换除添加了 $composer 和 $default 参数以外，还添加了一组用于标记参数是否变化的变化状态参数：$changed。

添加这组参数的逻辑同样在 ComposerParamTransformer#copyWithComposerParam 中，如代码清单 9-79 所示。

代码清单 9-79　添加 $changed 参数

```
//值为"$changed"
val changed = KtxNameConventions.CHANGED_PARAMETER.identifier
for (i in 0 until changedParamCount(realParams, fn.thisParamCount)) {
  fn.addValueParameter(
    //如果需要添加多个变化状态参数，则在参数名后面追加序号
    if (i == 0) changed else "$changed$i",
    context.irBuiltIns.intType
  )
}
```

$changed 的类型同样为 Int，命名规则与 $default 完全一致。

每个 $changed 参数可以描述 10 个参数的变化情况，共 30 位，剩余的 2 位中低位用作强制更新，高位暂时没有用到，如图 9-20 所示。

图 9-20　$changed 参数的内部结构

在每个参数对应的 3 位中，两个低位用于描述参数值的变化状态，一个高位用于描述参数类型的稳定性。其中，Composable 函数参数的值在重组之间的变化情况可以分为 4 种变化状态，如表 9-2 所示。

表 9-2 Composable 函数参数的变化状态

名称	掩码	说明
Uncertain	0b00	不确定是否有变化，需要调用 equals 与 slot table 中的值进行比较
Same	0b01	与上次相同
Different	0b10	与上次不同
Static	0b11	程序运行期间不会发生变化

需要注意的是，$changed 参数的值在编译时就会确定，因此只有处于 Uncertain 状态的参数才需要存储到 slot table 中，每次函数调用时需要先比较新传入的值与 slot table 中的旧值才能确定是否发生变化。

参数的稳定性分为稳定（Stable）和不稳定（Unstable）两种，对应的掩码值如表 9-3 所示。

表 9-3 参数的稳定性

名称	掩码	说明
Stable	0b000	稳定
Unstable	0b100	不稳定

决定参数的稳定性的因素包括参数的类型、实参的形式。如果参数的类型是稳定的，那么参数就是稳定的；否则，需要结合实参的形式来确定参数的稳定性。例如，如果实参是常量表达式，那么参数是稳定的。

常见的稳定类型包括基本数值类型、字符串、函数、Unit，以及被 @Stable 注解标注的类型等。其中，被 @Stable 注解标注的类型需要满足下面三个条件：

❏ 实例的相等性不会变化，即对两个实例多次调用 equals 函数得到的结果总是相同的。

❏ 公有属性变化时，能够通知 Compose 运行时进行重组。

❏ 所有公有属性的类型都是稳定的。

Compose 的编译器插件也会对没有被 @Stable 注解标注的类型进行稳定性推断，尽可能把符合条件的类型的稳定性推断出来。

尽管稳定性的值只有两种，但根据参数类型本身及其定义方式，参数的稳定性的推断过程可以分为如表 9-4 所示的几种情况。

表 9-4 参数的稳定性的推断过程的情况分类

名称	是否编译时可确定	说明
Certain	是	确定的值，包括稳定或者不稳定
Runtime	否	依赖外部模块的类型，运行时可计算参数的稳定性
Unknown	否	未知
Parameter	否	类型为泛型参数，需要通过泛型实参确定稳定性
Combined	—	依赖多个类型的稳定性的组合

如果参数的类型在编译时可以确定其稳定性（稳定的或者不稳定的），那么参数的稳定性就属于 Certain 的情况，这比较容易理解。如代码清单 9-80 所示，Foo 类只有一个不可变的 Int 类型的属性，由于 Int 类型是稳定的，因此 Foo 类型可以被推断为稳定类型。

代码清单 9-80　　Certain 的情况示例

```
class Foo(val bar: Int)
```

如代码清单 9-81 所示，External 类型是定义在第三方模块当中的，它的稳定性的值需要在运行时才能获取到，属于 Runtime 的情况。

代码清单 9-81　　Runtime 的情况示例

```
class Foo(val bar: External)
```

如代码清单 9-82 所示，接口 Bar 的子类在编译时无法确定是否稳定，因此属于 Unknown 的情况。

代码清单 9-82　　Unknown 的情况示例

```
interface Bar {
  fun result(): Int
}

class Foo(val bar: Bar)
```

如代码清单 9-83 所示，T 类型是泛型参数，在泛型类型实例化之前是无法确定其类型的，属于 Parameter 的情况。与 Unknown 不同的是，泛型参数类型的稳定性可以在使用处通过泛型实参来确定。

代码清单 9-83　　Parameter 的情况示例

```
class <T> Foo(val value: T)
```

如代码清单 9-84 所示，类型 Foo 有两个只读属性，它的稳定性依赖于属性的类型 A 和 B，这就属于 Combined 的情况。

代码清单 9-84　　Combined 的情况示例

```
class Foo(val foo: A, val bar: B)
```

参数的稳定性对于判断参数的变化状态非常重要。接下来我们对参数状态的深入分析也会不断涉及对参数稳定性的讨论。

2. 参数的变化状态的确定

现在我们已经知道了 $changed 的相关概念，接下来简单介绍一下在 Composable 函数调用时 $changed 的值是如何确定的。

$changed 的值的计算过程依赖每一个参数的 ParamMeta 信息，我们先来看一下这个数据结构当中每个字段的具体含义，如代码清单 9-85 所示。

代码清单 9-85　ParamMeta 的定义

```
data class ParamMeta(
  //参数的稳定性，Unstable即Certain(stable = false)
  var stability: Stability = Stability.Unstable,
  //是否为变长参数
  var isVararg: Boolean = false,
  //是否为外部提供的参数，即函数调用时没有使用默认值
  var isProvided: Boolean = false,
  var isStatic: Boolean = false,
  //参数状态是否为确定的
  var isCertain: Boolean = false,
  //当isCertain为true时，通过下面两个值获取参数状态
  var maskSlot: Int = -1,
  var maskParam: IrChangedBitMaskValue? = null
)
```

ParamMeta 是通过分析 Composable 函数参数而得出的一些有用的信息。其中：

❑ stability 用于描述参数的稳定性。

❑ isProvided 用于描述参数是否由调用者提供，如果没有提供，则对应使用默认值的情况。

❑ isStatic 描述参数是否为常量、枚举、稳定的顶级 object 等情况。

❑ isCertain 描述参数的变化状态，值为 false 时对应 Uncertain 状态，值为 true 时，参数的变化状态需要从 maskSlot 和 maskParam 当中获取。注意，这个参数是描述参数的变化状态的，不要与稳定性推断的 Certain 情况混淆。

接下来我们可以直接分析一下 $changed 的计算逻辑，它的实现位于 ComposableFunction-BodyTransformer#buildChangedParamForCall(List<ParamMeta>) 中，如代码清单 9-86 所示。

代码清单 9-86　$changed 的计算逻辑

```
fun buildChangedParamForCall(params: List<ParamMeta>): IrExpression {
  //计算$changed的表达式当中的常量部分
  var bitMaskConstant = 0b0
  //计算$changed的表达式当中的其他表达式
  val orExprs = mutableListOf<IrExpression>()

  params.forEachIndexed { slot, meta ->
    val stability = meta.stability
    when {
      //根据稳定性计算$changed对应参数的一个高位值（①）
      ...
    }

    //根据其他字段计算$changed对应参数的两个低位值（②）
    if (meta.isVararg) { ... }
    else if (!meta.isProvided) { ... }
    else ...
  }
```

```
    return when {
        ... //将所有的表达式连起来（③）
    }
}
```

buildChangedParamForCall(List<ParamMeta>) 函数最终实现的结果就是得到一个计算 $changed 的表达式，如代码清单 9-87 所示。

代码清单 9-87　计算 $changed 的表达式

```
$changed = bitMaskConstant
  [or <stability-expr0>] [or <state-expr0>]
  [or <stability-expr1>] [or <state-expr1>]
  ...
  [or <stability-exprN>] [or <state-exprN>]
```

其中：

1）bitMaskConstant 就是表达式的常量部分，它的值由稳定性为 Certain 或者等价于 Certain 的 Combined 的参数和变化状态为 Uncertain 或者 Static 的参数决定。

2）<stability-exprN> 表达式由稳定性不确定（包括 Runtime、Parameter、Unknown）的参数决定。

3）<state-exprN> 由状态确定（Same、Different）的参数决定。

4）[] 表示其中的表达式是非必须的。

buildChangedParamForCall(List<ParamMeta>) 函数的逻辑比较复杂，我们将其拆分成三部分，分别对应代码清单 9-86 中①②③表示的位置。

先看①部分，这部分的主要目的是处理参数的稳定性，如代码清单 9-88 所示。

代码清单 9-88　处理参数的稳定性

```
//ComposableFunctionBodyTransformer#buildChangedParamForCall(List<ParamMeta>)
when {
  stability.knownUnstable() -> {
    //Certain的情况，稳定性为不稳定
    //如果当前参数不稳定，那么参数状态就是没有意义的
    //这也说明$change中不会出现101和111这样的值
    bitMaskConstant = bitMaskConstant or
                      //UNSTABLE为100
                      StabilityBits.UNSTABLE.bitsForSlot(slot)
    return@forEachIndexed
  }
  stability.knownStable() -> {
    //Certain的情况，稳定性为稳定
    //$change中对应的稳定性的值为000
    bitMaskConstant = bitMaskConstant or
                      //STABLE为000
                      StabilityBits.STABLE.bitsForSlot(slot)
  }
```

```
    else -> {
        //稳定性不确定的情况，需要通过进一步计算来确定稳定性
        //例如Runtime的情况，需要通过成员类型的$stable来获取
        stability.irStableExpression(...)?.let {
            val expr = if (slot == 0) it //无须偏移
            else {
                //参数偏移，例如参数序号为1则偏移3位
                val bitsToShiftLeft = slot * BITS_PER_SLOT
                //构造执行偏移的表达式
                irCall(...)
            }
            //保存表达式，在后续用于构造最终的表达式
            orExprs.add(expr)
        }
    }
}
```

　　参数稳定性为 Certain 的情况比较简单，这里不再展开讨论。接下来我们主要讨论一下稳定性不确定的情况。先看一个具体的例子，如代码清单 9-89 所示。

代码清单 9-89　稳定性不确定的情况示例

```
//模块：a
class A

//模块：b
//模块b依赖模块a
class B

interface X
class X1: X

class Y<T>(val t: T)

//请注意A是定义在其他模块中的外部类型
class Z0(val a: A)
class Z1(val b: B)

@Composable
fun <T> F1(pX: X, pY: Y<T>, pZ0: Z0, pZ1: Z1) {
    ...
}

@Composable
fun <T> F0(t: T) {
    var x: X = X1()
    //注意Y的泛型参数在编译时不能确定
    var y = Y(t)
    var z0 = Z0(A())
    var z1 = Z1(B())
    F1(x, y, z0, z1)
}
```

我们构造了一个非常极端的用例，Composable 函数 F1 的几个参数可谓各有各的故事。为了便于理解，我们依次给出分析。

- ❑ 参数 pX 的类型 X 是一个接口，调用时传入的实参 x 是可变的局部变量，因此 F1 无法确定 x 的具体稳定性，它的稳定性属于 Unknown 的情况，命中 when 表达式的 else 分支，且 stability.irStableExpression(...) 会返回 null，最终对 $changed 的计算没有任何影响，即对应位置的值为 0b000。根据前面的分析可知，pX 是否发生变化，需要通过与 slot table 当中的旧值做比较才能知道。

- ❑ 参数 pY 的类型 Y<T> 有一个泛型参数 T，在调用处该泛型参数的实参是 F0 的形参，无法在编译时确定类型，因此它的稳定性属于 Parameter 的情况，命中 when 表达式的 else 分支。实参 y 的稳定性取决于 t，而 t 是 F0 的参数，因此 irStableExpression(...) 会返回 0b1000 and $dirty，其中 $dirty 包含 F0 的参数变化信息，因而可用于获取 t 的稳定性。注意 0b1000 的最低位是 F0 强制更新的标志。接下来还有移位操作，pY 的位置为 1，偏移 3 位，最终得到的表达式为 0b1000 and $dirty shl 3。

- ❑ 参数 pZ0 的类型为 Z0，Z0 的成员 a 的类型为外部模块的类型 A，A 所在的模块也应用了 Compose 的编译器插件，因此它的稳定性为 Runtime 的情况，需要结合 A 的 $stable 值来确定最终的稳定性。结合偏移值，最终得到的表达式为 A.$stable shl 6。

- ❑ 参数 pZ1 是 pZ0 的对照组，不同之处在于 Z1 的成员类型是模块内的类型 B，Compose 会直接对类型 B 做进一步的推导，判断出 pZ1 的稳定性值为 Certain(stable = true)，即稳定。

接下来我们分析一下代码清单 9-86 中②部分的逻辑，这部分主要处理参数的变化状态，如代码清单 9-90 所示。

代码清单 9-90　处理参数的变化状态

```
//ComposableFunctionBodyTransformer#buildChangedParamForCall(List<ParamMeta>)
if (meta.isVararg) {
  //变长参数，变化状态视为Uncertain
  bitMaskConstant = bitMaskConstant or ParamState.Uncertain.bitsForSlot(slot)
} else if (!meta.isProvided) {
  //使用默认值的参数，变化状态视为Uncertain
  //对于使用默认值的情况，Composable函数内部有专门的特殊处理
  bitMaskConstant = bitMaskConstant or ParamState.Uncertain.bitsForSlot(slot)
} else if (meta.isStatic) {
  //变化状态为Static，即永远不会变
  bitMaskConstant = bitMaskConstant or ParamState.Static.bitsForSlot(slot)
} else if (!meta.isCertain) {
  //参数变化状态为Uncertain
  bitMaskConstant = bitMaskConstant or ParamState.Uncertain.bitsForSlot(slot)
} else {
```

```
//非变长参数，且由调用处主动传入，变化状态可以确定
//此类参数也一定是调用处所在的Composable函数的形参

//someMask是从调用处所在的Composable函数当中获取$dirty
val someMask = meta.maskParam ?: error("...")
//parentSlot是调用处函数参数当中的位置，slot是要移动到的位置
val parentSlot = meta.maskSlot
require(parentSlot != -1) { "invalid parent slot for Certain param" }

orExprs.add(
  irAnd(
    //相当于0b111 shl (slot * 3 + 1)
    irConst(ParamState.Mask.bitsForSlot(slot)),
    //当slot较大时，相当于$dirty shl (slot - parentSlot) * 3
    //当slot较小时，相当于$dirty shr (parentSlot - slot) * 3
    someMask.irShiftBits(parentSlot, slot)
  )
)
}
```

前几个 if 语句比较容易理解，接下来我们还是通过举例来说明最后的 else 分支中的表达式具体是什么含义。

我们调整一下代码清单 9-89 中的 F0，使得这次调用 F1 时传入的参数都是 F0 的形参，如代码清单 9-91 所示。

代码清单 9-91　调用 F1 时传入 F0 的形参

```
@Composable
fun <T> F0(z1: Z1, z0: Z0, x: X, y: Y<T>) {
  F1(x, y, z0, z1)
}
```

这四个参数都能命中 else 分支，我们简单分析一下 $changed 的表达式的生成逻辑：

❑ x 在 F0 的参数列表中的位置为 2，相当于 parentSlot 为 2，someMask 是 $dirty；在 F1 中的位置为 0，相当于 slot 为 0。最终得到的表达式为 0b1110 and ($dirty shr 6)。

❑ y 的 parentSlot 为 3，someMask 为 $dirty，slot 为 1，表达式为 01110000 and ($dirty shr 6)。

❑ z0 的表达式为 0b1110000000 and ($dirty shl 3)。

❑ z1 的表达式为 0b1110000000000 and ($dirty shl 9)。

关于 z0 和 z1 的表达式逻辑，读者可参考 x 和 y 的方法进行分析。

最后，我们来看一下代码清单 9-86 中③部分的逻辑，这部分将所有的表达式最终连在一起，如代码清单 9-92 所示。

代码清单 9-92　构造最终计算 $changed 的表达式

```
//ComposableFunctionBodyTransformer#buildChangedParamForCall(List<ParamMeta>)
```

```
when {
  //没有表达式，直接使用常数
  orExprs.isEmpty() -> irConst(bitMaskConstant)
  //常数为0，只使用表达式，相当于expr0 or expr1 or ...
  bitMaskConstant == 0 -> orExprs.reduce { lhs, rhs ->
    irOr(lhs, rhs)
  }
  //相当于bitMaskConstant or expr0 or expr1 or ...
  else -> orExprs.fold<IrExpression, IrExpression>(
    irConst(bitMaskConstant)
  ) { lhs, rhs -> irOr(lhs, rhs) }
}
```

最后这部分的逻辑比较容易理解，以代码清单 9-91 为例，调用 F1 时传入的 $changed 的完整的表达式如代码清单 9-93 所示。

代码清单 9-93　　$changed 的完整的表达式

```
0b1110 and ($dirty shr 6) //<state-expr0>
or 0b01110000 and ($dirty shr 6) //<state-expr1>
or (A.$stable shl 6) //<stability-expr2>
or 0b001110000000 and ($dirty shl 3) //<state-expr2>
or 0b0001110000000000 and ($dirty shl 9) //<state-expr3>
```

$changed 的值在很大程度上影响了 Composable 在重组过程中的跳过逻辑，熟悉这些计算细节对于我们高效地编写 Composable 函数有非常大的帮助。

 说明　buildChangedParamForCall(List<ParamMeta>) 函数的代码读起来并不轻松。除了本身的逻辑较为抽象以外，函数的注释还有些过时，可能会对读者（比如我）造成一些误导：

```
// The general pattern here is:
//
//$changed = bitMaskConstant or
//  (0b11 and someMask shl y) or
//  (0b1100 and someMask shl x) or
//  ...
//  (0b11000000 and someMask shr z)
```

注释给出的计算逻辑仍然是对引入稳定性之前的算法的解释，当时 $changed 用两个比特位来描述参数的变化状态，因此计算过程中用到的掩码是 0b11 而不是现在的 0b111。不仅如此，这段注释的表达式中还存在运算符优先级的问题。有兴趣的读者可以查看这段代码的修改记录来了解更多信息。

3. 重组的跳过
识别参数变化状态是为了尽可能跳过重组，以提升 Composable 函数的执行效率。

本节将探讨 Composable 函数的重组跳过机制。首先我们来看一下哪些 Composable 函数根本不可能跳过重组机制：

❏ @NonRestartableComposable 标注的函数。这意味着这个 Composable 函数不能参与重组。

❏ @ExplicitGroupsComposable 标注的函数。这意味着这个 Composable 函数内部不会自动生成组（Group），需要开发者自行处理相关逻辑。通常我们不会用到这个注解，了解即可。

❏ 返回值不为 Unit 的 Composable 函数。例如属性的 Composable Getter。

❏ 至少有一个没有默认值且会被使用到的不稳定参数。对于返回 Unit 的 Composable 函数来讲，函数参数的默认值只能作用于函数内部。如果某个参数不是稳定的，那么这个参数只有在调用处使用了默认值的情况下，才能保证在后续的重组过程中不受外部影响。由于 Lambda 表达式不可能存在默认值，因此只要 Composable 函数类型的 Lambda 表达式有不稳定的参数，它就不可能跳过重组。

当上述条件都不满足时，我们就可以进一步通过分析参数的变化情况来确定当前 Composable 函数是否可以被跳过了。在这个过程中，函数内部会生成一个局部变量 $dirty，并根据该变量的最终值决定是否跳过。我们先来看一个例子，如代码清单 9-94 所示。

代码清单 9-94　示例代码

```
class A
class B(var int: Int)

@Composable
fun F(a: A, b: B = B(1), c: String = "", d: () -> Unit = {}) {
  println(a)
  println(b)
  d()
}
```

在这个例子中，函数 F 的参数各有特色，我们依次对它们做一下介绍：

1）a 是稳定的。

2）b 是不稳定的，因为类型 B 的属性 int 是可变的。此外，b 的默认值为 B(1)。

3）c 是稳定的，默认值为 ""。

4）d 是函数类型，是稳定的，默认值为 {}。

函数 F 经过变换之后的结果与代码清单 9-95 等价。

代码清单 9-95　函数 F 变换之后的结果示意

```
@Composable
fun F(
  a: A, b: B?, c: String?, d: Function0<Unit>?,
  $composer: Composer?, $changed: Int, $default: Int
```

```
) {
  $composer = $composer.startRestartGroup(< >)
  //$dirty初始化为$changed
  var $dirty = $changed
  //计算参数a对$dirty的影响
  if ($default and 0b0001 !== 0) {
    //如果a使用了默认值，则把a当作静态值
    //显然a不可能使用默认值，因为它根本没有默认值，这个分支是多余的
    $dirty = $dirty or 0b0110
  } else if ($changed and 0b1110 === 0) {
    //如果a是稳定的，变化状态为Uncertain，需要与slot table中的旧值进行比较
    //如果变化了，那么变化状态相当于Different，否则相当于Same
    $dirty = $dirty or if ($composer.changed(a)) 0b0100 else 0b0010
  }
  //计算参数b对$dirty的影响
  if ($default and 0b0010 !== 0) {
    //如果b使用了参数默认值，则它的变化状态相当于Same
    //由于b是不稳定的，在不使用默认值时当前函数无法跳过
    $dirty = $dirty or 0b00010000
  }

  //由于c在函数内没有被用到，因此无须考虑c的影响

  //计算参数d对$dirty的影响
  if ($default and 0b1000 !== 0) {
    //如果d使用了默认值，则把d当作静态值
    $dirty = $dirty or 0b110000000000
  } else if ($changed and 0b0001110000000000 === 0) {
    //此处的逻辑与参数a的逻辑相同
    $dirty = $dirty or
        if ($composer.changed(d)) 0b100000000000 else 0b010000000000
  }
  if (
    //如果参数b没有使用默认值，则不能跳过
    $default and 0b0010 !== 0b0010
    //如果参数a、b、d中任意一个参数最终的变化状态不为Same（001）
    //或者强制更新标志位不为0，则不能跳过
    ||$dirty and 0b0001010001011011 !== 0b0010000010010
    //运行时slot table变更或其他原因导致不能跳过
    ||!$composer.skipping
  ) {
    $composer.startDefaults()
    //开始初始化使用了默认值的参数
    if (
      //如果强制更新标志位为0，则表示不是重组
      //重组时无须初始化默认值
      $changed and 0b0001 === 0
      //运行时默认值失效的情况
      ||$composer.defaultsInvalid
    ) {
```

```
        if ($default and 0b0010 !== 0) {
            b = B(1) //参数b初始化为默认值
            //将$dirty中b对应的位置置为000
            $dirty = $dirty and 0b01110000.inv()
        }
        if ($default and 0b0100 !== 0) {
            c = "" //参数c初始化为默认值
        }
        if ($default and 0b1000 !== 0) {
            d = { } //参数d初始化为默认值
        }
    } else {
        $composer.skipToGroupEnd()
        if ($default and 0b0010 !== 0) {
            //如果b使用了默认值，那么在重组时也需要修改$dirty中b的状态值
            $dirty = $dirty and 0b01110000.inv()
        }
    }
    $composer.endDefaults()

    //函数体
    println(a)
    println(b)
    d()
} else {
    //跳过重组
    $composer.skipToGroupEnd()
}
$composer.endRestartGroup()?.updateScope {
    $composer: Composer?, $force: Int ->
    //执行重组
    //1.原来使用默认值的参数直接传入已经初始化的值，因此重组时无须再次初始化默认值
    //2.$changed将强制更新的标志位置为1
    F(a, b, c, d, $composer, $changed or 0b0001, $default)
}
}
```

这段代码比较复杂，读者可以结合注释来了解每一个表达式的作用。简单来说，这段代码的作用主要包括：

❏ 根据 $changed 和参数的实际变化情况计算 $dirty 的值。如果参数是 Uncertain 状态，则需要通过 Composer#changed(...) 来判断对应位置的参数与之前 slot table 当中存储的旧值是否相同。如果参数使用了默认值，则根据参数的稳定性确定参数的状态，不稳定的参数的状态为 Same，稳定的参数的状态为 Static。

❏ 将使用了默认值的参数初始化为默认值。

通过分析这段代码不难发现，$changed 所描述的是编译时函数调用处可知的参数变化信息；$dirty 则描述的是函数运行时最终得到的参数变化信息。

接下来我们对 $dirty 的计算逻辑的生成过程做一下分析。这段逻辑主要在 Composable FunctionBodyTransformer#buildPreambleStatementsAndReturnIfSkippingPossible 函数中以及其调用处附近。

首先是 $dirty 的初始化。只有可以跳过重组且参数列表不为空的 Composable 函数才会生成 $dirty，否则 $dirty 的值就必然与 $changed 相同，如代码清单 9-96 所示。

代码清单 9-96　$dirty 的初始化

```
//ComposableFunctionBodyTransformer#visitRestartableComposableFunction
val dirty = if (scope.allTrackedParams.isNotEmpty())
  //相当于var $dirty = $changed
  changedParam.irCopyToTemporary(nameHint = "\$dirty", ...)
else changedParam
```

接着根据 $changed 和参数实际上的变化情况修改 $dirty 的逻辑，如代码清单 9-97 所示。我们以代码清单 9-94 中的函数 F 的参数为例对照地给出对应分支会生成的表达式，请读者参考代码清单 9-95 中函数 F 的变换结果来理解这段逻辑。

代码清单 9-97　根据 $changed 和参数实际上的变化情况更新 $dirty

```
//函数: buildPreambleStatementsAndReturnIfSkippingPossible(...)
when {
  !mightSkip || !isUsed -> {
    //对应参数c，没有被用到的参数直接跳过
  }
  ...
  isUnstable && defaultParam != null && defaultValue != null -> {
    //对应参数b，以参数b为例，slotIndex为1
    skipPreamble.statements.add(
      irIf(
        //生成: if ($default and 0b10 !== 0)
        condition = irGetBit(defaultParam, defaultIndex),
        //将参数b对应的部分设置为Same，即$dirty = $dirty or 0b00010000
        body = dirty.irOrSetBitsAtSlot(
          slotIndex,
          //Same的掩码是001
          irConst(ParamState.Same.bitsForSlot(slotIndex))
        )
      )
    )
  }
  !isUnstable -> {
    //对应参数a、d，以参数d为例分析，slotIndex为3
    //默认值`{}`为Static
    val defaultValueIsStatic = defaultExprIsStatic[slotIndex]
    //生成: $composer.changed(d)
    val callChanged = irChanged(irGet(param))
    val isChanged = if (defaultParam != null && !defaultValueIsStatic)
      //生成: $default and 0b1000 != 0 && $composer.changed(d)
```

```
            //但d的默认值为Static，没有落入这个分支（①）
            irAndAnd(irIsProvided(defaultParam, slotIndex), callChanged)
        else callChanged

        //生成：if ($composer.changed(a)) 0b0100 else 0b0010
        val modifyDirtyFromChangedResult = dirty.irOrSetBitsAtSlot(
            slotIndex, //3
            irIfThenElse(
                context.irBuiltIns.intType,
                isChanged,
                thenPart = irConst(ParamState.Different.bitsForSlot(slotIndex)),
                elsePart = irConst(ParamState.Same.bitsForSlot(slotIndex))
            )
        )


        val stmt = if (defaultParam != null && defaultValueIsStatic) {
            //如果默认值为Static，则参数a、d落入这个分支
            //注意，没有默认值的参数也会落入这个分支，例如a
            //实际上由于a不可能使用默认值（根本没有默认值），因此没必要落入这个分支
            irWhen( //when表达式，编译之后也会转换成if表达式
                origin = IrStatementOrigin.IF,
                branches = listOf(
                    //判断是否使用了默认值
                    irBranch(
                        //条件为$default and 0b1000 !== 0
                        condition = irGetBit(defaultParam, defaultIndex),
                        //即：$dirty = $dirty or 0b110000000000
                        result = dirty.irOrSetBitsAtSlot(
                            slotIndex,
                            irConst(ParamState.Static.bitsForSlot(slotIndex))
                        )
                    ),
                    //判断是否为稳定且状态不确定的参数
                    irBranch(
                        condition = irIsUncertainAndStable(changedParam, slotIndex),
                        //调用$composer.changed(d)返回d是否有变化
                        result = modifyDirtyFromChangedResult
                    )
                )
            )
        } else {
            //直接调用Composer#changed
            irIf(
                condition = irIsUncertainAndStable(changedParam, slotIndex),
                body = modifyDirtyFromChangedResult
            )
        }
        skipPreamble.statements.add(stmt)
    }
}
```

书中的示例代码没有覆盖到逻辑①，读者可以试着将参数 d 的默认值改成函数调用，如代码清单 9-98 所示，看看最终变换的结果会有哪些不同。

代码清单 9-98　将参数 d 的默认值改成函数调用

```
fun returnFunction() = {}

@Composable
fun F(..., d:() -> Unit = returnFunction()) {
    ...
}
```

接下来初始化默认值，同样我们以函数 F 的参数为例进行对照分析，如代码清单 9-99 所示。

代码清单 9-99　初始化默认值

```
//函数: buildPreambleStatementsAndReturnIfSkippingPossible(...)
when {
  //就`F`而言, isSkippableDeclaration为true
  isSkippableDeclaration
  && !hasStaticDefaultExpr //默认值不为Static
  && dirty is IrChangedBitMaskVariable //$dirty是从$changed赋值而来的局部变量
  -> {
    //参数b落入这个分支, slotIndex为1
    setDefaults.statements.add(
      irIf(
        //当使用默认值时
        condition = irGetBit(defaultParam, defaultIndex),
        body = irBlock(
          statements = listOf(
            //初始化为默认值
            irSet(param, defaultValue),
            //修改$dirty, 将参数置为000
            //生成: $dirty = $dirty and 0b01110000.inv()
            dirty.irSetSlotUncertain(slotIndex)
          )
        )
      )
    )

    //重组时, 跳过初始化默认值的分支
    //在$composer.skipToGroupEnd()后执行
    skipDefaults.statements.add(
      ... //与前面的逻辑类似, 省略
    )
  }
  else -> {
    //参数c、d落入这个分支
    setDefaults.statements.add(
      irIf(
```

```
            condition = irGetBit(defaultParam, defaultIndex),
            //初始化为默认值
            body = irSet(param, defaultValue)
        )
    )
}
}
```

在遍历参数的过程当中，我们发现如果一个 Composable 函数的不稳定参数在函数内部被使用到，那么只有这个参数使用默认值时对应的 Composable 函数才有可能跳过重组。这正对应我们前面提到的不可能跳过重组的第 4 种情况。具体逻辑如代码清单 9-100 所示。

代码清单 9-100　函数使用不稳定且没有默认值的参数时不可能跳过重组

```
if (isUsed && isUnstable && isRequired) {
    mightSkip = false
}
```

由于函数 F 的参数 b 是不稳定的，因此如果 b 没有默认值，想要让函数 F 跳过重组就只有不使用参数 b 一条路可选了。读者可以自行尝试这两种情况，对比最终生成的代码有什么区别。

$dirty 的计算逻辑非常关键，Composable 函数内部会根据 $dirty 的值决定是否可以跳过重组。如果 Composable 函数的参数被当作其他 Composable 函数调用的实参，那么这个函数调用的 $changed 参数也会根据 $dirty 的值进行计算，这在上一节我们已经看到过了。

至此，我们给出了 $dirty 的计算逻辑，也了解了 Composable 重组的关键细节。

9.6　本章小结

本章主要介绍了 Compose 的编译器插件和 IntelliJ 插件在代码检查、代码提示、Composable 函数变换等方面的关键逻辑的实现。这实际上也是 Compose 在编译阶段提供的最核心的能力。

作为 Compose 的使用者，虽然我们不需要完全掌握这些内容，但掌握这些内容对于我们写出更高效的 Compose 代码有非常大的帮助。不仅如此，Compose 的编译器插件可以说是一本非常好的教材，它向我们展示了非常多的 Kotlin IR 变换的场景和方法，对于我们自己开发 Kotlin 编译器插件有着非常大的参考价值。

当然，Compose 的编译器插件除了提供了代码检查和函数变换以外，还处理了非常多的细节逻辑，例如稳定性的推导，Composable 函数类型的支持，等等。受篇幅限制，我们没有办法在书中呈现所有内容，但读者可以在本章的基础之上对其他感兴趣的部分进行分析。

Chapter 10 第 10 章

AtomicFU 的编译产物处理

AtomicFU 是 Kotlin 官方提供的一套支持 Kotlin 多平台的原子操作框架。它既可以降低原子类型的接入和使用复杂度，又可以基于不同的平台提供合适的最终实现。

本章将基于对 AtomicFU 源代码的分析来为读者呈现编译产物处理的基本思路和方法。

10.1   AtomicFU 的由来

AtomicFU 是 Atomic Field Updater 的缩写，即原子字段更新器，对应 JDK 提供的 Atomic<TYPE>FieldUpdater 类型，例如 AtomicReferenceFieldUpdater。与直接使用原子类型相比，尽管原子字段更新器使用起来更加复杂、烦琐，但在特定场景下内存开销更少。接下来我们通过一个具体的例子来说明这一点。

现在我们需要实现一个任务类 Task，用于维护一个支持并发访问的内部执行状态以方便与外部交互。为了降低加锁带来的开销，我们使用 AtomicInteger 来确保状态变更的原子性，如代码清单 10-1 所示。

代码清单 10-1   基于 AtomicInteger 的 Task 的实现

```
const val STATE_READY = 0 //已就绪
const val STATE_WORKING = 1 //工作中
const val STATE_DONE = 2 //已完成
const val STATE_CANCELLED = -1 //已取消

class Task: Runnable {
  //初始化为STATE_READY状态
  private val state = AtomicInteger(STATE_READY)
```

```
fun start() {
  //通过原子操作将状态更新为STATE_WORKING
  val prev = state.getAndUpdate { prev ->
    when (prev) {
      STATE_READY -> STATE_WORKING
      else -> prev
    }
  }
  if (prev == STATE_READY) {
    //通知任务已启动
    ...
  }
}

fun cancel() { ... }
override fun run() { ... }
}
```

函数 cancel 中的实现与 start 类似，都是通过原子操作实现状态流转，其他状态的流转操作也是类似的。直接看这段代码通常看不出任何问题，除非我们创建了非常多的 Task 实例，如代码清单 10-2 所示。

代码清单 10-2　大量创建并运行 Task

```
val executor: ExecutorService = ...
val tasks = List(10000) {
  Task()
}.onEach {
  executor.execute(it)
}
```

这时候 Task 的内存占用就会变得极其敏感。我们可以使用 JOL（Java Object Layout，Java 对象布局）框架来分析一下 Task 的内存占用。

如表 10-1 和表 10-2 所示，每一个 Task 实例都会占用 32 字节的内存。

表 10-1　Task 的内存布局

偏移	大小	类型	描述
0	12	—	元数据
12	4	AtomicInteger	state

表 10-2　AtomicInteger 的内存布局

偏移	大小	类型	描述
0	12	—	元数据
12	4	int	value

使用 AtomicIntegerFieldUpdater 实现的 TaskFU 如代码清单 10-3 所示。

代码清单 10-3 基于 AtomicIntegerFieldUpdater 的 TaskFU 的实现

```
class TaskFU : Runnable {
  companion object {
    private val fieldUpdater = AtomicIntegerFieldUpdater.newUpdater(
      TaskFU::class.java, //需要操作的类
      "state" //需要操作的成员
    )
  }

  //必须是volatile的，以保证可见性并禁止指令重排序
  @Volatile
  private var state = STATE_READY

  fun start() {
    val prev = fieldUpdater.getAndUpdate(this) { ... }
    ...
  }
  ...
}
```

我们将 Task 稍作修改，得到 TaskFU，二者的差别主要在成员 state 的定义上。我们分析 TaskFU 的内存布局，结果如表 10-3 所示。

表 10-3 TaskFU 的内存布局

偏移	大小	类型	描述
0	12	—	元数据
12	4	int	state

由此可见，每一个 Task 的实例都比 TaskFU 的实例多占用 16 字节的内存，如果程序中创建的任务实例非常多，这将是一笔不小的开销。当然，我们的例子只涉及一个原子类型的字段 state，问题还不算显著，在真实的业务场景中往往会存在多个原子类型的字段的情况，使用原子字段更新器和原子类型的内存开销的差距只会更大。

可以这么认为，原子字段更新器是以牺牲开发体验为代价换取了内存占用上的优势的，而 AtomicFU 则是通过元编程的手段，在不改变最终实现的前提下提升开发体验并支持 Kotlin 多平台的。如果我们使用 AtomicFU 来改造代码清单 10-1 中的 Task，需要修改的仅仅是 state 的初始化部分，如代码清单 10-4 所示。

代码清单 10-4 基于 AtomicFU 的 TaskAtomicFU 的实现

```
class TaskAtomicFU : Runnable {
  //atomic是AtomicFU提供的函数，用于创建原子类型的实例
  private val state = atomic(STATE_READY)

  fun start() {
    //与AtomicInteger的用法完全一致
```

```
        val prev = state.getAndUpdate { ... }
        ...
    }
    ...
}
```

由此可见，AtomicFU 有以下特点：

❑ AtomicFU 有着与 JVM 原子类型（例如 AtomicReference）相同（甚至更好）的使用
体验。

❑ AtomicFU 同时支持 JS 和 Native，开发者可以通过 AtomicFU 在多平台上获得与
JVM 上一致的开发体验。

❑ AtomicFU 在不同的平台上有着不同的实现，以实现最优的运行时性能。例如，在
JVM 上编译时会被转换成内存占用更少的原子字段更新器；在 JS 上会转换成对字
段的直接访问，因为 JS 环境中极少需要考虑并发安全的问题。

说到这里，不得不提一下 AtomicFU 的第一个"大客户"，它就是官方的 Kotlin 协程框
架 kotlinx.coroutines。如图 10-1 和图 10-2 所示，通过分析 AtomicFU 和 Kotlin 协程框架的
提交记录，我们甚至有理由认为 AtomicFU 就是为官方的协程框架量身定制的，因为 Kotlin
协程中存在大量使用原子操作的场景，协程的实例数量往往非常可观，而且 Kotlin 协程还
需要支持多平台。

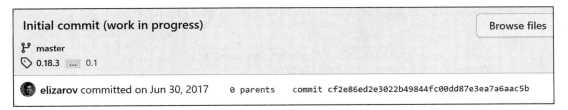

图 10-1　AtomicFU 的第一笔代码提交记录

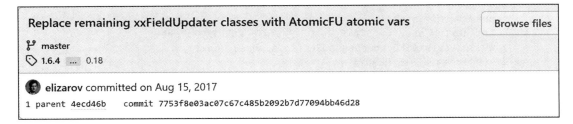

图 10-2　kotlinx.coroutines 引入 AtomicFU 的代码提交记录

当然，AtomicFU 的基本功能并不是我们关注的重点，它的编译产物处理逻辑才是。

为了方便行文，后续我们将 AtomicFU 中定义的 AtomicInt、AtomicReference 等原子
类型统称为 Atomic 类型，将 JVM 上的原子字段更新器 Atomic**FieldUpdater 类型统称为

AtomicFieldUpdater 类型。AtomicFU 还提供了 Trace 类型来跟踪原子操作的行为，这部分逻辑不影响实际的原子操作，为了降低阅读难度，书中列出的源代码去除了 Trace 相关的部分。

接下来我们将介绍 AtomicFU 在 JVM 和 JS 两个平台上的编译产物处理，希望能给读者带来一些思路上的参考。

10.2　Kotlin JVM 平台的编译产物处理

本节将介绍 AtomicFU 在 JVM 平台上的编译产物处理。我们将从需求背景、技术选型和方案实现三个角度依次展开讨论。

10.2.1　需求背景分析

以代码清单 10-4 中的 TaskAtomicFU 为例，在 JVM 上，AtomicFU 会将编译后的产物进行变换，得到的结果与代码清单 10-5 等价。

代码清单 10-5　与 TaskAtomicFU 在 JVM 上的编译产物等价的 Java 代码

```Java
public final class TaskAtomicFU implements Runnable {
  private volatile int state = STATE_READY;
  private static final AtomicIntegerFieldUpdater state$FU;

  static {
    state$FU = AtomicIntegerFieldUpdater.newUpdater(
      TaskAtomicFU.class, (String)"state"
    );
  }

  public final void start() {
    int prev;
    do {
      prev = this.state;
      int next = prev == STATE_READY ? STATE_WORKING : prev;
    } while (!state$FU.compareAndSet(this, prev, next));
    if (prev == STATE_READY) {
      ...
    }
  }
  ...
}
```

其中，state 从 AtomicInt 变换成 volatile int 类型，state$FU 是新生成的静态字段，update-AndGet 调用替换成 AtomicIntegerFieldUpdater#compareAndSet 调用。

当然，AtomicFU 提供的代码变换不止这些，我们现在大致了解 AtomicFU 的实现目标是将它提供的 Atomic 类型替换成对应的 AtomicFieldUpdater 类型即可。

10.2.2　技术选型分析

前面我们已经提到过 Atomic 类型在 JVM 上最终会被变换成 AtomicFieldUpdater 类型，由于这种变换行为属于平台特性，因此我们可以选择的技术方向主要集中在对编译产物的处理上。

思路 1：Kotlin 编译器的 JVM 后端提供了字节码生成阶段的扩展点——Expression-CodegenExtension，我们可以通过开发 Kotlin 编译器插件来实现 JVM 字节码生成阶段的代码变换。它的优点是比较成熟，在 Kotlin 编译器支持 IR 之前，绝大多数的 Kotlin 编译器插件（包括 Kotlin Android Extensions、No Arg 等）都是通过这个扩展点实现代码生成和变换的。它的缺点也比较明显，受限于 Kotlin 编译器的发展，对于一些比较小的场景显得包袱过重。

思路 2：直接在 IR 阶段进行变换。我们已经在前面的章节对这个方法进行了详细的介绍，相信读者也很快能想到。Kotlin 的 IR 编译器是 Kotlin 编译器的发展方向，不过在 AtomicFU 立项的时候，Kotlin IR 还处于非常早期的阶段，当时只有 Kotlin Native 上率先使用了 Kotlin IR。因此从当时的角度来看，IR 变换的方案在技术上暂时行不通。

思路 3：直接从 JVM 字节码入手，使用 ASM 等工具进行字节码变换。它的优点在于 JVM 字节码的编辑技术已经非常稳定且成熟，开发成本较低，不用依赖 Kotlin 的版本迭代和编译器的发展。

AtomicFU 在 JVM 上最初采用的方案就是基于思路 3 的字节码变换，选定的字节码编辑框架是最为流行的 ASM。篇幅所限，本书不会专门介绍 ASM，在后续介绍 AtomicFU 的字节码变换方案时均默认读者了解 ASM 的功能和用途。

> 💠说明　从 Kotlin 1.8 开始，Kotlin JVM 移除了旧的编译器后端实现，全面转向 Kotlin IR 编译器，Kotlin JS 的 IR 编译器也进入了 Beta 阶段。随着 Kotlin IR 编译器的日益成熟和稳定，AtomicFU 也提供了相应的编译器插件直接对 IR 进行变换处理，这也许将是 AtomicFU 最终的实现方案。有兴趣的读者可以在 Kotlin 源代码中找到 plugins/atomicfu/atomicfu-compiler 模块以了解更多细节。

10.2.3　方案实现分析

AtomicFU 的编译产物变换逻辑在 atomicfu-transformer 模块中，JVM 的字节码变换逻辑则主要在 AtomicFUTransformer.kt 文件中。

JVM 字节码变换支持两种不同的变换结果，一种是 AtomicFieldUpdater 类型，另一种是 VarHandle 类型，后者需要 JDK 9 及以上的版本。为了方便叙述，后续我们会把 VarHandle 变换相关的逻辑略去，有兴趣的读者可以自行阅读 AtomicFU 的源代码来了解更多细节。

接下来我们看一下整个变换的核心函数 AtomicFUTransformer#transform，如代码清单 10-6 所示。

代码清单 10-6　transform 函数的实现

```
override fun transform() {
  val files = inputDir.walk().filter { it.isFile }.toList()
  //步骤1：字段收集，返回true表示需要变换
  val needTransform = analyzeFilesForFields(files)
  //判断是否需要变换（①）
  if (needTransform || outputDir == inputDir) {
    //步骤2：引用分析，返回需要变换的文件集合
    val needsTransform = analyzeFilesForRefs(files)
    files.forEach { file ->
      val bytes = file.readBytes()
      val outBytes = if (file.isClassFile() && file in needsTransform) {
        //步骤3：文件变换，对于需要变换的文件进行变换
        transformFile(file, bytes)
      } else bytes
      //将变换后的文件写入输出目录中
      val outFile = file.toOutputFile()
      outFile.mkdirsAndWrite(outBytes)
    }
  }
}
```

其中，①处的判断条件 outputDir == inputDir 成立时，程序会直接进入变换的主流程中。这主要是因为步骤 1 会比较输入、输出目录中相同文件的修改时间，如果输入目录与输出目录相同，即 outputDir == inputDir 成立，那么步骤 1 中的返回值永远为 false，因此需要特殊处理。

transform 函数的执行流程非常清晰，整个变换逻辑分为三个步骤：字段收集、引用分析和文件变换。我们将在接下来的几个小节中依次介绍这三个步骤。

1. 字段收集

字段收集的逻辑在 FieldsCollectorCV 中，主要包括以下几项具体工作。

首先是访问类的字段，并将形如 private val state = atomic(STATE_READY) 的字段保存下来，方便后续步骤的进一步处理，如代码清单 10-7 所示。

代码清单 10-7　访问类的字段

```
//FieldsCollectorCV#visitField(...)
val fieldType = getType(desc)
//AFU_CLASSES中定义了Atomic类型的信息
if (fieldType.sort == OBJECT && fieldType.internalName in AFU_CLASSES) {
  val field = FieldId(className, name, desc)
  //Atomic类型的字段不能是public的
```

```
    if (ACC_PUBLIC in access) error("$field field cannot be public")
    //Atomic类型的字段必须是final的
    if (ACC_FINAL !in access) error("$field field must be final")
    //保存字段
    registerField(field, fieldType, (ACC_STATIC in access))
}
```

这段逻辑比较简单，不涉及对 JVM 指令的处理。需要注意的是，Atomic 类型的字段有一些限制，即必须为非公有的常量字段。这意味着我们在定义 Atomic 类型的属性时不能将其定义为可读写的属性，也不能将其定义为公有的 @JvmField，如代码清单 10-8 所示。

代码清单 10-8　Atomic 类型的字段的限制

```
var counter = atomic(0)
    ^^^^^^^
    --------------------
    field must be final
    --------------------


@JvmField
val counter2 = atomic(0)
    ^^^^^^^^
    --------------------
    field cannot be public
    --------------------
```

接着是访问类的方法，包括初始化块（<init>）和静态初始化块（<clinit>），完成以下工作：

❑ 将参数类型中包含 Atomic 类型的方法标记为待移除的方法。

❑ 通过分析返回值类型、参数个数以及方法中的 JVM 指令，识别出属性访问器（主要是 Getter）。

❑ 遍历其中的 JVM 指令，识别出 Atomic 类型的属性委托字段，例如 val stateVal by state 在编译之后生成的 stateVal$delegate 字段。

❑ 通过分析 JVM 指令识别出属性委托字段的属性访问器。

具体实现如代码清单 10-9 所示。

代码清单 10-9　访问类的方法

```
//FieldsCollectorCV#visitMethod(...)
val methodType = getMethodType(desc)
if (methodType.argumentTypes.any { it in AFU_TYPES }) {
    //查找待移除的方法
    val methodId = MethodId(className, name, desc, accessToInvokeOpcode(access))
    removeMethods += methodId
}
//查找属性访问器
getPotentialAccessorType(access, className, methodType)?.let { onType ->
```

```
    return AccessorCollectorMV(...)
  }
  ... //省略查找属性委托字段和访问器的代码
```

待移除的方法会在后续的处理中被直接删除，因此这些方法是被禁止使用的，我们将在引用分析时具体分析这一点。

查找属性访问器的逻辑并不复杂。先看 getPotentialAccessorType 的实现，它通过判断参数个数和返回值类型来初步筛选出可能的属性访问器，如代码清单 10-10 所示。

代码清单 10-10　查找属性访问器

```
//AtomicFUTransformer#getPotentialAccessorType(...)
//返回值类型必须是Atomic类型
if (methodType.returnType !in AFU_TYPES) return null
return if (access and ACC_STATIC != 0) { //静态方法
  if (access and ACC_FINAL != 0 && methodType.argumentTypes.isEmpty()) {
    //final且参数列表为空的静态方法，可能是顶级属性的Getter
    getObjectType(className)
  } else {
    if (methodType.argumentTypes.size == 1
        && methodType.argumentTypes[0].sort == OBJECT)
      //只有一个引用类型的参数
      //可能是JVM生成的外部类的私有字段的访问器（①）
      methodType.argumentTypes[0]
    else null
  }
} else {
  if (access and ACC_FINAL != 0 && methodType.argumentTypes.isEmpty())
    //final且参数列表为空的非静态方法，可能是类属性的Getter
    getObjectType(className) else null
}
```

①处的用例可能不太容易想到，我们直接给出例子方便读者理解，如代码清单 10-11 所示。

代码清单 10-11　内部类访问外部类私有成员的情况

```
class Outer {
  private val state = atomic(0)

  inner class Inner {
    fun f() {
      state.compareAndSet(...)
    }
  }
}
```

state 是私有字段，理论上只能被类内部访问。JVM 为了支持内部类访问外部类的私有字段，会在编译时生成一个访问私有字段的方法。这段代码编译之后的结果相当于代码清单 10-12。

代码清单 10-12　为内部类生成访问外部类私有成员的方法

```
class Outer {
  private val state = atomic(0)

  companion object {
    //JVM生成的方法
    @JvmStatic
    fun access$getState$p($this: Outer) = $this.state
  }

  inner class Inner {
    fun f() {
      access$getState$p(this@Outer).compareAndSet(...)
    }
  }
}
```

代码清单 10-10 中①处的逻辑就是为了识别 access$getState$p 这样的方法。

当然，并不是所有符合这些条件的方法都是属性访问器，因此我们还需要通过方法体内部的指令来进一步区分。指令分析的逻辑在 AccessorCollectorMV 中，如代码清单 10-13 所示。

代码清单 10-13　通过方法内部的 JVM 指令进一步判断是不是属性访问器

```
//AccessorCollectorMV#visitEnd(...)
//listUseful(4)会取前4条非标签、行号、栈帧的指令
val insns = instructions.listUseful(4)
if (insns.size == 3 &&
  insns[0].isAload(0) &&
  insns[1].isGetField(className) &&
  insns[2].isAreturn() ||
  insns.size == 2 &&
  insns[0].isGetStatic(className) &&
  insns[1].isAreturn()
) {
  ... //省略从指令中解析并保存字段访问器信息的逻辑
}
```

属性访问器只有静态和非静态两种情况，其中非静态访问器需要通过 ALOAD 0 指令加载 this 到栈顶，并通过 GETFLELD<field name> 指令获取属性的值，最后通过 areturn 指令返回；而静态访问器通过 GETSTATIC<field name> 指令获取属性的值，并通过 areturn 指令返回。只要方法内部的 JVM 指令符合上述要求，那么该方法就会被认为是属性访问器。

当然，从 Kotlin 属性访问器的语义上来讲，这个判断标准并不严谨。不过由于 Java 没有对属性访问器做语法层面的硬性规定，因此从 Java 的角度来看这样的判断没有什么逻辑问题，也不会对实际的程序处理结果造成实质上的破坏。

如代码清单 10-14 所示，counterGetterA 符合属性访问器的要求，因而被认为是属性访问器；counterGetterB 则由于 JVM 指令不满足要求，因此被认为是非属性访问器。

代码清单 10-14　属性访问器示例

```
val counter = atomic(0)
//判定为属性访问器
fun counterGetterA() = counter
//判定为非属性访问器
fun counterGetterB(): AtomicInt {
  println("get counter")
  return counter
}
```

除属性访问器以外，其他返回 Atomic 类型的方法都是不被允许的，这一点我们将在后续进一步分析。

2. 引用分析

引用分析阶段的逻辑与文件变换的逻辑基本一致，只是在几点细节上有所不同，我们一一给出分析。

第一，引用分析阶段会对所有 class 文件进行分析，只记录当前文件是否需要变换，而文件变换阶段只对引用分析阶段记录的需要变换的文件进行真正的变换操作。从这个角度上讲，引用分析阶段更像是文件变换阶段的一次预演。

引用分析阶段的执行入口如代码清单 10-15 所示，为了看起来更加简洁，我们省略了异常处理相关的逻辑。

代码清单 10-15　引用分析阶段的执行入口

```
private fun analyzeFileForRefs(file: File): Boolean =
  file.inputStream().use { input ->
    transformed = false //清除标记
    val cv = TransformerCV(null, analyzePhase2 = true)
    ClassReader(input).accept(cv, SKIP_FRAMES)
    transformed //返回true表示该文件需要变换
  }
```

analyzePhase2 参数为 true 时表示当前为引用分析阶段，为 false 时表示当前为文件变换阶段。如果待分析的文件包含 Atomic 类型相关的指令，transformed 变量会在分析的过程中被置为 true，表示该文件需要变换。

文件变换阶段的执行入口如代码清单 10-16 所示，我们同样省略了异常处理相关的逻辑。

代码清单 10-16　文件变换阶段的执行入口

```
private fun transformFile(file: File, bytes: ByteArray): ByteArray {
  //ClassWriter，用于输出变换之后的文件
```

```
    val cw = CW()
    val cv = TransformerCV(cw, analyzePhase2 = false)
    ClassReader(ByteArrayInputStream(bytes)).accept(cv, SKIP_FRAMES)
    return cw.toByteArray() //返回变换之后的文件内容的字节数组
}
```

在文件变换阶段，除了 analyzePhase2 参数为 false 以外，还多了一个 ClassWriter 类型的参数 cw，用于输出变换之后的文件。

第二，引用分析阶段也会记录一些有用的信息，以方便后续的文件变换。例如在遍历方法调用指令时，如果该方法是属性访问器，且调用方法的位置和方法定义的位置包名不同，则将对应的字段标记为可被外部访问，如代码清单 10-17 所示。这个标记会被用来计算字段的可见性，允许外部访问的字段的可见性必须为 public。

代码清单 10-17　将调用处与定义处包名不同的字段标记为可被外部访问

```
val methodId = MethodId(owner, name, desc, opcode)
val fieldInfo = accessors[methodId]
if (fieldInfo != null && methodId.owner.ownerPackageName != packageName) {
  if (analyzePhase2) {
    //引用分析阶段标记为外部访问
    fieldInfo.hasExternalAccess = true
  } else {
    //文件变换阶段检查该标记
    check(fieldInfo.hasExternalAccess)
  }
}
```

另外，引用分析阶段也会对被禁止使用的方法进行检查，提供报错信息。例如，如果发现调用了待移除的方法，则给出如代码清单 10-18 所示的错误提示信息。

代码清单 10-18　如果调用了待移除的方法，则给出错误提示信息

```
val methodId = MethodId(i.owner, i.name, i.desc, i.opcode)
when {
  methodId in removeMethods -> {
    abort(
      "invocation of method $methodId on atomic types. " +
        "Make the latter method 'inline' to use it", i
    )
  }
  ...
}
```

对应的用例如代码清单 10-19 所示。

代码清单 10-19　调用待移除的方法的示例

```
//参数类型为Atomic类型，会被标记为待移除的方法
fun willBeRemoved(state: AtomicInt) { ... }
```

```
...
//调用待移除的方法
willBeRemoved(state)
^^^^^^^^^^^^
----------------------------------------------------
invocation of method willBeRemoved on atomic types.
Make the latter method 'inline' to use it
----------------------------------------------------
```

由此可见，引用分析阶段的核心功能就是记录需要变换的文件，对不符合要求的方法调用给出错误提示信息等。

3. 文件变换

文件变换会将变换后的结果输出到指定的路径，这个过程涉及非常多的指令变换。文件变换的核心逻辑参见 TransformerMV#transform。

接下来我们以代码清单 10-4 中的 TaskAtomicFU 为例，简单介绍一下它的指令变换过程。首先来看 state 字段是如何变换成 AtomicFieldUpdater 的，如代码清单 10-20 所示。

代码清单 10-20　生成 AtomicFieldUpdater 字段并实例化

```
//TransformerCV#fuField(...)
private fun fuField(protection: Int, f: FieldInfo) {
  //创建AtomicFieldUpdater字段
  super.visitField(
    protection or ACC_FINAL or ACC_STATIC,
    f.fuName, f.fuType.descriptor, null, null
  )
  //创建clinit块，对应Java类的static { ... }
  code(getOrCreateNewClinit()) {
    ...
    //调用newUpdater方法，初始化AtomicFieldUpdater字段
    invokestatic(
      f.fuType.internalName,
      "newUpdater",
      getMethodDescriptor(f.fuType, *params.toTypedArray()),
      false
    )
    putstatic(className, f.fuName, f.fuType.descriptor)
  }
}
```

这段代码生成的指令相当于代码清单 10-21 所示的 Java 代码。

代码清单 10-21　state 字段经过变换之后生成的 AtomicFieldUpdater 字段示意

```
[Java]
private static final AtomicIntegerFieldUpdater state$FU;

static {
```

```
  state$FU = AtomicIntegerFieldUpdater.newUpdater(
    TaskAtomicFU.class, (String)"state"
  );
}
```

除了生成静态的 AtomicFieldUpdater 字段以外，还需要生成一个 volatile int 字段来存储实际的值，如代码清单 10-22 所示。

代码清单 10-22　生成 volatile 字段

```
//TransformerCV#visitField(...)
val fv = when {
  //替换Atomic数组类型
  f.isArray -> super.visitField(protection, f.name, f.fuType.descriptor, ...)
  ...
  //生成volatile字段
  else -> super.visitField(protection or ACC_VOLATILE, f.name, ...)
}
```

这段代码生成的指令相当于代码清单 10-23 所示的 Java 代码。

代码清单 10-23　state 字段经过变换后生成的 volatile 字段示意

```
[Java]
private volatile int state;
```

volatile 的 state 字段的初始化逻辑在哪里呢？由于 state 不是静态字段，因此要在 `<init>` 中查找相关的逻辑，如代码清单 10-24 所示。

代码清单 10-24　生成 volatile 字段的初始化逻辑

```
//TransformerMV#transform(...)
//以下逻辑会在i为atomic(...)这样的方法调用指令时执行
//必须在初始化块中执行，包括构造函数、静态初始化块
if (name != "<init>" && name != "<clinit>") abort(...)
val next = i.nextUseful
//检查next是PUTFIELD指令（非静态字段）还是PUTSTATIC指令（静态字段）
val fieldId = (next as? FieldInsnNode)?.checkPutFieldOrPutStatic()
                                      ?: abort(...)
val f = fields[fieldId]!!
... //省略其他情况的处理
//移除atomic(...)的调用指令
instructions.remove(i)
transformed = true
//获取Atomic类型对应的值类型
val primitiveType = f.getPrimitiveType()
//替换PUTFIELD/PUTSTATIC指令的类型
next.desc = primitiveType.descriptor
next.name = f.name
```

这段代码替换了 state 字段的初始化逻辑，由源代码中 Atomic 类型的 state 字段的初始

化替换为新生成的 volatile int 类型的 state 字段的初始化。

替换前初始化 state 字段的指令如代码清单 10-25 所示。

代码清单 10-25　替换前初始化 state 字段的指令

```
ALOAD 0 //加载this到栈顶
ICONST_0 //加载常量0,也就是STATE_READY到栈顶
//调用atomic(0),将结果置于栈顶(①)
INVOKESTATIC kotlinx/atomicfu/AtomicFU.atomic (I)Lkotlinx/atomicfu/AtomicInt;
//this.state = result  (②)
PUTFIELD TaskAtomicFU.state : Lkotlinx/atomicfu/AtomicInt;
```

替换后初始化 state 字段的指令如代码清单 10-26 所示。

代码清单 10-26　替换后初始化 state 字段的指令

```
ALOAD 0
ICONST_0
//this.state = 0,注意此时state的类型为volatile int (③)
PUTFIELD com/bennyhuo/kotlin/atomicfu/TaskAtomicFU.state : I
```

其中, 代码清单 10-25 中①处的 INVOKESTATIC 指令会被移除, ②处的 PUTFIELD 指令也被相应地替换成代码清单 10-26 中③处的指令。

除了初始化的部分, 所有对于 state 字段的访问都会进行相应的类型替换, 原本属性访问器的方法调用也会被替换成直接从字段读取值。

例如, 替换前通过属性访问器访问 Atomic 类型的 state 字段的指令如代码清单 10-27 所示。

代码清单 10-27　替换前通过属性访问器访问 state 字段的指令

```
ALOAD 2
INVOKEVIRTUAL kotlinx/atomicfu/AtomicInt.getValue ()I
ISTORE 4
```

经过变换之后直接访问 state 字段的指令如代码清单 10-28 所示。

代码清单 10-28　替换后直接访问 state 字段的指令

```
ALOAD 2
GETFIELD com/bennyhuo/kotlin/atomicfu/TaskAtomicFU.state : I
ISTORE 4
```

最后我们来看一下 compareAndSet 的变换逻辑。

在变换之前, Kotlin 编译器会对 getAndUpdate 这个内联函数执行内联操作。TaskAtomic-FU#start 内联之后的结果如代码清单 10-29 所示。

代码清单 10-29　getAndUpdate 函数内联之后的结果示意

```
fun start() {
```

```
var prev: Int
while (true) {
  val current = value
  val update = if (current == STATE_READY) STATE_WORKING else current
  if (state.compareAndSet(current, update)) {
    prev = current
    break
  }
}
...
}
```

变换前 compareAndSet 调用处的 JVM 指令如代码清单 10-30 所示。

代码清单 10-30　变换前 compareAndSet 调用处的 JVM 指令

```
ALOAD 2 //原AtomicInt类型的state的值
ILOAD 4 //current
ILOAD 5 //update
INVOKEVIRTUAL kotlinx/atomicfu/AtomicInt.compareAndSet (II)Z
```

变换时，无须修改参数，修改调用方法的 receiver 的类型即可，如代码清单 10-31 所示。

代码清单 10-31　修改 compareAndSet 的 receiver 的类型

```
//TransformerMV#fuOperation(...)
//修改方法的owner，就是receiver的类型
iv.owner = typeInfo.fuType.internalName
//修改方法的签名
iv.desc = getMethodDescriptor(ret, OBJECT_TYPE, *args)
```

compareAndSet 调用处经过变换之后得到的 JVM 指令如代码清单 10-32 所示。

代码清单 10-32　变换后 compareAndSet 调用处的 JVM 指令

```
ALOAD 2 //原AtomicInt类型的state的值
ILOAD 4 //current
ILOAD 5 //update
INVOKEVIRTUAL .../AtomicIntegerFieldUpdater.compareAndSet (II)Z
```

通过前面的分析，想必读者已经对 AtomicFU 在 JVM 上的字节码处理有了一定的了解。当然，书中涉及的字节码处理逻辑只是冰山一角，读者可以在此基础上进一步阅读 AtomicFU 的源代码来了解更多场景下的变换逻辑。

10.3　Kotlin JS 平台的编译产物处理

本节将介绍 AtomicFU 在 JS 平台上的编译产物处理。我们同样将从需求背景、技术选型和方案实现三个角度依次展开分析讨论。

10.3.1 需求背景分析

AtomicFU 在 Kotlin JS 上的处理是对编译生成的 JavaScript 代码进行修改。与 Kotlin JVM 相比，Kotlin JS 的处理就简单许多，因为 JavaScript 的运行环境通常是单线程的，不需要原子操作。

接下来我们仍然以代码清单 10-4 中的 TaskAtomicFU 为例，它编译成 JavaScript 之后如代码清单 10-33 所示。

代码清单 10-33　TaskAtomicFU 在 Kotlin JS 上的编译结果

```JavaScript
[JavaScript]
function TaskAtomicFU() {
  //对应val state: AtomicInt
  this.state = atomic_0(STATE_READY);
}

TaskAtomicFU.prototype.start = function () {
  var state = this.state;
  var prev;
  while (true) {
    //state.value
    var current = state.kotlinx$atomicfu$value;
    var update = current === STATE_READY ? STATE_WORKING : current;
    if (state.atomicfu$compareAndSet(current, update)) {
      prev = current;
      break;
    }
  }
  if (prev == STATE_WORKING) { ... }
};
```

经过变换之后，Atomic 类型会被直接替换成对应的值类型，相关的原子操作也会被替换成直接的读写操作。变换之后的 JavaScript 代码如代码清单 10-34 所示。

代码清单 10-34　TaskAtomicFU 在 Kotlin JS 上变换之后的结果

```JavaScript
[JavaScript]
function TaskAtomicFU() {
  this.state = STATE_READY;
}

TaskAtomicFU.prototype.start = function () {
  var state = this.state;
  var prev;
  while (true) {
    var current = state;
    var update = current === STATE_READY ? STATE_WORKING : current;

    //对应变换前的AtomicInt#compareAndSet
```

```
    var compareAndSet = function(scope) {
      var updateFunc = function() {
        scope.state = update;
        return true
      }

      return scope.state === current ? updateFunc() : false;
    }

    if (compareAndSet(this)) {
      prev = current;
      break;
    }
  }
  if (prev == STATE_WORKING) { ... }
};
```

10.3.2　技术选型分析

由于两套 Kotlin JS 的编译器编译的产物有所不同，因此在选型上需要分别考虑。

对于 Kotlin JS 的 LEGACY 编译器而言，其编译产物是 JavaScript 源代码，因此我们可以直接选择一款 JavaScript 解析器，通过修改 JavaScript 的语法树来完成代码变换。AtomicFU 使用了 rhino 这款 JavaScript 引擎来解析并完成 JavaScript 代码变换。

而对于 Kotlin JS 的 IR 编译器而言，其编译产物是 klib 文件，只有可执行程序的编译产物才会生成 JavaScript 文件，直接处理 JavaScript 明显不够通用，因此 AtomicFU 采用了直接在 IR 上做变换的方案。

本章主要关注编译产物的处理，因此不会对 AtomicFU 的 IR 编译器插件做分析，有兴趣的读者可以自行阅读 Kotlin 项目的 plugins/atomicfu/atomicfu-compiler 模块来了解更多细节。

10.3.3　方案实现分析

AtomicFU 在处理 JavaScript 时采用了文本处理和 JavaScript 语法变换相结合的方式。处理过程分为 7 步，接下来，我们将结合 TaskAtomicFU 示例对它们一一进行分析。

1. 依赖清除

依赖清除就是通过扫描 JavaScript 产物代码，移除其中涉及的 AtomicFU 的运行时依赖。Kotlin JS 的编译产物中包含一段依赖导入相关的逻辑，如代码清单 10-35 所示。

代码清单 10-35　导入 kotlinx-atomicfu 的运行时依赖

```
[JavaScript]
if (typeof define === 'function' && define.amd)
  define(['exports', 'kotlin', 'kotlinx-atomicfu'], factory);
```

```
else if (typeof exports === 'object')
  factory(module.exports, require('kotlin'), require('kotlinx-atomicfu'));
else {
  ...
}
```

注意 kotlinx-atomicfu 这个字符串字面量，它就是 AtomicFU 的运行时依赖的名字。经过变换之后得到的结果如代码清单 10-36 所示。

代码清单 10-36　依赖清除之后的结果

```
[JavaScript]
if (typeof define === 'function' && define.amd)
  define(['exports', 'kotlin'], factory);
else if (typeof exports === 'object')
  factory(module.exports, require('kotlin'));
else {
  ...
}
```

可见 define 参数当中的 kotlinx-atomicfu 和 require('kotlinx-atomicfu') 都被移除了。

依赖清除的逻辑主要在 DependencyEraser 中。其中，移除 define 函数参数中的 kotlinx-atomicfu 的逻辑如代码清单 10-37 所示。

代码清单 10-37　移除 define 函数参数中的 kotlinx-atomicfu

```
//DependencyEraser#visit(...)
//node为数组字面量，node.type为Token.ARRAYLIT
//从define函数的参数列表中移除kotlinx-atomicfu
val elements = (node as ArrayLiteral).elements as MutableList
val it = elements.listIterator()
//变量数组字面量
while (it.hasNext()) {
  val arg = it.next()
  //如果值为kotlinx-atomicfu，移除该节点
  if (isAtomicfuDependency(arg)) {
    it.remove()
  }
}
```

移除 require('kotlinx-atomicfu') 的逻辑如代码清单 10-38 所示。

代码清单 10-38　移除 require('kotlinx-atomicfu')

```
//DependencyEraser#visit(...)
//node为factory函数调用，node.type为Token.CALL
if (node is FunctionCall && node.target.toSource() == FACTORY) {
  val it = node.arguments.listIterator()
  while (it.hasNext()) {
    val arg = it.next()
```

```
    when (arg.type) {
        ...
        Token.CALL -> {
            //移除require('kotlinx-atomicfu')
            if ((arg as FunctionCall).target.toSource() == REQUIRE) {
                if (isAtomicfuDependency(arg.arguments[0])) it.remove()
            }
        }
    }
}
```

2. 查找 Atomic 类型的构造函数

这个阶段主要查找 Atomic 类型的构造函数的使用情况，并删除引入 Atomic 类型的构造函数的语句。

如代码清单 10-39 所示，我们分别调用 atomic(Boolean)、atomic(Int) 构造了 a、b 两个 Atomic 类型的变量。

代码清单 10-39　构造不同类型的 Atomic 变量

```
val a = atomic(true)
val b = atomic(0)
```

由于 JavaScript 不支持函数重载，因此这里用到的 atomic(Boolean) 和 atomic(Int) 在编译之后会被分别引入，如代码清单 10-40 所示。

代码清单 10-40　Atomic 类型的构造函数的引入

```
[JavaScript]
//atomic(Boolean)
var atomic = $module$kotlinx_atomicfu.kotlinx.atomicfu.atomic$boolean$1;
//atomic(Int)
var atomic_0 = $module$kotlinx_atomicfu.kotlinx.atomicfu.atomic$int$1;

var a = atomic(true);
var b = atomic_0(0);
```

用于构造 Atomic 类型实例的两个函数变量 atomic 和 atomic_0 会被记录下来，用于调用处的变换处理，但这两个变量的初始化语句会在这个阶段被清除，具体逻辑如代码清单 10-41 所示。

代码清单 10-41　记录 Atomic 类型的构造函数并清除对应的初始化语句

```
[JavaScript]
val initializer = varInit.initializer.toSource()
if (initializer.matches(Regex(
    //匹配atomic$int$等字符串
    kotlinxAtomicfuModuleName("""((atomic\$(ref|int|long|boolean)\$|...)"""))))
```

```
) {
  //记录变量名
  atomicConstructors.add(varInit.target.toSource())
  //替换为空行
  node.replaceChild(stmt, EmptyLine())
}
```

3. 查找属性委托

这个阶段主要查找作为其他属性的委托对象的属性，如代码清单 10-42 所示。

代码清单 10-42　属性委托示例

```
private val state = atomic(STATE_READY)

private val stateA by state
```

state 是 stateA 的委托对象，二者的关系会在当前阶段被记录下来以供后续变换使用。相关逻辑主要在 FieldDelegatesVisitor 当中。

4. 被委托的属性的访问器处理

类的成员属性和顶级属性的访问器有些不同，二者会分别在 DelegatedPropertyAccessorsVisitor 和 TopLevelDelegatedFieldsAccessorVisitor 中进行处理。尽管它们在形式上有所差异，但处理的思路是类似的。

这个阶段会对被委托的属性的访问器中的委托对象做替换。说起来有些复杂，我们直接看例子。

代码清单 10-42 编译之后生成的结果如代码清单 10-43 所示，其中 stateA_ea2h1z$_0 就是属性委托对象，defineProperty 当中定义了属性 stateA 的 Getter。

代码清单 10-43　变换前 Getter 通过属性委托对象 stateA_ea2h1z$_0 来取值

```
[JavaScript]
function TaskAtomicFU() {
  //val state = atomic(0)
  this.state = atomic_0(0);
  //val stateA by state
  this.stateA_ea2h1z$_0 = this.state;
}
Object.defineProperty(TaskAtomicFU.prototype, 'stateA', {
  configurable: true,
  get: function() {
    //相当于this.state.value
    return this.stateA_ea2h1z$_0.kotlinx$atomicfu$value;
  }
});
```

在变换之前，stateA 的 Getter 通过属性委托对象 stateA_ea2h1z$_0 来取值。经过这一步的处理之后，Getter 会直接通过访问 state 来取值，如代码清单 10-44 所示。

代码清单 10-44　变换后 Getter 直接访问 state 来取值

```JavaScript
get: function() {
  //相当于this.state.value
  return this.state.kotlinx$atomicfu$value;
}
```

顶级属性的 Getter 也是类似的逻辑，只是形式上有所不同，如代码清单 10-45 所示。

代码清单 10-45　顶级属性委托示例

```
val topLevelProperty = atomic(true)

val topLevelDelegateA by topLevelProperty
```

代码清单 10-45 所示的代码在编译之后得到的结果如代码清单 10-46 所示。

代码清单 10-46　顶级属性委托编译之后生成的 JavaScript 代码

```JavaScript
var topLevelProperty = atomic(true);
var topLevelDelegateA = topLevelProperty;
function get_topLevelDelegateA() {
  return topLevelDelegateA.kotlinx$atomicfu$value;
}

Object.defineProperty(package$atomicfu, 'topLevelDelegateA', {
  get: get_topLevelDelegateA
});
```

注意，变换之前，get_topLevelDelegateA 函数内部是通过 topLevelDelegateA 来取值的，而变换之后是通过 topLevelProperty 来取值的，如代码清单 10-47 所示。

代码清单 10-47　顶级属性委托的 Getter 的变换结果

```JavaScript
function get_topLevelDelegateA() {
  //topLevelDelegateA -> topLevelProperty
  return topLevelProperty.kotlinx$atomicfu$value;
}
```

这部分逻辑的具体实现不难理解，读者可以自行分析。

5. Atomic 构造函数的变换

当前阶段主要负责将 Atomic 类型的属性替换成对应的值类型。我们先来看一个示例，如代码清单 10-48 所示。

代码清单 10-48 原始的 JavaScript 代码

```JavaScript
//val state = atomic(STATE_READY)
this.state = atomic_0(0);
```

代码清单 10-48 所示的代码经过变换之后得到的结果如代码清单 10-49 所示。

代码清单 10-49 变换之后得到的结果

```JavaScript
this.state = 0;
```

这部分代码变换的逻辑实现如代码清单 10-50 所示。

代码清单 10-50 将 Atomic 类型的变量变换成对应的值类型

```
//TransformVisitor#visit(...)
//函数调用
if (node is FunctionCall) {
  val functionName = node.target.toSource()
  //函数名是之前记录的Atomic类型的构造函数，包括atomic、atomic_0等
  if (atomicConstructors.contains(functionName)) {
    if (node.parent is Assignment) {
      //直接取出函数的参数作为赋值表达式右边的值
      val valueNode = node.arguments[0]
      (node.parent as Assignment).right = valueNode
    }
    return true
  }
  ...
}
```

6. 函数内联

函数内联的逻辑其实就是将对 Atomic 类型的函数调用内联到调用处。

仍然以 TaskAtomicFU 为例，原始的编译产物中存在对 Atomic 类型的 compareAndSet 函数的调用，如代码清单 10-51 所示。

代码清单 10-51 compareAndSet 的原始编译产物（内联之前）

```JavaScript
if (state.atomicfu$compareAndSet(current, update)) { ... }
```

经过函数内联后，就可以得到如代码清单 10-52 所示的结果。

代码清单 10-52 compareAndSet 内联之后的结果

```JavaScript
if (
  (function(scope) {
    return scope.state === current ? function() {
      scope.state = update;
```

```
      return true
    }() : false;
  })(this)
) { ... }
```

这样看起来可能有些令人费解，我们稍微对其做一些调整，如代码清单 10-53 所示。

代码清单 10-53　对 compareAndSet 内联结果的优化

```JavaScript
[JavaScript]
var compareAndSet = function(scope) {
  var updateFunc = function() {
    scope.state = update;
    return true
  }

  return scope.state === current ? updateFunc() : false;
}

if (compareAndSet(this)) { ... }
```

这样变换之后就不存在对 Atomic 类型及其成员的调用了。具体的替换逻辑也非常简单，这里直接采用了文本处理的方法，如代码清单 10-54 所示。

代码清单 10-54　compareAndSet 内联变换的实现

```
// 对应scope.state
val f = field.scopedSource()
val code = when (funcName) {
  "atomicfu\$compareAndSet" -> {
    // 对应current
    val expected = args[0].scopedSource()
    // 对应update
    val updated = args[1].scopedSource()
    val equals = if (expected == "null") "==" else "==="
    "(function($SCOPE) {return $f $equals $expected ? function() { $f = $updated;
return true }() : false})()"
  }
  ...
}
```

替换之后的 code 是一段源代码字符串，需要经过解析器解析之后，再为其添加参数 this 以完成调用。

7. 移除对 Atomic 类型的 value 属性的访问

可以通过 value 属性获取 Atomic 类型当中的值，如代码清单 10-55 所示。

代码清单 10-55　Atomic 类型的 value 属性使用示例

```
val state = atomic(...)
val value = state.value
```

这段代码编译之后生成的 JavaScript 代码如代码清单 10-56 所示。

代码清单 10-56 　Atomic 类型的 value 属性的编译产物

```
[JavaScript]
var state = atomic(...);
var value = state.kotlinx$atomicfu$value;
```

当前步骤的目的是去除对属性 value 的访问，因为 Atomic 类型最终会被替换为对应的值类型。经过这一步骤之后得到的 JavaScript 代码如代码清单 10-57 所示。

代码清单 10-57 　移除对 value 属性的访问之后的结果

```
[JavaScript]
var value = state;
```

这部分逻辑会在 TransformVisitor 当中执行一次。不过这一次执行之后仍然会存在一部分没有被移除的情况，剩余的则在最后的 AtomicFUTransformerJS#eraseGetValue 调用中全部移除。

至此，AtomicFU 的 JavaScript 变换也就全部完成了。

10.4 　本章小结

本章我们通过分析 AtomicFU 框架的实现，为读者展示了 Kotlin JVM 和 Kotlin JS 的编译产物的处理方式。如果在实际的开发环境当中遇到与平台紧密相关的元编程需求，直接从编译产物切入也许是一个不错的选择。